U0151147

从 0 到 1
搭建自动化测试框架

原理、实现与工程实践

蔡超 著

图书在版编目（CIP）数据

从 0 到 1 搭建自动化测试框架：原理、实现与工程实践 / 蔡超著 . -- 北京：机械工业出版社，2021.12（2023.7 重印）
ISBN 978-7-111-69520-2

I. ①从…　II. ①蔡…　III. ①软件工具 - 自动化检测　IV. ① TP311.561

中国版本图书馆 CIP 数据核字（2021）第 223527 号

从 0 到 1 搭建自动化测试框架
原理、实现与工程实践

出版发行：机械工业出版社（北京市西城区百万庄大街 22 号　邮政编码：100037）

责任编辑：韩　蕊　　　　责任校对：殷　虹
印　　刷：北京捷迅佳彩印刷有限公司　　　　版　　次：2023 年 7 月第 1 版第 2 次印刷
开　　本：186mm×240mm　1/16　　　　印　　张：20.5
书　　号：ISBN 978-7-111-69520-2　　　　定　　价：99.00 元

客服电话：（010）88361066　68326294

Praise 赞　誉

本书详细介绍了如何搭建一个完整的Python自动化测试框架，并通过大量的应用实例辅助读者理解搭建原理，是初学者和从业者的不二选择。相信读者通过本书一定能够掌握搭建自动化测试框架的方法。

——杨忠琪　东方证券测试总监

本书全面讲解了自动化测试框架的实现原理、架构设计与工程实践，并列举了大量项目案例，实操性很强，非常适合对自动化测试感兴趣的读者阅读。

——艾辉　融360技术总监、《机器学习测试入门与实践》《大数据测试技术与实践》作者

本书基于Python语言，以持续测试为目标，为读者提供了完整的框架设计思路及实践经验，是构建团队轻量级框架的优秀参考书。

——陈霁（云层）TestOps测试运维推动者

只有高度定制化的自动化测试框架才能高效执行自动化测试。本书深入介绍如何构建一个完整的自动化测试框架，帮助读者定制自己的自动化测试框架，有效提高软件的研发效能。

——刘冉　ThoughtWorks首席软件测试与质量咨询师

从0到1构建自动化测试框架对于很多测试人员来说是一件很有难度的事情。本书使用Python循序渐进地介绍了自动化测试框架的设计、开发和应用实践，并提供了大量开箱即用的代码，对致力于向自动化测试方向发展的测试人员来说无疑是一本不可多得的好书。

——陈晓鹏　项目管理专家、中国商业联合会互联网应用委员会智库专家

本书以自动化测试所面临的痛点为切入点，从方法论到实践落地，再到底层原理和源码解析，让你知其然也知其所以然。

——周辰晨　拉勾教育《说透性能测试》专栏作者

蔡超把自动化测试框架的理论知识与实践落地经验相结合，系统化、体系化地介绍了自动化测试框架的原理、设计思路、搭建和实现运用，并结合测试工作中的痛点详细讲解，值得每位测试从业者细细品读。

——司文　招商银行信用卡中心技术经理、

《敏捷测试高效实践：测试架构师成长记》作者

本书循序渐进地演示了如何从 0 开始，自主打造一个可在实际项目中直接使用的自动化测试框架。想在工作中落地 Python 自动化测试，跟蔡老师，新书学习就够了。

——陈冬严　《精通自动化测试框架设计》第一作者

Preface 前　言

为什么要写这本书

随着敏捷开发、微服务架构、DevOps逐渐深入人心，频繁迭代、持续交付已然成为软件开发的基本要求。企业对自动化测试、持续测试的需求也越来越多，这导致市场上需要大量具备“测试开发”技能的专业人才。遗憾的是，这样的人才十分稀有。一方面，技术更新快，企业对软件测试工程师的技术要求越来越高；另一方面，大量测试工程师不了解测试框架的原理，不具备独立开发测试框架的能力，找工作越来越困难。

当前软件行业存在这样一种现象：软件开发职能越分越细，软件质量要求越来越高，软件发布越来越频繁，而测试开发比[⊖]却越来越低。在这个背景下，作为软件测试工程师，不但需要对被测软件有充分的认知，还要能够全局思考，能多维度、系统性地将软件测试体系纳入公司已有的技术架构下。“一个测试工程师就是一个测试团队”成为众多互联网公司的需求。作为技术能力的最直接体现，自研自动化测试框架就变成了软件测试工程师的刚需技能。

然而，现实情况是，除了少数公司外，大部分公司的软件测试工程师执行手工测试和自动化测试的时间比例仍为6:4、7:3甚至9:1。他们既无法胜任有更高技术要求的测试工作，又无法在工作中提升自己。用自研框架将测试流水线融入公司的技术体系，就变成了一句空谈。

基于此，笔者在拉勾教育开设了《测试开发入门与实战》专栏，指导测试工程师从功能测试向测试开发转型。在专栏开设后的短短几个月内，订阅学习的软件测试工程师就超过了1.22万人。通过打牢基础、项目实战、能力修炼、深入原理几个模块的练习，很多测试工程师走上了测试开发的岗位。与此同时，在读者粉丝群、微信公众号iTesting里，笔者也收到了大量咨询和讨论，其中最典型的几个问题如下。

- 自研测试框架的模块和实例，您是怎么总结出来的？

⊖ 测试开发比是指一个项目中测试人员和开发人员的比例，反映了公司对软件质量的投入程度。

- 为什么我想不到这么设计，能否分享一下您的设计思路？
- 能否从 0 到 1 地带我们搭建一个完全自研的测试框架？

在读者的热情留言的鼓舞下，笔者充分调研了市面上的自动化测试、测试开发类图书，决定以自研自动化测试框架本身为侧重点，写一本详细讲解自动化测试框架搭建、原理、设计原则和具体实现的书。

读者对象

本书适合以下读者。

- 希望搭建企业级测试框架的软件测试人员。
- 希望深入了解测试框架设计思路、工作原理、实现逻辑的中级测试工程师。
- 希望转型测试开发的初级自动化测试工程师、手工测试人员。
- 希望提升团队自动化测试技术水平的测试管理者。
- 对自动化测试、测试开发技术有实际需求的软件测试人员。
- 高等院校软件专业的学生。

本书特色

本书由浅入深地介绍了自动化测试框架的实现原理、架构设计、工程实践，通过先简述框架模型，再介绍开发测试框架涉及的知识点，最后带领读者编码实现自动化测试框架功能模块的方式，将开发测试框架涉及的重要功能点一一自研实现，这些功能点包括测试环境切换、数据驱动、自动化测试用例组织、在运行中挑选测试用例、并发执行测试用例、错误处理、日志系统搭建、测试报告、API 测试和 UI 测试融合以及集成测试框架到 CI/CD 系统等。通过阅读本书并跟随练习，读者可以体验从写下第一行代码开始，到创建一个完整的、结合持续集成和持续测试的自动化测试框架的全部过程，并通过这个过程掌握自动化测试框架开发方法。

如何阅读本书

第 1、2 章全面介绍自动化测试框架的概念、原理、类型及通用模块，论述自动化测试框架的设计原则，并根据分层自动化测试的特点，结合当下流行的微服务架构下的测试，详细讲解如何将分层自动化的测试理念应用到自动化测试框架的设计中，以及微服务测试下自动化测试框架应该如何规划和组织。

第 3 ～ 5 章着重介绍 Python 语言体系下的两个经典开源框架 unittest 和 pytest 的特点、使用方法、最佳实践等，并讲解部分源码的实现原理。学完本部分内容，读者可以直接使用 unittest 和 pytest 搭建一套开源的测试框架。

第 6 ～ 14 章是本书的重点，介绍测试框架的重点功能，从测试框架的入口——交互式命令出发，到完善自动化测试框架，手把手带领读者开发测试框架。学完本部分内容，读者即可自主开发自动化测试框架。

第 15 章介绍持续集成的核心原理、用到的工具，并从项目实际需求的角度出发，结合 GitHub、Jenkins Blue Ocean、Docker 将自动化测试框架集成到自动化测试流水线中，从而实现持续测试。

第 16 章介绍如何将自动化测试框架发布至 Python 官方仓库供他人下载使用。

通过阅读本书，读者既能了解设计原理，又能学会设计要点，还可以跟随具体介绍详细了解源码构建，真正实现从第一行代码开始，从 0 到 1 完整搭建自研自动化测试框架，并将其嵌入公司的技术架构。相信这个过程和体验是那些“只告诉你怎么用，不告诉你为什么这么用”的开源测试框架不能比拟的。

希望读者通过阅读本书完全掌握自动化测试框架开发方法，也希望读者不吝分享，将本书推荐给同事和朋友，更希望读者能以本书所介绍的框架为基础，早日开发出符合自身需求、功能强大的自研测试框架。

勘误和支持

限于个人水平，书中内容难免有不妥之处，恳请各位读者海涵，欢迎批评指正。读者可通过微信公众号“ iTesting”直接留言联系笔者，也可以发邮件至 testertalk@outlook.com 进行反馈。

另外，书中的源代码文件可以通过关注微信公众号“iTesting”并回复“测试框架”获取。

致谢

首先，感谢推荐本书的测试同行，能够获得你们的认可和鼓励是我的荣耀。

其次，感谢关注公众号 iTesting 的朋友和经常听我“唠叨”的各位同人，你们的热情鼓励使得本书能够尽早与读者见面。

再次，感谢拉勾教育、机械工业出版社的诸多老师，特别是杨福川、韩蕊，为了本书的出版，你们付出了很多。

最后，感谢我最亲爱的家人，特别是我的妻子明莉及儿子享享。你们是最好的拉拉队员，作为首席“小迷妹”和“大迷弟”，你们无条件地支持与鼓励我，使我得以在繁重的工作间隙仍有无限动力完成此书。

蔡　超

2021 年 11 月

Contents 目　录

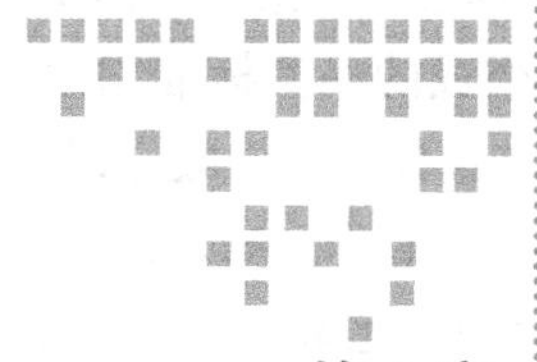

第 1 章 Chapter 1

自动化测试框架基础

随着敏捷开发、DevOps 及微服务开发技术在软件行业的普及，软件的交付速度变得越来越快，曾经需要一个月甚至几个月才能交付的软件，现在变成了一周甚至一天就要交付，而对于某些直接面向个人消费者的应用来说，一天之内发布一个甚至几个新功能，如今已经是再平常不过的事了。那么，在如此快节奏地开发和交付的背景下，如何保障软件的质量呢？

从行业最近几年的趋势来看，快速测试、精准测试、持续测试受到的关注越来越多。事实上，它们也是快速交付、提质增效的不二法门。对于这些测试的方法和策略，要想成功实施，都离不开自动化测试及其背后的自动化测试框架。

1.1 自动化测试框架概述

一个好的自动化测试框架，除了可以降低执行测试用例的成本外，还可以增加测试覆盖率，提升测试效率。要开发自动化测试框架，必须先了解什么是自动化测试框架，自动化测试框架是如何演化来的，它的存在解决了什么问题。

1.1.1 自动化测试框架的定义

什么是自动化测试框架呢？要回答这个问题，首先要回答下面两个问题。

1）什么是自动化测试？一般来说，自动化测试指的是在预设条件下运行系统或者应用程序并评估结果的过程，该过程由机器执行。由此可见，自动化测试有两个鲜明特点，一个是“由机器执行”，另一个是“在预设条件下执行”。

2）什么是框架？框架一般是指要遵守的准则、规则或者指南。这些准则、规则或者指南，或是约定俗成的一些标准用法，或是通过“踩坑”得来的最佳实践。在软件开发中，这些标准用法和最佳实践一般会以“脚手架”、工具等基础的“标准件”形式出现，它们有些类似积木的基础模块，例如，通过积木轮胎、车架和轴承，你可以组装出一个汽车模型，在此过程中，不必关心轮胎是如何生成的、轴承是如何工作的。

那么，什么是自动化测试框架呢？

顾名思义，自动化测试框架就是为了帮助机器更好地执行测试而设置的一系列准则。这些准则包括软件编码标准、软件测试数据的生成和处理方法、被测试对象仓库的存储方式以及存储测试结果和访问外部资源的方法。

自动化测试框架就是用于组织、管理和执行自动化测试的一系列流程或者工具的组合。

注意　业界对自动化测试框架并没有统一的定义。普遍来说，能够使自动化测试更好地组织和执行的流程、规范和工具，都可以被称为自动化测试框架。

1.1.2　为什么需要自动化测试框架

我们以生产汽车为例。如果不使用框架，要生产汽车，就需要自己生产轮胎、车架、轴承、发动机等，这样不仅花费更多精力，生产出来的汽车的质量也无法保证。

同样，如果没有自动化测试框架，我们的测试脚本就无法有效地组织，我们的测试运行时间就会增加。而使用自动化测试框架，能够增加代码重用率，使代码具备更高的可移植性，降低测试脚本维护成本，扩大测试的覆盖范围，以及提升测试效率。

不仅如此，自动化测试框架通过“标准件”消除了不合理的使用方式，规范了应用者的行为。仍以生产汽车为例，通过框架提供的“标准件”来生产汽车，那么框架提供的轮胎“标准件”，无论多少个，一定都是圆形的，并且具备统一的标准。也就是说，使用框架可以避免生产出方形的轮胎来。通过这个方式，框架最大限度地规范了我们的行为，减少了不必要的返工和浪费。

自动化测试框架存在的目的是帮助我们以更简单的方式来进行自动化测试。

1.1.3　自动化测试框架的演化

我们知道编写自动化测试框架的目的是更好地重用代码，以更简单的方式组织和运行测试脚本。那么，要编写自动化测试框架，我们就必须了解自动化测试框架是如何演化的。

在没有自动化测试框架之前，我们的测试脚本是松耦合的，其编写规范和执行方式是开发者自己决定的。即使在同一个项目中，不同的开发者也可能写出具备不同规范和执行方式的测试脚本。这显然是不可接受的，于是，我们开始尝试统一标准，就有了各种各样的测试库，有些测试库是用来指导测试用例编写的，只要在代码中调用这个测试库，就可以生成格式统一的测试用例（犹如轮胎“标准件”，使用它一定能生成同样规格的轮胎）。

于是，很快我们就有了“车门标准件”“轴承标准件”“发动机标准件”“SUV 标准件”以及“轿车标准件”。对应到软件测试，我们分别创建了不同的测试库，有的用来显示运行结果（Test Report），有的用来调度测试用例的执行（Test Runner），有的用来设置运行环境（Test Fixture），有的用来定义不同类型的测试（分别生成 API 和 UI 测试的抽象类）。通过这种方式，开发者自主选择在代码中何时、如何调用测试库。

不同的测试库具有不同的作用，而且测试库中通常有很多方法，有的方法用来启动浏览器，有的方法在运行时截图，有的库针对同一个功能有多种不同的实现方法。对于开发者来说，要想使用这些功能，必须对每一个测试库及其提供的方法了如指掌，这样就带来了两个问题。

1）同样的测试库未必能提供同样的功能。即使使用同样的测试库，不同的开发者写出来的驱动测试执行代码的功能也不尽相同，这是因为何时调用、如何调用、调用后有没有做“二次开发”改变调用结果，这些都是由开发者控制的，更不要说不同的测试库都可以实现同一个功能了。

2）学习成本过高。每一个开发者都必须知道，在整个测试过程中自己的代码应该何时调用哪个测试库，调用时要选择测试库的哪个方法，调用后代码里要不要做特殊处理。

为了解决这两个问题，测试库进一步演化，我们把从测试脚本编写到测试运行结束所需的不同功能和作用的测试库组合到一起组建成测试框架。这样一来，使用测试框架的人不必关心测试执行时具体使用哪个测试库，也不必在意测试截图具体使用哪个方法。

由此可见，测试框架保证了测试脚本编写标准、运行方式以及功能的一致性。同时，测试框架使用者可以从烦琐的技术细节中解放出来，只关注需要测试的业务本身。

这就是自动化测试框架的演进过程。需要注意的是，虽然我们在日常测试活动中不会刻意区分测试库和测试框架，但是它们还是有本质区别的。图 1-1 列出了自动化测试框架、自动化测试库、测试代码三者之间的关系。

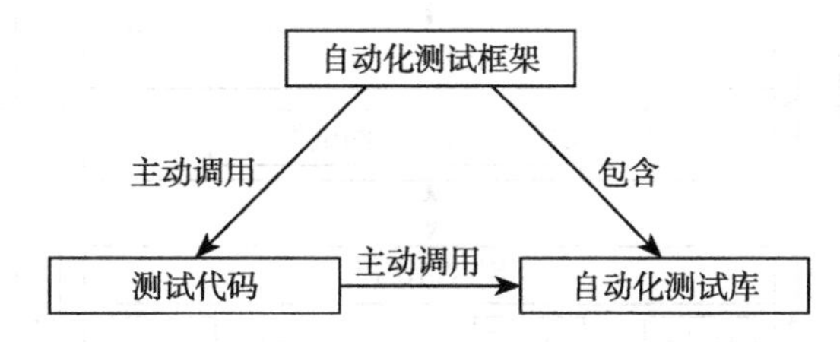

图 1-1　自动化测试框架、自动化测试库和测试代码的关系

自动化测试框架和自动化测试库最关键的区别就是控制反转（Inversion Of Control，IOC）。如图 1-1 所示，当你的测试代码调用自动化测试库时，你是控制方，你的测试代码决定了何时以及如何调用测试库。使用自动化测试框架之后，这个关系就反转过来了，自动化测试框架是控制方，因为自动化测试框架一般具备控制流，自动化测试开始后，由自动化测试框架来决定何时、如何去调用你的测试代码。

注意 测试框架和测试库不能混为一谈，测试框架和测试库的主要区别就是控制反转。

1.2 自动化测试框架的通用原理

根据测试类型和测试对象不同，自动化测试框架可以衍生出不同的种类。按照测试类型来划分，自动化测试框架可分为性能测试框架、API 自动化测试框架、UI 自动化测试框架等；按照测试对象划分，可分为 Web 端自动化测试框架、移动端自动化测试框架、客户端（C/S）自动化测试框架等。不同类型的测试框架的实现原理虽各有不同，但如果进行抽象总结，对于自动化测试框架也可以提炼出一些通用的原理。

从我个人的理解来看，gTAA 自动化测试框架[⊖]就是通用型自动化测试框架的一个很好的例子，如图 1-2 所示。

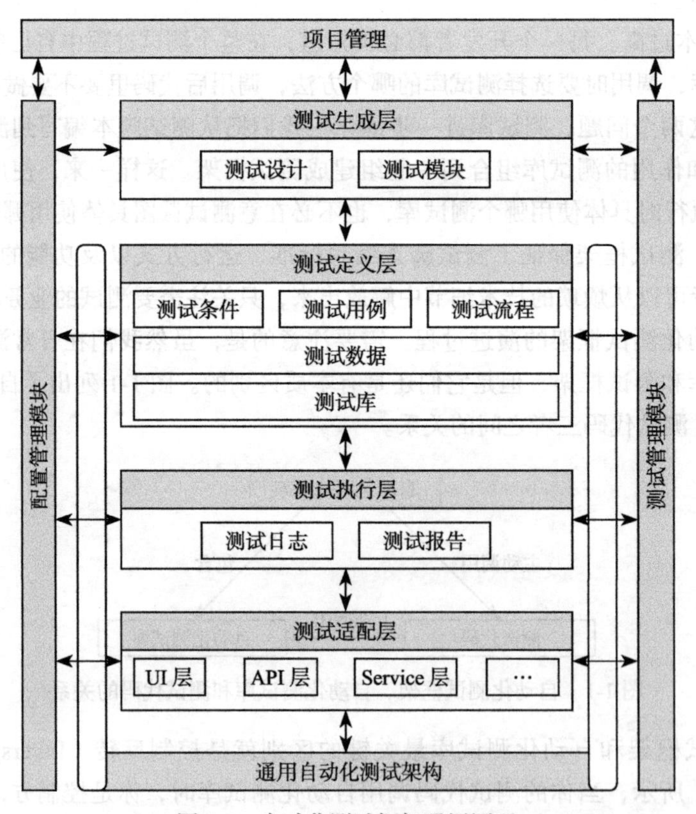

图 1-2 自动化测试框架通用原理

⊖ gTAA（generic Test Automation Architecture）是国际软件测试资格委员会（ISTQB）提出的一个通用自动化测试模型。

从 gTAA 可以看出，自动化测试框架包括如下 4 个必备层。

1）测试适配层。测试适配层通过各种第三方测试库与被测系统交互，例如使用 Selenium/WebDriver 执行 UI 层测试，使用 Requests 执行 API 测试。

2）测试执行层，用于执行测试用例、收集执行日志并反馈测试执行结果。

3）测试定义层，用于指定测试用例的操作，包括指定测试用例的优先级、测试用例运行所需的数据、参数化测试用例以及定义测试的执行顺序等。

4）测试生成层，用于将手工生成的测试用例转换为测试脚本，包括编写测试套件和测试用例、根据业务模型自动生成测试用例等。

无论自动化测试框架的类型如何变化，这 4 层都是自动化测试框架必备的。具体到执行原理上，即使不同测试框架有不同的实现，大体上它们的原理都应该包括如下部分。

1）将测试用例转换成测试代码。对于自动化测试框架来说，这一步更多是利用业务规则，根据用户与系统的交互输入，自动化生成具备同样编码风格、统一格式的代码，或者框架定义某种测试代码编写标准，以达到所有纳入代码仓库的脚本 / 代码风格统一。

2）将测试代码转换为针对被测应用程序的一系列动作。这一步受制于底层测试库，在 UI 自动化测试中，如果自动化测试框架集成 Selenium/WebDriver，则通过语言绑定先把不同编程语言的代码转换为可以被 Selenium Server 识别的 JSON Payloads，然后通过 HTTP 传输至浏览器驱动程序，驱动浏览器执行，最后完成对被测应用程序的操作。

3）由自动化测试框架控制，调用测试代码运行。测试开始后，由自动化测试框架决定何时、如何调用测试代码。在整个测试过程中，自动化测试框架驱动了整个测试流程，其中通常会由一个单独的进程或服务（Test Runner）定义测试代码应该使用哪种测试钩子（Test Hook）、测试数据如何跟测试代码绑定以及应该采用何种顺序运行测试，甚至决定该运行哪些测试。

4）测试框架收集测试运行状态，输出执行日志和测试报告。测试框架会介入整个测试运行生命周期，调用预先定义的测试库，打印运行日志，处理测试异常，收集测试结果。

1.3 自动化测试框架的通用模块

在开发自动化测试框架时，我们常常习惯把自动化测试框架先分解成不同功能模块，再分别开发。在这些功能模块中，会有一些标准件、可重用组件，我们称之为通用模块。从通用模块这个角度出发，自动化测试框架一般包括以下内容。

1.3.1 基础模块

自动化测试框架基础模块是自动化测试框架必不可少的部分，一般来说，应至少包括如下部分。

1）底层核心库。用于检测、驱动、替换或者和被测应用程序交互的库，例如上文提到的Selenium/WebDriver、Requests。底层核心库也包括Mock或者仿真，用于代替被测应用程序服务器，例如我们常见的Mock Server。

2）可重用组件。可重用组件包括两个部分，一个是自动化测试框架本身可重用组件，另一个是业务相关可重用组件。可重用指测试框架可以应用于不同业务领域。在实际操作中，通常把自动化测试框架代码和测试代码分离，单独打包。业务相关可重用组件一般指为了减少代码重复，将共用方法抽象成单独的库供调用，例如登录模块、时间处理模块等。

3）被测试对象库。将被测试应用程序的所有对象抽离到一个独立的库中，这个独立的库就是被测试对象库。在实际应用中，常常以模块、页面作为分隔维度，将被测试对象分组保存。针对每一个对象，定义其元素定位、属性值、可操作方法等基本操作供测试代码调用。

4）配置中心。配置中心用于设置自动化测试框架的各种配置信息，比如定义哪些文件属于测试文件、哪些文件属于数据文件、定义测试组织和执行的引擎（例如是采用pytest还是unittest去组织测试用例）以及与业务相关的配置（例如应用程序服务器地址、数据库用户名和密码等）。

1.3.2 管理模块

自动化测试框架管理模块一方面用于定义、管理自动化测试框架本身，如从文件结构上看，测试框架是如何划分的；另一方面用于管理测试代码、测试数据及业务相关内容，如判断测试代码、测试对象与测试页面的关系，它们之间是按照哪种模型组织的（PageObject模型），测试数据如何管理，测试代码如何和手工测试用例相关联等。

在实践中，常常将管理模块做成页面甚至集成到自动化测试平台上，以可视化的方式管理自动化测试框架。

1.3.3 运行模块

自动化测试框架运行模块主要负责自动化测试的调度和执行，这部分也就是我们常常说的Test Runner。

自动化测试框架运行模块应按需组织并调度测试用例的生成和执行。举例来说，测试框架可以在运行时根据使用者给定的标签动态挑选要运行的测试用例，并进行调度和执行(可以按顺序执行，也可以并发执行，还可以远程执行)。

针对运行期间发生的各种错误，自动化测试框架运行模块应该做到捕获及处理。举例来说，当运行发生错误时，运行模块要能判断这个错误是测试代码带来的还是测试环境/测试框架带来的。对于不同的运行处理，运行模块应该实现分类处理。

1.3.4 统计模块

自动化测试框架统计模块随测试框架启动，并注入测试执行过程直至测试结束，包括测试运行时的各种日志输出，测试运行失败时的各种截图、视频，以及测试运行后的测试结果统计、测试报告生成等。

1.4　自动化测试框架的类型

受限于测试人员资源、时间以及测试项目需求，自动化测试框架可以衍生出多种类型，本节介绍其中比较典型的几种。

1.4.1　简单测试框架

简单测试框架常用于小型、临时、快速项目，目的是快速迭代，追求极致的ROI。简单测试框架的典型代表有线性测试框架和模块化测试框架。

在实践中，线性测试框架也叫"录制回放"测试框架，一般直接使用现有工具的"录制回放"功能进行自动化测试，这个框架以完成自动化测试为首要目标，基本不会对代码做定制化操作，整个测试代码耦合在一起，可读性和可重用性很差。

模块化测试框架相对于线性测试框架，多了一个分解模块的动作，即整个框架以模块为唯一维度进行划分，每个模块都是独立的，可以看作一个微型的线性测试框架。模块有自己的测试用例发现、调用和执行机制。从整体上看，模块化测试框架更像是多个线性测试框架拼凑在一起构成的。

简单测试框架几乎不具备可重用、可移植等特征，其稳定性也无法保证。一旦项目要求变得复杂，简单测试框架便不再适用。

1.4.2　X-Driven测试框架

X-Driven测试框架是为了解决某一类具体问题而衍生出来的框架，常见的有以下几种。

1. 行为驱动的测试框架

行为驱动的测试框架（Behavior Driven Framework）旨在加强项目间不同角色的沟通和协作。在小型精英型敏捷团队中，如果项目人员都是多面手，每个人都可以胜任一个或多个职责，那么采用行为驱动的测试框架更有利于项目的开发、测试和业务分析，项目经理等角色可以紧密协作（此处不区分开发人员、测试人员、业务分析人员，原因是项目成员可以根据项目进度来切换角色）。

因为行为驱动的测试框架可以采用非技术性语言创建测试用例（这就是我们常见的BDD），所以在实践中，如果项目采用行为驱动的测试框架，通常意味着项目中业务方话语权比较大。这种情况常见于需要向外部客户汇报、配备有技术娴熟且个人风格强烈的产品经理的团队）。

2. 数据驱动的测试框架

数据驱动的测试框架（Data Driven Framework）强调数据本身对业务的影响，例如输入数据稍有不同，输出结果就会大相径庭的项目。数据驱动的测试框架还有一个特征是除数据本身外，其业务流程和操作趋同。在实践中，数据驱动的测试框架往往把测试数据剥离到测试代码之外，由测试框架从外部文件（CSV、ODBC数据源、DAO对象）加载数据并作用于测试代码。

采用数据驱动显著减少了代码量，可以用更少的代码覆盖更多的测试场景。

3. 关键字驱动的测试框架

关键字驱动的测试框架（Key Word Driven Framework）是给业务建模，提取业务关键字，用关键字驱动整个测试，典型代表是Robot Framework。关键字驱动的测试框架适合项目庞大、复杂，且项目人员技术水平差别巨大的团队。因为提取关键字后，测试代码更像是带关键字的自然语言。

使用关键字驱动的测试框架，可以保证技术水平不高的测试人员也能产出具备一定质量的测试代码。在实践中，拥有大量外包测试人员的项目更倾向于使用这种测试框架。关键字驱动的测试框架的弊端也同样明显，从技术层面看，采用关键字驱动的测试框架，测试失败后的调试工作非常麻烦，因为关键字测试框架多了一层维护关键字和关键字实现的伪代码层。从业务层面看，关键字的提取非常麻烦，不仅需要对业务非常熟悉，能把复杂的业务通过简单几个关键字表述出来，还要保证对业务不熟悉的项目人员也能正确理解。

1.4.3 混合型测试框架

混合型测试框架（Hybrid Framework）是现在多数团队的首选。混合型测试框架可以根据需要，在框架中集成各类X-Driven测试框架。混合型测试框架强调“采众家之长，避众家之短”，适合大型、业务复杂、具有一定变化性的项目，它强调代码可重用、可移植，强调测试框架的稳定性和可扩展性。混合型测试框架对框架开发人员、框架使用人员的技术水平均有一定要求，因为整合了诸多框架的优点，势必会让框架代码本身更加复杂，所以框架一旦出现问题，就需要更多时间进行修复。同样，整合诸多框架的功能，也意味着这类测试框架的接口多且复杂，对于框架使用人员来说，学习成本较高。

即便如此，考虑到测试框架的健壮性、可用性、可度量性、可兼容性以及通用性、可移植性，混合型测试框架仍然是绝大多数成熟团队的首选。

1.4.4 不同类型测试框架的对比

本节总结了不同类型测试框架的优缺点，如表1-1所示。读者在进行框架选型时，可以根据项目的需要挑选合适的测试框架。

表1-1　不同类型测试框架的优缺点

	简单测试框架	X-Driven测试框架	混合型测试框架
框架目标	仅完成测试任务	• 减少代码重用（数据驱动） • 从业务角度描述测试（行为驱动） • 提高项目人员参与程度（关键字驱动）	• 根据需要自由裁剪 • 自适应业务、需求变化

（续）

	简单测试框架	X-Driven 测试框架	混合型测试框架
实现方式	• 录制回放为主 • 不考虑重用 • 越简单越好	• 围绕数据来设计测试框架（数据驱动） • 抽象业务操作为关键字（关键字驱动） • 使用 BDD 及背后的语言（例如 Gherkin）实现“用业务描述测试”	• 根据项目需要灵活定制 • 一般包含其他框架的优点
框架复杂程度	简单	中等	复杂
可迁移、灵活性	弱	中等	强
对开发技能的要求	低	中等	高
使用范围	简单、一次性项目	领域相关任务	大型、复杂、通用型项目

1.5　自动化测试框架的设计原则

在设计自动化测试框架时，一般要遵守如下通用原则。

1）健壮性。健壮性是自动化测试框架的基石，当自动化测试框架运行所依赖的环境、服务发生变化时，自动化测试框架要做到自适应。例如之前的被测应用是单体架构，现在由于业务需要改为微服务架构，自动化测试框架要能适应这种环境变化带来的风险，尽量做到不做改动或者只做少量改动就能完成环境切换。

2）可重用性。可重用性最能体现自动化测试框架的价值。在设计自动化测试框架时，可重用性的最佳体现就是框架分层和代码抽象。就像 1.2 节提到的那样，框架分层既可以明确不同层次之间的职责，又可以避免重复建设，有利于构建通用型测试框架。代码抽象一般指采用包括创建包装器、装饰器、抽象类、工厂类在内的编码实践，用最少的代码实现最多的功能。

3）可维护性。可维护性决定了自动化测试框架的被接受程度和受欢迎程度。当业务改变时那些已存在的测试代码是否方便修改，当出现错误时是否容易调试和修复，这些可维护性决定了自动化测试框架是否容易被推广和认可。

4）可扩展性。可扩展性决定了自动化测试框架的生命周期。例如，自动化测试框架原本的设计是顺序执行所有测试用例，那么测试用例增多后能否扩展成并发执行就很重要。自动化测试框架原本只支持 Web 浏览器测试，移动端场景普及后自动化测试框架能否支持在移动端运行测试变得至关重要。具备良好的可扩展性，有利于延长自动化测试框架的生命周期。

除了上面介绍的通用原则，笔者结合自身实践经验，总结了如下建议供读者参考。

1）自动化测试框架应尽量模块化、插件化。在设计自动化测试框架时，尽量把功能进行细分、封装，并以模块化的方式对外提供服务。这样在变化发生时可以即插即用、随时替换。

2）测试用例、测试数据应该单独构造、独立维护、分开存放。测试用例单独构造有利于采用设计模式（例如 PageObject 模型）提高代码可读性，测试数据独立维护有助于数据驱动。最关键的一点是测试用例、测试数据分开存放，可以快速区分业务代码和框架代码，方便移植测试框架。

3）自动化测试框架应该具备错误处理、错误恢复能力。在测试运行中，难免由于种种原因出现运行错误，测试框架必须具备处理错误并恢复正常的能力。在实践中，针对错误，测试框架可以采用停止运行和错误恢复两种处理方式。一般来说，如果是测试框架本身引起的错误，测试应该立刻停止运行，而对于测试用例导致的错误，测试框架应该进行识别并处理，以不影响下一个测试用例运行为首要原则。

4）支持版本控制。自动化测试框架，特别是自动化测试用例应该采用版本控制。版本控制不仅有利于我们了解测试框架的演进脉络，还可以帮助我们观测业务的变化曲线。不同版本的功能可能并存，只有采用版本控制，测试用例才能够同时覆盖不同版本。

5）文档完备，示例详细。自动化测试框架应该具备完整且详细的文档，以帮助框架使用者快速了解框架的设计思路和使用规范。完备的文档、详尽的代码示例，可以使得测试框架简单易用，也能带来更多的正向反馈。

1.6 本章小结

本章主要围绕测试框架进行了阐述。了解测试框架的定义、运行原理、组成部分以及测试框架的类型，有助于读者全面了解测试框架。在项目需要进行测试框架选型时，读者可以参考本章介绍的内容，选择更加符合自身需要的测试框架。

第 2 章 Chapter 2

分层自动化测试与测试框架

第 1 章介绍了自动化测试框架的基本概念、通用原理、设计原则以及不同类型框架的适用场景。要将这些概念、理论、原则转化成代码和测试框架，我们需要先学习分层自动化相关的知识。

2.1 分层自动化测试概述

作为软件测试人员，你一定听说过分层自动化。但是，你可能还不知道分层自动化测试里的“分层”，和分层自动化测试框架里的“分层”，是不同的含义。

2.1.1 什么是分层自动化测试

顾名思义，分层自动化测试就是分层的自动化测试。那么，为什么要分层呢，分的又是什么层呢？

作为软件测试人员，我们最怕的不是不合理地变更需求，而是某一天开发人员忽然说：“我改了一个核心模块，你最好全量回归一下。”我相信读者听到这句话，心里一定会五味杂陈。全量回归，意味着我们无法借助手工测试完成所有的测试工作，必须采用自动化测试。那么问题来了，自动化测试代码全部执行一遍，就不需要手工测试了吗？从笔者个人的观察来看，很少有团队敢这么打包票，究其原因，是他们不知道自己的自动化代码到底覆盖了哪些业务，而对于覆盖的业务，也不知道自动化代码覆盖到了什么程度。

上述问题是分层自动化测试出现之前，软件行业普遍存在的问题。直到测试金字塔（Test Pyramid）模型脱颖而出，一举成为实施自动化测试的根基理论。

> 注意 Mike Cohn 在 *Succeeding With Agile* 一书中提出了测试金字塔模型，后来 Martin Fowler 在博客“Practical Test Pyramid”中为测试金字塔模型由理论变成实践提供了强有力的支撑。
>
> 国内互联网界习惯将测试金字塔模型称为分层测试，因为分层测试这个名字既能形象地说明测试金字塔的精髓，又远比测试金字塔这个直译名字更加信雅达。

测试金字塔模型不仅解释了应该把自动化测试分几层的问题，还给出了每一层自动化测试应该在整个测试中占多少比例。测试金字塔模型示意图如图2-1所示。

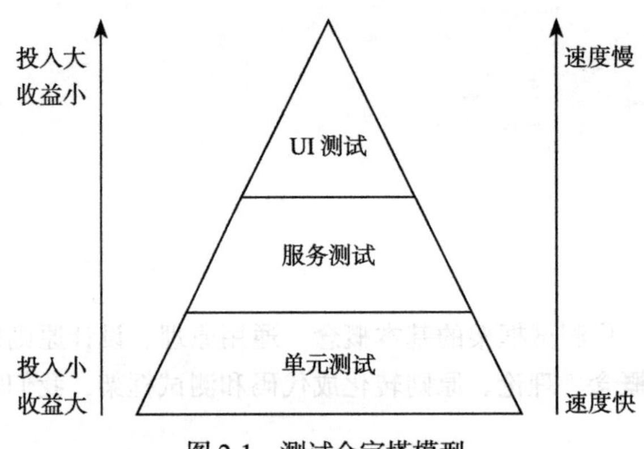

图2-1 测试金字塔模型

测试金字塔模型将自动化测试从下向上分为以下3个层次。

1）单元测试。单元测试的面向对象主要是系统的最小组成单元，它可以是一个面向过程的函数、一个方法、一个类或者一个对象。单元测试通常是独立的，没有任何外部依赖。在测试中通常会使用驱动代码、桩代码和Mock代码保证执行的独立性。单元测试属于白盒测试，一般用和开发语言一致的语言编写，执行时间在毫秒级到秒级之间。单元测试通常由负责开发本单元的开发人员进行测试，软件测试人员则参与较少。

2）服务测试。服务测试是对集成在一起的服务进行测试。服务测试常被称为集成测试、组装测试。从程序的角度来看，把通过单元测试的不同的最小单元组合在一起，以模块、服务的方式对外提供服务，这种方式叫作集成。而对这部分组装在一起的模块、服务的测试就是服务测试。服务测试可以是白盒测试，也可以是黑盒测试，甚至可以是灰盒测试。服务测试不要求使用某种具体的开发语言，服务测试的执行时间是分钟级，通常由软件测试人员完成。

3）UI测试。软件集成好后，以一个整体的形式对外提供服务。从用户角度对整个软件进行的测试，就是UI测试。UI测试一般来说属于黑盒测试，同样不要求使用某种具体的开发语言，执行时间为小时级，通常由软件测试人员独立完成。

测试金字塔模型强调了在自动化测试中，越底层的测试越应该多做，因为越到底层越稳定，且占用的时间越少，投资少、收益大。而越上层的测试则尽量少做，因为越上层越不稳定，投资多、收益小。测试金字塔模型特别强调，对于自动化测试要重点关注以下两类事实。

1）自动化测试要分粒度、分层次进行。

2）尽量多地进行单元测试，尽量少做 UI 测试。

2.1.2　分层自动化测试的模型

随着软件行业的发展，软件开发技术迎来了日新月异的变化，随着前端 Web 开发、敏捷开发、微服务开发、云原生开发等新兴开发技术的出现和普及，测试金字塔模型也在不断演化并逐渐细分。当前主流的自动化测试分层模型有如下几种。

1. 测试金字塔演化模型

测试金字塔演化模型可以看作测试金字塔模型的一个改正和细化，如图 2-2 所示。

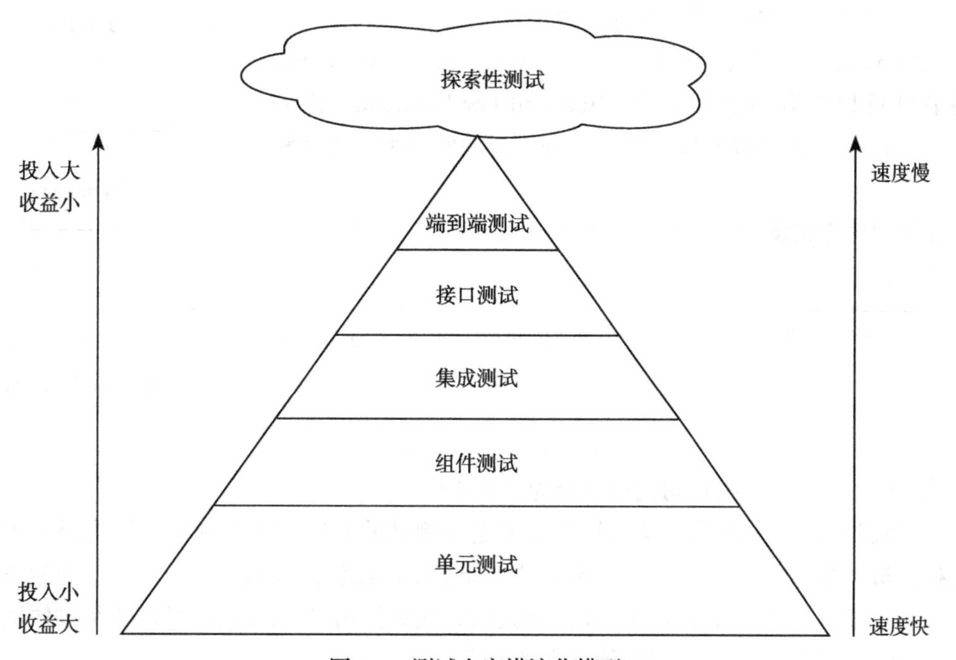

图 2-2　测试金字塔演化模型

在原始的测试金字塔模型中，中间一层是服务测试，因为服务测试这个词太宽泛了，所以在演化中，服务测试这一层逐步分解为接口测试、集成测试以及组件测试。原始的测试金字塔模型最上层的 UI 测试也随之变化，分解为端到端测试和探索性测试。

测试金字塔演化模型的分层是随着软件开发过程发展的。演化后的测试金字塔模型覆盖了软件开发的整个过程，针对每一个具体的过程，演化后的测试金字塔模型都设计了相应的测试。但测试金字塔演化模型没有回答一个问题，即如果每一层都由自动化测试覆盖，你有信心发布吗？

2. 奖杯模型

人们在测试实践中发现，即使按照测试金字塔演化模型进行自动化测试，对将要发布的软件质量仍然没有信心。偶尔发生的生产事故也证明，这种担心是有必要的。

> **注意** 生产事故指那些在软件正式发布后，才被发现的软件错误或缺陷。生产事故常常与测试人员的年终奖金、职位升迁有某种关联，生产事故数目也是考核软件测试人员的重要指标。

明明已经经过测试，为什么上线后还会发生事故？一方面，资源总是有限的，用于软件测试的资源在实际工作中更是如此。在单元测试层，不要说达到 100% 的测试覆盖率，能达到 80%，甚至 70% 的覆盖率都实属不易。另一个方面，模型的演进总是落后于技术发展的。举例来说，在 Web 开发领域，单页面应用（Single Page Application）改变了页面加载和内容刷新方式，Node.js 的出现，使得软件可以拥有一个 BFF 层（Backend For Frontend，服务于前端的后端），为了提升加载速度，静态资源常常独立部署和存储。

针对理想型的测试金字塔演化模型，更注重实践的奖杯模型出现了，如图 2-3 所示。

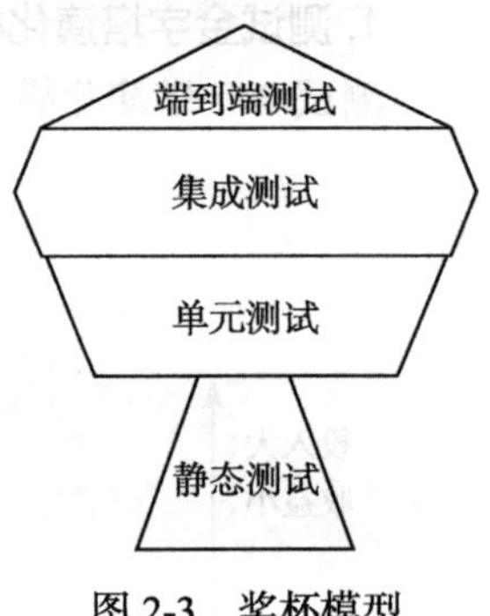

图 2-3　奖杯模型

> **注意** 奖杯模型的发明者 Kent C. Dodds 曾就职于 PayPal 和 Google，是一名全栈 JavaScript 开发专家。正因如此，关于奖杯模型的分层理论讨论，更多集中在 Web 端应用程序这个领域。

奖杯模型从下到上把自动化测试分为如下 4 层。

1）静态测试是一种无须运行软件就可进行测试的方法。静态测试包括代码走查、静态结构分析、静态代码度量等。在 Web 端，静态测试也包括对独立部署和存储的静态资源进行检查。静态测试也可以使用测试工具进行，例如使用 ESLint 插件可以非常方便地查出 JavaScript 代码在语法规则和代码风格上的错误。

2）奖杯模型的单元测试和其他模型的单元测试一样，都是针对程序的最小单元进行检查。

3）集成测试用于验证多个单元或模块集成在一起是否可以正常工作。奖杯模型的集成测试包括测试金字塔演化模型中的组件测试、集成测试和接口测试。

4）端到端测试是从用户的角度出发，对关键路径进行自动化测试，它不依赖用户操作，对发布信心有提振作用。

奖杯模型从现实角度出发，是速度、成本和可靠性相结合的典范。奖杯模型考虑了在现实世界中，单元测试基于种种原因无法 100% 覆盖的情形，并引入静态测试尝试发现更多问题。为了提升发布信心，奖杯模型还提出了应该从用户的角度设计端到端测试。这一点至关重要，要知道，即使 100% 的单元测试通过，也无法保证软件提供的功能就是用户需要的。奖杯模型这个形状也同样含有隐喻："如果把成功的发布比作一次胜利，那么只有不漏掉任何一层测试，才能拼成一座完整的奖杯。"

3. 蜂巢模型

如果系统开发采用的是微服务架构，你会发现以上两种分层模型又不能满足需求了。这是因为微服务架构最大的特点是系统被拆分为一个个独立的服务，而它们都是独立部署、独立发布的。在微服务架构下，一个微服务会被另一个微服务调用，而这个微服务有可能依赖别的微服务才能正常工作。在这种情形下，即使针对单个微服务的单元测试做到 100% 覆盖，也不能说明各个微服务集成到一起后还能正常工作。基于此，针对微服务的分层模型蜂巢模型出现了，如图 2-4 所示。

蜂巢模型的原理是，在微服务开发模型下，集成测试、契约测试应该在自动化测试中占据最大比重。然后针对每一个具体的微服务，有适量的单元测试。最后，针对微服务整体进行测试（端到端测试，如 UI 测试）。

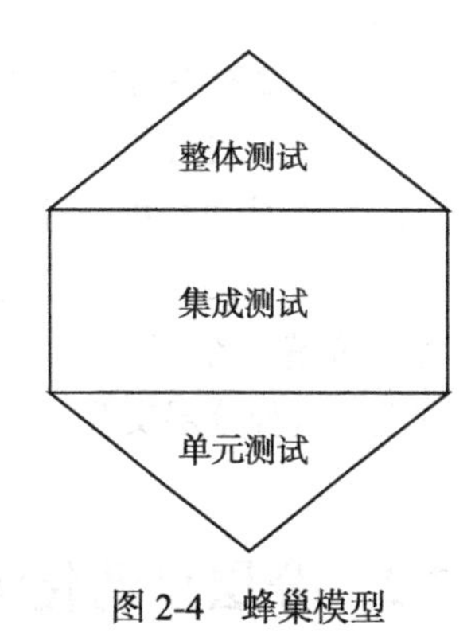

图 2-4　蜂巢模型

4. 其他分层模型

以上介绍的分层模型可以满足绝大多数自动化测试分层的需要。在更加细分的领域，还有不同的分层模型，例如前端分层模型，如图 2-5 所示。

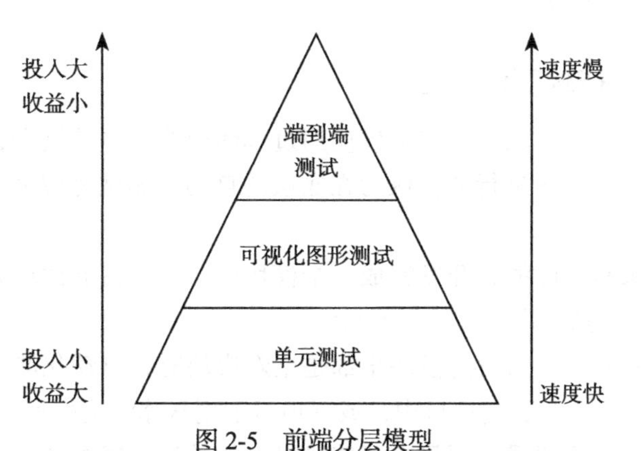

图 2-5　前端分层模型

在前端项目中，需要针对大量的页面元素、CSS 样式以及颜色背景等进行测试，如果采用常规的测试模型，一方面需要针对这些前端页面编写大量的代码；另一外面，页面元素一旦发生位置、顺序甚至颜色的变化，测试代码就要推倒重写，测试的投入与产出比非常低。在这样的背景下，前端分层模型出现了。

前端分层模型添加了针对前端特点的可视化图形测试，针对页面上数量众多、变化频繁的元素，在首次运行中直接进行截图保存作为基准，然后使用第二次测试的实际截图与基准截图进行对比。这样不仅减少了测试代码开发成本，还提升了测试覆盖率。

除前分层端模型外，还有钻石模型、T模型等，读者可以自行查阅相关资料。

当然，有最佳实践模型，就有反模式的模型。例如冰激凌模型就是典型的反模式模型，如图2-6所示。

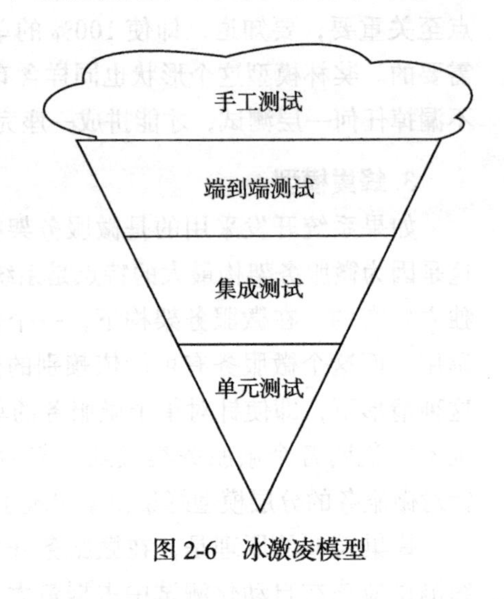

图2-6 冰激凌模型

从图2-6中可以看出，冰激凌模型非常依赖手工测试，并且在端到端测试、集成测试、单元测试上的投入是递减的。冰激凌模型可以看作测试金字塔演化模型的反面，它忽略了单元测试的优点，花费大量精力在那些投入大、收效低的UI自动化测试上，这种分层实践应该尽力避免。

2.2 分层自动化测试的误区

分层自动化测试理论把自动化测试的衡量标准从“差不多测试”[⊖]中解放出来，在具体的实践中，由于对分层自动化测试理解得不够深入，或者过度理解，测试人员对分层测试的认识，还是会出现一些误区。

2.2.1 测试一定是按顺序进行的

初次了解分层自动化测试模型或者仅使用过单体架构测试的读者，可能会误认为分层自动化测试是严格按照顺序进行的，认为在底层的自动化测试完成之前，不能开始上一层的测试。

这个说法看起来是正确的，开发完成一个模块后，必然只能做单元测试，单元测试通过后才能做集成测试。然而事实真的如此吗？

当你的项目从零开发，面对的模块全部是全新模块时，自动化测试按顺序进行或许是正确的。而一旦你身处一个长期项目中，或者项目刚刚从冰激凌模型转为测试金字塔模型，你会发现按顺序测试行不通了。项目有可能已经上线并运行很久了，而单元测试从来没有

⊖ 差不多测试是软件测试的一个特殊现象，由于缺乏科学的自动化测试准则和衡量标准，因此自动化测试往往以自我感觉“测试得差不多了”而结束。

被有效执行过，如果盲目要求分层顺序，那么所有项目成员将停止现有工作，只能聚集起来补单元测试用例。面对一个已经上线且无故障的系统，此时再补单元测试，除了能让单元测试的覆盖率好看点，对提升软件质量没有一点帮助。

2.2.2　分层自动化测试跨层执行是反模式

分层自动化测试实施后，往往会产生另外一个误区，那就是既然自动化测试从原来的差不多测试变成了分层测试，那么实施分层测试后，就不能再跨层测试了，否则就是重走老路。

这样想也是错误的，自动化测试分层的根本目的不是为了分层。分层只是一个手段，通过分层自动化占比衡量测试结果才是目的。举例来说，假设集成测试这一层已经通过接口测试的方式，验证了用户登录这个功能。我们在端到端测试一下单功能时，需要先登录，常规的做法是直接通过接口登录，接着使用 UI 自动化进行下单。如果坚持不跨层测试，不仅会造成重复测试，还会延长测试执行时间，使得测试结果不稳定（UI 层测试执行速度慢）。

2.2.3　分层后单元测试越多越好

分层自动化无论采用哪个模型，都会强调单元测试的重要性，但是单元测试真的是越多越好吗？

并非如此。一方面，单元测试即使通过了，也无法保证不同单元集成之后的模块功能也表现正常。另一方面，虽然单元测试开发和执行的成本很低，但是不结合软件开发模型，盲目添加单元测试，也会增加成本。例如，在微服务模型下，一味强调对每个微服务模块都进行详尽的单元测试，而忽略了集成测试的重要性，没有增加集成测试的占比，就可能虽然增加了测试投入，软件质量却没有任何提升。

理论上来说，单元测试的实施越充分越好，考虑到成本、效率与质量的平衡，单元测试的实施粒度需要考虑当前项目使用的开发模型，不能盲目进行 100% 覆盖。

2.3　分层自动化测试的最佳实践

分层自动化测试有这么多的模型，在执行分层自动化测试时，有哪些最佳实践可供参考呢？

2.3.1　测试尽量下沉

无论是哪种分层模型，都强调最底层的单元测试在整个自动化测试中的占比。从对质量的影响角度来看，如果有 1 个缺陷在单元测试阶段没有被发现，那么这个缺陷可能会导致 10 个集成测试缺陷、上百个端到端测试缺陷。相应地，修复缺陷就要改动测试代码，在单元测试阶段花费5分钟就能更新，如果到端到端测试阶段才发现，可能要花费1天甚至数天的时间来更改（取决于测试代码的数量和调用方式）。针对同一个缺陷开发相应的自动化测试代码，不同层次的测试自动化测试成本开销是不同的。缺陷带来的自动化成本开销模型如图2-7所示。

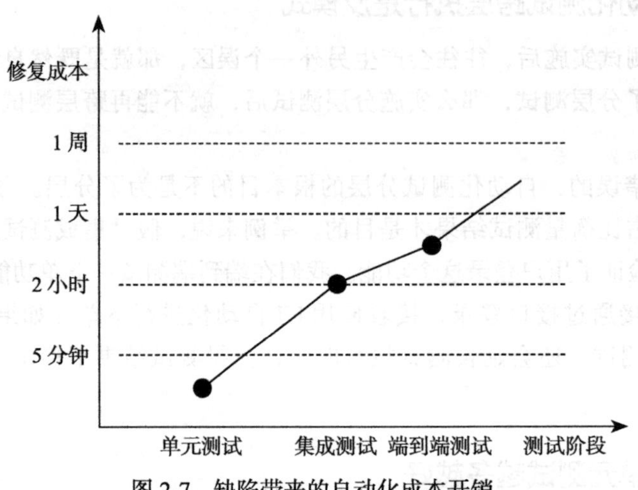

图2-7　缺陷带来的自动化成本开销

由此可见，测试下沉不仅可以在项目早期发现软件缺陷，避免软件缺陷在项目后期才被发现而带来更多的修复成本，还可以在发现问题后，缩小调试范围（单元测试的范围是方法、类，端到端测试的范围可能就被扩展到多个用户场景）。测试下沉是减少成本支出最直接和最有效的办法。

2.3.2　不要重复测试

在项目实践中，我们一般会强调“不要重复测试”。重复测试是指同样的功能、检查点，在不同层次被多次检查。这种情况太常见了，这里列出几个典型示例。

1. 测试用例重复

对于Web端应用来说，很多测试场景都有一些前置操作要求，而这些前置操作，通常导致测试用例重复。例如，在测试电商网站的下单功能时，需要登录账户。同样地，在测试付款、物流信息时，不仅需要登录账户，还要先下单才行。分层后，测试工程师通常会根据不同测试检查点编写测试代码，当不同的测试工程师分别负责上述两个场景的测试代码时，就有可能导致测试用例重复。

重复测试发生后，一方面自动化测试的执行时间延长了；另一方面，当系统功能有更新，就会导致多个测试用例失败。比如开发人员改变了下单的流程，不仅下单的测试代码会失效，物流信息的测试代码也会跟着失效，而这会带来误判，测试人员需要花费时间检查出错原因才能知道原来物流信息这个测试没有问题。更有甚者，对于同样的测试用例，用不同的代码实现方式。

2. 基础代码重复

在自动化测试中，如果测试框架规划不合理，就会导致共用功能重复建设。例如，在集成测试和端到端测试中都需要对时间格式进行转换处理，如果测试框架没有对这类共用功能做定义，测试代码编写者可能会在每一层都实现一遍这个功能，造成开发资源浪费。

重复测试增加了自动化测试的开销，造成误报自动化测试结果，分层自动化测试应该避免重复测试。

2.3.3 合理选择分层模型

软件测试没有"银弹"，一切要以实际情况出发。在分层自动化测试中，要根据项目情况合理地选择分层模型，不能一概而论。虽然任何项目都可以采用测试金字塔演化模型作为分层自动化测试的原则，但它未必是当下最合适的分层模型。

举例来说，如果项目主要功能都集中在前端展示和设备适配上，如天气预报程序，后端数据来自第三方，并且项目需要支持多端查看，那么在应用分层模型时，可以采用注重可视化的前端分层模型，也可以采用奖杯模型。如果项目采用微服务架构，则最好使用蜂巢模型。

2.3.4 考虑用户场景

采用分层自动化测试后，有的人会有这样的疑问：如果单元测试覆盖率达到 100%，是不是应用程序就没有缺陷了？在这些人的认知中，单元测试覆盖率达到 100%，意味着代码的每一个行都被测试到了，不应该再有缺陷。

这个想法是不正确的。我们来看这样一个例子，假设有如下所示的代码。

```
def sample_test(x, y, z):
    return x / y - z
```

要测试上述代码功能，只要构造如下所示的一组数据就可以满足 100% 单元测试覆盖率。

```
self.assertEqual(sample_test(1,3,2), 1)
```

测试覆盖率达到 100% 了，这个测试充分吗？有没有考虑到如下所示的情形？

```
x = 1,  y =2, z = 2
```

显然，这种情况开发代码没有处理，应用程序一定会报错，而我们恰恰遗漏了这个情况。这就是测试工程师要根据产品需求文档设计测试用例，不能根据开发人员的代码设计测试用例的根本原因。

要提升测试发布的信心，分层自动化测试必须考虑用户场景。假设页面有一个分页功能，分页页面的数据是由后端根据前端的请求直接计算好的，然后通过接口传给前端，由前端进行展示。那么，在测试分页功能时，分页数据的正确性，只需要通过接口测试，而前端测试只需要编写页面显示逻辑的测试代码，就能达到前后端逻辑均覆盖的要求。

2.4 微服务下的自动化测试分层

近年来，微服务开发模型已然成为最受欢迎的开发模型之一。那么在微服务开发模型下进行自动化测试，和在其他开发模型下进行测试有什么不同？微服务开发模型又会给软件测试带来哪些挑战？

2.4.1 微服务精要

在微服务架构出现之前，单体架构是主流的架构设计，而单体架构有如下明显的缺点。

1. 部署成本高，部署频率低

单体应用只能统一部署，如果单体应用包含众多功能模块，则即使只有一个模块有改动，在部署时，也必须全量部署。这就导致业务复杂的单体应用的部署时间会花费数十分钟，甚至数小时之久。在这段时间内，应用无法正常对外提供服务，部署的成本非常高。

因为部署的成本很高，所以单体应用通常会积累到一定的需求变更后，统一规划时间部署，通过降低部署频率减少服务不可用的时间，这就导致了单体应用无法适应快速变化的外部环境，无法及时响应客户的需求。

2. 改动影响大、风险高

在单体架构[⊖]下，无论是改动一行代码，还是改动多个模块的代码，都要经历重新编译、打包、测试和部署的过程。这样一来，改动的影响就非常大了，无论是开发人员还是测试人员，都疲于奔命。如果测试不充分，还会导致服务不可用，发布风险非常大。

3. 技术债务多，扩展困难

单体应用所有的模块都运行在一起，导致模块的边界比较模糊，依赖关系不清晰。随着时间的推移，这些相互依赖的地方，逻辑关系越来越难以理顺，逐渐变成技术债务。单体架构下，不同功能的业务模块都耦合在一块，这些模块需要的软硬件资源不尽相同，单体应用为了保证可用性，必须使软硬件资源满足每一个模块的需求，这样不仅造成了资源浪费，还导致扩展困难（无法按模块扩展）。

⊖ 单体架构是一种将程序所有功能打包在一个容器中运行的设计，一个实例集成所有功能，通过负债均衡实现多实例调用。采用单体架构的应用叫作单体应用。

为了解决单体架构存在的问题，微服务架构应运而生。微服务[⊖]相对于单体应用来说，最大的不同是将单体应用进行拆分，变成一个个独立的功能，每个功能称作一项微服务，每个微服务实现一个具体的业务，这些业务能够单独部署、测试、发布。各个微服务之间通过 RESTFUL 集成。单体架构应用和微服务架构应用的区别如图 2-8 所示。

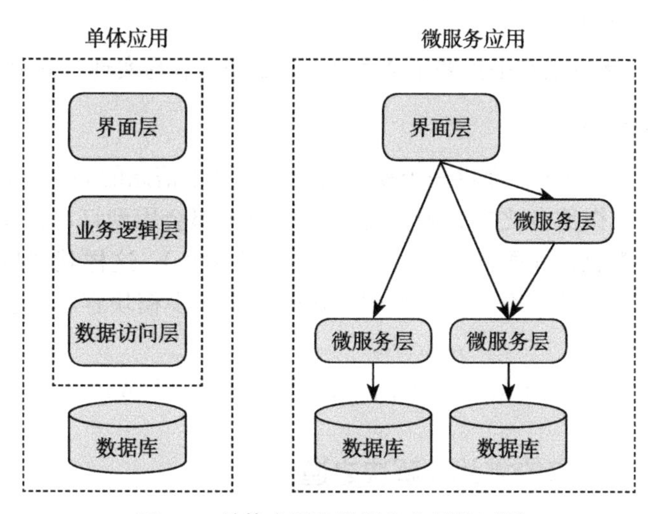

图 2-8　单体应用和微服务应用的区别

把单体应用拆解成微服务有什么好处呢？举例来说，单体应用内部是由许多组件组成的，如果一个组件更改了，就不得不更新整个应用。随着业务的发展，组件之间的依赖、复杂度不断增加。此时，一个组件出问题就可能导致整个应用不可用。微服务首先解决了组件之间互相依赖的问题。除此之外，微服务还有如下优点。

1. 独立部署

把单体应用拆分为微服务，最大的好处就是实现了独立部署。一方面缩短了部署上线的时间，另一方面，一个微服务不可用，不会影响其他的微服务。独立部署使得系统的健壮性变强。

2. 开发技术多元化

使用微服务后，微服务之间的访问、调用通过统一的 RESTFUL HTTP 通信。只要对外的接口不变，在微服务内部，技术团队可以任意使用自己擅长的编程语言和数据库。这是单体应用无法实现的。在新技术出现时，微服务可以快速引入，小范围升级。微服务使得开发技术更加多元化。

⊖ 微服务是一种开发软件的架构和组织方法。采用微服务架构的软件由通过明确定义的 API 进行通信的小型独立服务组成，这些服务由各个小型独立团队负责。微服务架构使应用程序更易于扩展和开发。

3. 快速扩展

单体应用的水平扩展能力非常有限，大部分依赖垂直扩展。单体应用是一个整体，势必会造成资源浪费。比如，有的模块是计算密集型，需要更强的CPU，有的模块是I/O密集型，需要更大的内存支持，由于单体应用无法拆开部署，导致硬件必须同时满足这两种需求，因此造成资源浪费。

微服务架构下，无论是水平扩展还是垂直扩展都非常容易实现，减少了资源浪费。

4. 服务之间边界清晰

一般情况下，一个微服务提供一个模块功能。以订单信息的共享和调用模块为例，在没有把这个功能变成微服务之前，因为各个业务模块都会用到订单信息，所以要专门写代码访问订单信息数据库（通常是通过DAO层拼接SQL），这样就造成了代码的重复编写。而且，随着调用的模块增多，你很难知道到底有多少模块存在自己访问订单信息的情况。

有了微服务后，获取订单信息由订单微服务统一提供，业务边界非常清晰。

2.4.2 微服务实施带来的挑战及解决之道

在软件开发领域，“没有银弹”是一种普遍共识。微服务解决了这么多问题，势必会带来新的问题。那么，微服务给我们带来了哪些挑战，这些挑战又应该如何解决呢？笔者根据自身经验，总结了采用微服务普遍会遇到的挑战及解决之道。

1. 测试环境部署困难

想一下这个问题，当单体应用被拆分成多个微服务后，你只负责其中一个微服务的测试，该如何进行测试？

因为微服务具有独立部署、独立发布的特性，所以搭建一套可用的测试环境变得困难起来。加上微服务导致的技术多元化，有时候需要测试人员为每个不同语言、不同数据库的服务搭建测试环境，增加了测试成本。

为了解决这个问题，服务容器化应运而生。通过Docker容器及镜像，实现了环境部署简单、可配置。不仅如此，使用Docker镜像部署还保证了开发、测试环境的一致性，避免了由于开发环境和测试环境不一致带来的各种问题。

2. 微服务下整合测试困难

实施微服务后，你负责测试的微服务可能被其他微服务依赖，而你测试的微服务可能也需要其他微服务提供数据才能正常工作。可是微服务拆分通常伴随着团队划分，负责不同微服务的人处于不同的团队，你们互相不了解对方的业务，在两方微服务需要进行整合、联调测试时，测试就变得非常困难了。即使联调测试通过了，在后续业务的开发中，可能各自又更改了微服务对外的接口，那么下次联调测试时，互相不知道对方对外服务的接口有哪些改变，测试又将是一场噩梦。

解决这个问题可以使用契约测试（Pact Test），特别是消费者驱动的契约测试（Consumer Driven Contracts Test）。契约测试用于验证服务提供方（Provider）和服务消费者（Consumer）彼此契约（Pact）是否完备、正确。由于契约的存在，服务提供方改动契约导致的测试失败会被立即发现，联调测试不再是噩梦，契约改变后，我们也可以通过更换契约文件保证双方都得到通知。

3. 非功能性测试容易被忽略

虽然单个微服务下的功能测试跟单体应用下的功能测试没有区别，但是微服务整体对外提供服务后，测试人员很容易忽略非功能性的测试。比如，单个微服务功能、性能都满足要求，当多个微服务集成为系统整体向外提供服务时，因为网络延迟带来额外的性能开销，可能会使得性能相对于单体应用有所下降。

另外，由于一条调用链路上的不同微服务能够承受的最大压力不一样，如果微服务没有降级、限流和熔断的能力，当某个微服务接收到的请求超出它能处理的最大强度时，系统就有崩溃的可能。

为了解决这个问题，作为跨服务调用的可靠性检查和系统集成后的性能测试评估手段，全链路压测近年来变得越来越重要，逐渐演化为系统性能保驾护航的重要途径。

除性能问题需要关注外，微服务也要关注幂等测试，对于涉及金钱的功能，更是需要额外关注。

4. 分库、分表增加了测试难度

单体应用可以分库、分表，微服务往往也伴随着分库、分表，每个微服务通常有自己独立的数据库，那么分库就变成很自然的一个操作，随着业务发展，数据累积到一定量，也必然会分库、分表。

> 注意　关于分库、分表的实现，细节较多，原理非常烦琐，笔者在微信公众号 iTesting 上发布了文章“分库分表小结——论 QA 的自我修养”。读者可以在公众号后台回复“分库分表”查看文章。

分库分表给测试带来的最大问题是测试数据的构造和获取变得复杂。举例来说，假设在开始测试时创建了一个用户，这个用户根据规则（通常是根据数值取模）创建后，各项信息会被存储到 USER_1 表中。等测试用户下单时，需要编写代码查询当前用户的状态，而我们并不知道这个信息存在哪张数据表中。这时就需要根据业务规则，通过 USER ID 反向获取用户所在的 USER_1 表，然后再进行后续操作。

一般来说，分库、分表的算法各有不同。在测试时，需要测试人员根据分库、分表的具体算法编写反向查找函数，这对测试人员的代码能力有一定的要求，开发人员可能会提供一个服务供测试人员调用，这个做法比较常见。

5. 端到端测试变得困难

由于微服务的复杂性，在测试阶段，测试环境可能无法拥有和线上系统一样完备的环境用于测试，特别是当你的服务存在外部服务依赖、第三方调用和通知的情况时。比如你的服务需要调用银行接口，在端到端测试时就会因为对方服务无法连通而失败，或者虽然能够连通，但是每调用一次，银行都要收费，此时端到端测试就变得很困难了。

微服务中往往需要大量过滤与当前任务无关的请求。在测试环境进行端到端测试时，可以使用 Mock 服务过滤无关请求，将重点放在当前微服务本身上。

6. 微服务依赖导致上线、回滚困难

在微服务拆分后，假设微服务相互之间存在依赖，则上线和回滚必须遵照一定的顺序进行，否则可能引发系统崩溃。例如，微服务 A 和微服务 B 均是准备上线的新服务，微服务 A 依赖微服务 B。部署上线时，必须先部署 B，如果部署顺序错误导致微服务 A 先上线，就可能发生由于微服务 B 没有上线，导致微服务 A 找不到微服务 B 的故障。

同样，当微服务间有依赖关系时，如果发生上线后出现错误需要回滚的情况，也必须关注回滚顺序。

为了解决这个问题，软件测试人员必须了解自己负责的微服务与其他微服务之间的依赖关系，而在微服务进行上线、回滚操作时，也必须通知软件测试人员进行回归测试。

任何新兴技术，其出现虽然是为了解决当下未能解决的问题，但也必然会带来新的问题，在项目团队引入新的技术时，软件测试人员也要对此进行评估，预估新技术会给测试带来哪些挑战，及时反馈给项目团队参考。

2.5 测试框架与分层自动化

通过上文对分层自动化测试、分层自动化模型以及微服务下的分层自动化测试的介绍，读者对“分层”应该有一定的了解了。下面介绍分层自动化测试与分层测试框架之间的关系。

分层自动化测试的原则必须体现在自动化测试框架中，否则分层自动化测试[⊖]就是一句空话。同样，在设计自动化测试框架时，必须根据分层自动化的原则，合理安排框架结构，唯有如此，分层的自动化测试代码才能跟测试框架共存。自动化测试框架在设计中也常常采用分层架构，常见的测试框架有如下两种。

1. 按测试类型分层

根据测试目的不同，自动化测试框架可以分为 UI 自动化测试框架、接口自动化测试框架、性能自动化测试框架、混合的自动化测试框架等。

这些不同类型的自动化测试框架，均可以直接套用第 1 章介绍的通用型自动化测

⊖ 分层测试框架的“分层”是指架构或业务类型的分层，分层自动化测试的“分层”是指测试类型的分层。这两个“分层”含义并不相同。

试框架，替换最底层的测试适配层即可。例如，要开发 UI 自动化测试框架，只需要将 Selenium/WebDriver 集成到测试适配层，如图 2-9 所示。

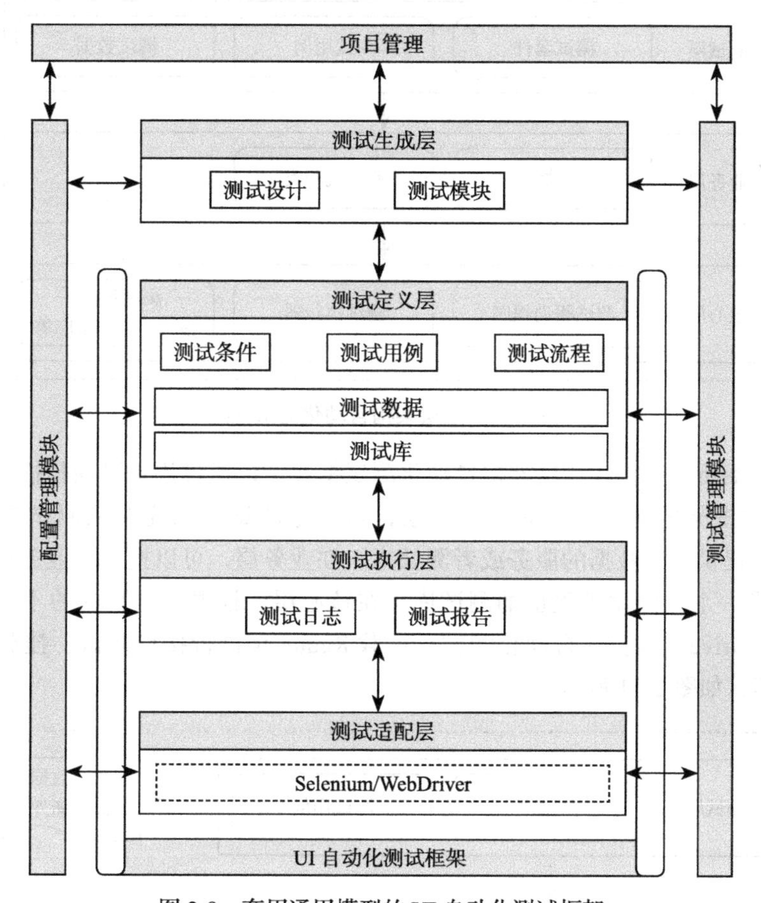

图 2-9 套用通用模型的 UI 自动化测试框架

2. 按业务分层

除了通用型自动化测试框架，自动化测试框架也可以按照业务来分层，最常见的就是三层架构自动化测试框架，如图 2-10 所示。

三层架构自动化测试框架将测试框架分为如下 3 层。

1）测试层：在三层架构自动化测试框架中，测试层通常仅包含测试场景本身，例如测试套件、测试用例和测试数据。其中，测试用例可以采用正常的组织方式，也可以采用 BDD 风格来编写。

2）业务层：顾名思义，业务层包含与业务有关的操作，例如页面 Page 类、页面抽象类、通用业务流程的制定和顺序流转。

3）核心层：即自动化测试框架本身。所有能让自动化测试运行起来的功能都在这一层，包括与被测应用程序交互的库、驱动测试运行的库、收集日志和生成测试报告的代码。

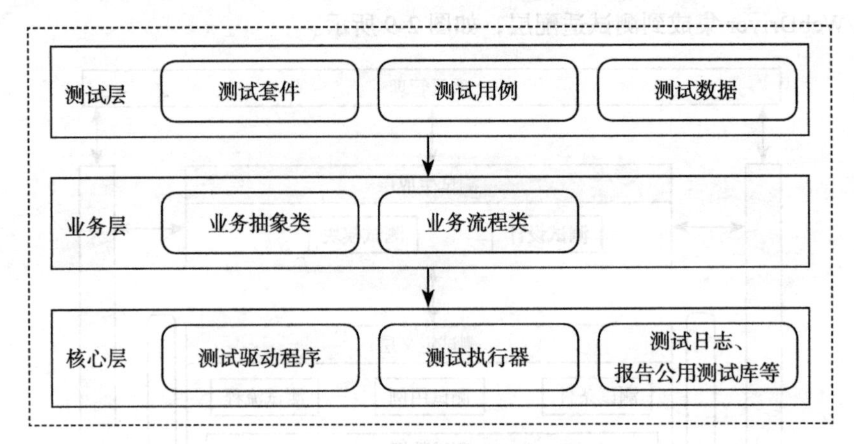

图 2-10 三层架构自动化测试框架

随着业务不断复杂化，三层架构自动化测试框架可以通过添加可插拔插件的方式，增强自动化测试框架的功能。例如在测试层，可以把测试数据完全从测试框架中抽离出来，变成一个提供测试数据的服务或者测试库。在业务层，可以把针对业务逻辑的验证抽离出来，变成一个专门用于验证的测试库。在核心层，根据测试目的的不同，可以挂载Selenium/WebDriver进行UI自动化测试、挂载Requests进行接口测试、挂载Locust库进行性能测试等，如图2-11所示。

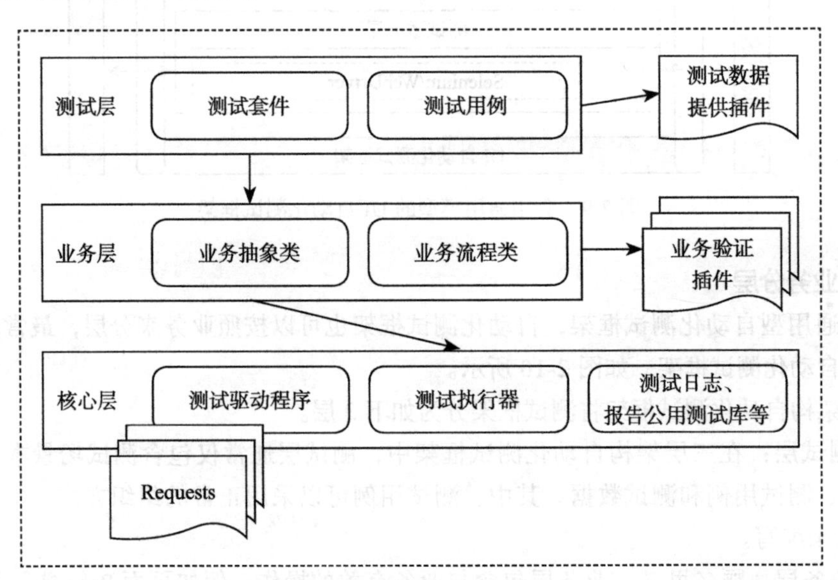

图 2-11 可插拔架构自动化测试框架

在市场充分竞争、“互联网已经进入下半场”的背景下，企业追求效率提升的脚步越来越快，企业不仅会向开发人员要效率，也会向测试人员要速度。利用本章介绍的分层自动化测试知识搭建分层自动化测试框架，在自动化测试框架的加持下实施测试“左移”“给行动的汽车换轮胎（生产环境测试）”，有助于进一步提升软件质量和测试效能。

2.6 本章小结

分层自动化测试虽然是自动化测试中常见的实践之一，但还是有很多人对其理解有偏差。通过本章的介绍，读者可以从起源、概念以及误区上重新认识分层自动化测试。在进行自动化测试实践时，也可以根据项目情况，参照其最佳实践，选择合适的自动化测试框架。

Chapter 3 第3章

自动化测试框架初体验

通过前两章的学习，读者应该对自动化测试框架有了比较全面的了解。那么，在设计自动化测试框架时，如何从架构、原理层面进行考量？又如何把这些架构、原理及设计从概念转换为代码呢？

从笔者个人的学习经验来看，“先使用，再模仿，后创新”是一条比较合适的路线。先熟练掌握自动化测试框架的使用，通过阅读源码，深入理解自动化测试框架原理，再根据工作需要，适当微调，在实践中形成自己的观点，最后把这些观点提炼加工，进行系统化的输出，从而彻底掌握自动化测试框架的开发。

本章将从实战角度出发，通过搭建、使用及剖析经典的unittest自动化测试框架，帮助读者掌握自动化测试框架的使用方法。

3.1 他山之石——unittest测试框架核心原理

unittest测试框架是Python语言自带的测试框架，虽然初衷是用来进行单元测试，但由于具备强大的测试用例组织和执行能力，因此也常被用来进行UI自动化测试和接口自动化测试。unittest测试框架也是测试团队初次搭建自动化测试框架的不二之选。

3.1.1 unittest框架概述

使用unittest可以快速搭建自动化测试框架。unittest支持测试用例/测试用例集的查找、组装，还可以在测试用例/测试用例集内共享数据，还支持根据条件筛选并执行测试用例以及自动生成测试报告。unittest的核心组成部分如下所述。

1）测试夹具（Test Fixture）一般用于执行测试用例的准备或者清理工作，比如测试开始前的数据准备或者测试结束后的数据清理等。Python 通过 setUp()、tearDown()、setUpClass()、tearDownClass() 这 4 个钩子函数实现了测试用例的准备和清理工作。

2）测试用例（Test Case）是 unittest 的最小单元，通常测试用例会继承 TestCase 这个基类。

3）测试用例集（Test Suite）又称为测试套件，可以包含一个或多个测试用例。

4）测试加载器（Test Loader）用于从提供的类（class）和模块（module）中生成测试用例集，unittest 默认提供一个测试加载器（Default Test Loader）。

5）测试运行器（Test Runner）用于执行测试用例和输出测试结果。

3.1.2　unittest 框架运行原理

要了解 unittest 框架的运行原理，必须先厘清 unittest 各核心部件之间的关系，如图 3-1 所示。

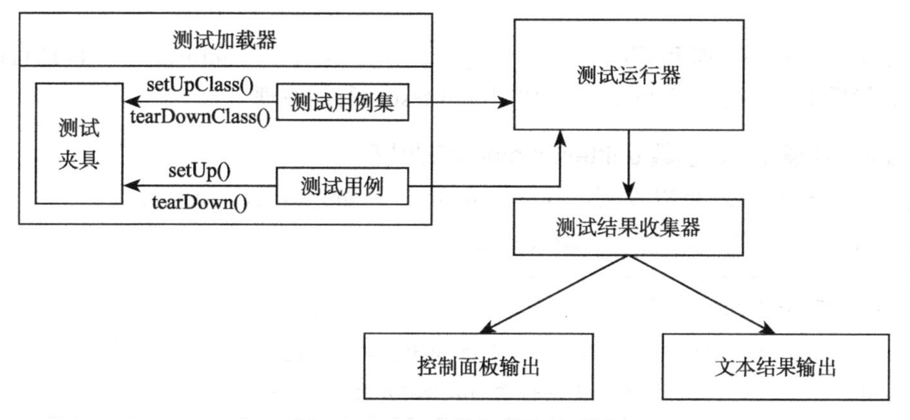

图 3-1　unittest 核心部件关系图

测试用例包括一个或多个 TestCase 类，其中保存了具体的测试过程，我们可以在测试类里使用测试夹具，例如使用 setUp() 方法、tearDown() 方法进行测试前的准备和测试结束后的清理工作。

测试用例集包括一个或多个 TestSuite 类，每一个 TestSuite 类包括一个或多个 TestCase 类，也可以包括其他 TestSuite 类。TestSuite 通过 addTest() 方法或 addTests() 方法把一个个测试用例、测试用例集组装成一个新的测试用例集。

测试加载器类加载本地或从外部文件定义好的 TestCase 类或者 TestSuite 类。

测试运行器包括 TextTestRunner 类，它提供了运行测试的标准平台。在执行测试用例时，测试可以通过 unittest.main() 方法或者 python -m unittest xxx.py 命令运行。

测试结果收集器包括 TestResult 类，它为测试结果提供了一个标准容器，用于存储运行的测试用例状态，例如 errors、failures、skipped。测试的结果可以直接从控制面板输出，也可以以其他形式输出，例如文本结果输出。

我们先来直观感受使用 unittest 框架后，应该如何编写测试代码。新建一个测试文件 test_sample.py，其中包括一个测试类 TestSample，如代码清单 3-1 所示。

代码清单 3-1　unittest 极简用法

```
# coding=utf-8
import unittest

# 测试类必须继承 unittest.TestCase 类
class TestSample(unittest.TestCase):
    # 测试用例默认以 test 开头
    def test_equal(self):
        self.assertEqual(1, 1)

if __name__ == '__main__':
    unittest.main()
```

通过集成开发环境如 PyCharm 打开 test_sample.py 文件，给 unittest.main() 这行语句打上断点，然后单步运行上述代码，就能得出 unittest 运行的原理。

1. unittest 通过入口函数 unittest.main() 启动代码

通过观察运行原理可以发现，unittest.main 只是 unittest.TestProgram 的一个别名，即 unittest.main 会先实例化 unittest.TestProgram 类。

注意　当前演示的 unittest 原理，是通过直接执行 unittest.main() 函数得来的。读者也可以使用命令行参数 python -m unittest test_sample.py 执行测试，查看在此模式下 unittest 代码的执行路径与直接执行 unittest.main() 有何不同。

---

2. 通过 parseArgs() 函数搜索测试文件

接着 TestProgram 被实例化，构造函数 __init__ 将会被执行，unittest.main 将会通过 parseArgs() 函数中的 self._do_discovery([]) 方法获取测试用例。搜索测试用例示例如代码清单 3-2 所示。

代码清单 3-2　unittest 搜索测试用例的源码

```
def _do_discovery(self, argv, Loader=None):
        self.start = '.'
        self.pattern = 'test*.py'
        self.top = None
        if argv is not None:
            # 处理命令行参数
            if self._discovery_parser is None:
                self._initArgParsers()
```

```
            self._discovery_parser.parse_args(argv, self)

        self.createTests(from_discovery=True, Loader=Loader)
```

通过代码清单 3-2 可以看到，unittest 在进行测试用例搜索时，默认搜索以 test 开头的 .py 文件。

3. 创建测试

unittest 有默认的搜索逻辑，而 self.test 代码用于生成测试用例，unittest 基于此来分辨类方法和测试用例如代码清单 3-3 所示。

代码清单 3-3　self.test 代码

```
self.test = loader.discover(self.start, self.pattern, self.top)
```

其中，loader 代表 testLoader，即 loader.defaultTestLoader。该方法会通过以下方法查找测试用例，如代码清单 3-4 所示。

代码清单 3-4　查找测试用例

```
for name in dir(module):
    obj = getattr(module, name)
    if isinstance(obj, type) and issubclass(obj, case.TestCase):
        tests.append(self.loadTestsFromTestCase(obj))
```

由代码清单 3-4 可以看出，首先通过 dir() 方法获取定义的所有全局变量的名称（包括类），将其过滤为仅从 unittest.TestCase 派生的类（上述代码中 case.TestCase 是其别名）。然后在这些类中查找测试方法并添加到测试列表中。接着，loadTestsFromTestCase() 方法继续执行，代码会跳转到 getTestCaseNames() 方法，查找所有被找出的测试文件（也就是测试类）下面的测试方法名（即测试用例名），如代码清单 3-5 所示。

代码清单 3-5　获取测试类下的测试用例名

```
def getTestCaseNames(self, testCaseClass):
        """Return a sorted sequence of method names found within testCaseClass
        """
        def shouldIncludeMethod(attrname):
            if not attrname.startswith(self.testMethodPrefix):
                return False
            testFunc = getattr(testCaseClass, attrname)
            if not callable(testFunc):
                return False
            fullName = f'%s.%s.%s' % (
                testCaseClass.__module__, testCaseClass.__qualname__, attrname
            )
            return self.testNamePatterns is None or \
                any(fnmatchcase(fullName, pattern) for pattern in self.
                    testNamePatterns)
        testFnNames = list(filter(shouldIncludeMethod, dir(testCaseClass)))
```

```
        if self.sortTestMethodsUsing:

            testFnNames.sort(key=functools.cmp_to_key(self.sortTestMethodsUsing))
        return testFnNames
```

由代码清单3-5可以看出，是否要将测试类方法下的测试方法视为测试用例，要看测试方法名是否以self.testMethodPrefix规定的值开头（这个值是testMethodPrefix = 'test'）。

4. 运行测试用例

找到所有的测试用例后，unittest会运行它们并输出测试报告。

3.2 融会贯通——深入使用unittest测试框架

在进行自动化测试的过程中，针对不同的测试目标，可能需要准备不同的测试数据、运行不同的测试用例。这就要求我们必须掌握unittest的核心用法。下面列出了一些unittest测试框架的常用功能，供读者参考。

3.2.1 测试夹具的使用

如果你想在测试用例或者测试用例集开始前，执行一些操作（例如准备数据、启动浏览器等），在测试用例或者测试用例集结束后再执行另一些操作（例如清理数据、关闭浏览器等），那么你应该使用测试夹具。

在unittest中使用测试夹具的方法如代码清单3-6所示。

代码清单3-6 测试夹具使用

```
# coding=utf-8
import unittest

# 测试类必须继承TestCase类
class TestSample(unittest.TestCase):
    #类共享的fixture，在整个测试类执行过程中仅执行一次，需要加装饰器@classmethod
    @classmethod
    def setUpClass(cls):
        print('整个测试类只执行一次 -- Start')

    #测试用例fixture
    def setUp(self):
        print('每个测试开始前执行一次')

    # 测试用例默认以test开头
    def test_equal(self):
        self.assertEqual(1, 1)

    def test_not_equal(self):
```

```
            self.assertNotEqual(1, 0)

        # 测试用例 fixture
        def tearDown(self):
            print('每个测试结束后执行一次')

        # 类共享的 fixture，在整个测试类执行过程中仅执行一次，需要加装饰器 @classmethod
        @classmethod
        def tearDownClass(cls):
            print('整个测试类只执行一次 -- End')

    if __name__ == '__main__':
        unittest.main()
```

需要注意的是，TestFixture 包括如下 4 个方法。

1）setUp() 方法在每一个测试用例执行前都会执行。

2）setUpClass() 方法仅在整个测试类开始执行前执行，且必须使用 @classmethod 装饰。

3）tearDown() 方法在每一个测试用例执行后都会执行。

4）tearDownClass() 方法仅在整个测试类结束执行后执行，且必须使用 @classmethod 装饰。

setUp() 方法和 setUpClass() 方法通常用来进行测试前的准备工作，例如访问数据库获得测试用例需要的数据等。tearDown() 方法和 tearDownClass() 方法通常用来进行测试后的清理工作，如测试结束后删除测试产生的数据，将被测试系统恢复至之前的状态等。

在 PyCharm 或者命令行里运行代码清单 3-6，运行结果如代码清单 3-7 所示。

代码清单 3-7　代码执行结果

```
整个测试类只执行一次 -- Start
每个测试开始前执行一次
每个测试结束后执行一次
每个测试开始前执行一次
每个测试结束后执行一次
整个测试类只执行一次 -- End
```

由此可见，测试夹具的代码被正确执行了。

3.2.2　运行指定文件夹下的测试用例

在日常工作中，我们经常需要仅运行某一个测试类或者某一个文件夹下的测试用例。此时，可以利用 unittest 的 main 函数指定模块运行。

> **注意**　模块（module）运行是为了编写可维护的代码，而把函数分组放到不同文件里的行为。在 Python 中，一个 .py 文件就是一个模块，一个模块可以包括一个或多个功能，模块也可以被一个或多个其他模块引用。

先来看看 unittest.main 的语法，如代码清单 3-8 所示。

代码清单 3-8 unittest.main 语法

```
unittest.main(module='__main__', defaultTest=None, argv=None, testRunner=None,
    testLoader=unittest.defaultTestLoader, exit=True, verbosity=1,
    failfast=None, catchbreak=None, buffer=None, warnings=None)
```

各个参数的含义如下。

1）module：指定待运行的模块，默认是'__main__'。

2）defaultTest：单个测试用例名字或者多个测试用例名字的组合（必须是可迭代的对象，即 iterable）。

3）argv：传递给程序的一组变量，如果没有指定，那么系统默认使用 sys.argv。

4）testRunner：指定 unittest 的 test runner 类，可以是 test runner 类本身或者 test runner 类实例。默认情况下，main 函数会调用 sys.exit() 方法，并且在屏幕上显示测试运行错误或者成功的提示。

5）testLoader：必须是 TestLoader 类实例，默认是 defaultTestLoader。

6）exit：默认是 True，即测试运行完调用 sys.exit() 方法，在交互模式下使用时可指定为 False。

7）verbosity：用于控制显示在 console 里的日志等级。verbosity 有 0、1、2 三个等级，一般默认为等级 1，等级 2 显示的日志最详细。

创建一个名为 lagouTest 的项目，其文件层次结构如代码清单 3-9 所示。

代码清单 3-9 项目文件层次结构

```
|--lagouTest
    |--tests
        |--test_to_run.py
        |--itesting_test.py
        |--__init__.py
    |--main.py
    |--__init__.py
```

接下来编写各个代码文件。文件 test_to_run.py 如代码清单 3-10 所示。

代码清单 3-10 test_to_run.py 文件代码

```
# test_to_run.py
# coding=utf-8

import unittest

class TestToRun(unittest.TestCase):
    def setUp(self):
        pass
        # 这里写 setUp() 方法，通常是打开浏览器、初始化 API 请求或者准备测试数据
```

```
    def testAssertNotEqual(self):
        # 这里写具体的测试方法，此处仅为演示
        self.assertEqual(1, 2)

    def testAssertEqual(self):
        self.assertEqual(1, 1)

    def tearDown(self):
        # tearDown() 方法，定义测试后的清理动作，比如对测试产生的数据进行清理
        pass
```

文件 itesting_test.py 如代码清单 3-11 所示。

代码清单 3-11　itesting_test.py 文件代码

```
#itesting_test.py
# coding=utf-8

import unittest

# 测试类必须继承 TestCase 类
class ITestingTest(unittest.TestCase):
    @classmethod
    def setUpClass(cls):
        print('整个测试类只执行一次 -- Start')

    def setUp(self):
        print('每个测试开始前执行一次')


    # 测试用例默认以 test 开头
    def equal_test(self):
        self.assertEqual(1, 1)

    def test_not_equal(self):
        self.assertNotEqual(1, 0)

    def tearDown(self):
        print('每个测试结束后执行一次')

    @classmethod
    def tearDownClass(cls):
        print('整个测试类只执行一次 --')
```

main.py 文件如代码清单 3-12 所示。

代码清单 3-12　main.py 文件代码

```
# coding=utf-8

import importlib.util
```

```
import os
import unittest

# 解析tests文件夹并且返回module的字符串列表
def get_module_name_string(file_dir):
    return_list = []
    for root, dirs, file in os.walk(file_dir):
        for i in file:
            if not (i.endswith('__init__.py') or i.endswith('.pyc')) and
                i.startwith('test'):
                f = os.path.join(root, i)
                # 以下为Windows用法，如果是Mac系统，需要改成:
                # mod = 'tests.' + f.split('tests')[1].replace('.py', // '').
                    replace('/', '')
                mod = 'tests.' + f.split('\\tests\\')[1].replace('.py', '').
                    replace('\\', '.')
                return_list.append(mod)
    return return_list


if __name__ == "__main__":
    # 定义suites
    suites = unittest.TestSuite()

    # 使用package.mod的方式获取所有模块的string
    mod_string_list = (get_module_name_string(os.path.join(os.path.dirname(__
        file__), 'tests')))

    # 遍历每个mod string，先导入再把它加入测试用例
    for mod_string in mod_string_list:
        m = importlib.import_module(mod_string)
        test_case = unittest.TestLoader().loadTestsFromModule(m)
        suites.addTests(test_case)
    # 指定runner为TextTestRunner
    runner = unittest.TextTestRunner(verbosity=2)
    # 运行suites
    runner.run(suites)
```

在PyCharm或者命令行里运行main.py，运行结果如代码清单3-13所示。

代码清单3-13 指定文件夹下测试用例运行结果

```
testAssertEqual (tests.tests_to_run.TestToRun) ... ok
testAssertNotEqual (tests.tests_to_run.TestToRun) ... ok
----------------------------------------------------------------------
Ran 2 tests in 0.000s
OK
```

如果仔细观察测试运行结果，你会发现仅执行了test_to_run文件夹下面的测试用例，而itesting_tests.py下面的测试用例都没有被运行。这是为什么呢？

注意　在函数 get_module_name_string() 中，语句 i.startwith('test') 指定了函数仅会查找所有以 test 开头的 .py 文件。这是因为 itesting_tests.py 是以 itesting 开头的，而不是 test，所以它被排除在外了，因此它所在的模块的用例均没有被执行。

3.2.3　动态查找测试用例并执行

除了直接使用 unittest.main 方式加载模块运行，unittest 还支持通过 TestLoader 下的 discover() 方法查找测试用例，语法如代码清单 3-14 所示。

代码清单 3-14　通过 discover() 方法查找测试用例

```
unittest.TestLoader.discover(start_dir, pattern='test*.py', top_level_dir=None)
```

unittest 允许从某个文件夹开始，递归查找所有符合筛选条件的测试用例，并且返回一个包含这些测试用例的 TestSuite 对象，unittest.TestLoader.discover 支持的参数及其含义如下。

1）start_dir：起始文件夹的路径。

2）pattern（匹配模式）：默认搜索所有以 test 开头的测试文件，并把这些文件中以 test 开头的测试用例挑选出来。

3）top_level_dir（根目录）：测试模块必须从根目录导入，如果 start_dir 的位置不是根目录，那么必须指定 top_level_dir。

下面我们更改项目代码，以达到通过 unittest.TestLoader.discover 查找测试用例的目的。首先，保留项目文件结构不变，如代码清单 3-15 所示。

代码清单 3-15　项目文件层次结构

```
|--lagouTest
    |--tests
        |--test_to_run.py
        |--itesting_test.py
        |--__init__.py
    |--main.py
    |--__init__.py
```

然后，仅更改 main.py 文件，将测试用例查找方式更改为使用 unittest.TestLoader.discover 查找。更改后的 main.py 文件如代码清单 3-16 所示。

代码清单 3-16　更改后的 main 文件的代码

```
# coding=utf-8
import os
import unittest

if __name__ == "__main__":
    loader = unittest.defaultTestLoader
    # 生成测试 suite
```

```
    suite = loader.discover(os.path.join(os.path.dirname(__file__), 'tests'),
        top_level_dir=os.path.dirname(__file__))
    # 指定 runner 为 TextTestRunner
    runner = unittest.TextTestRunner(verbosity=2)
    # 运行 suite
    runner.run(suite)
```

在 PyCharm 或者命令行里运行 main.py，观察其运行结果，会发现同样只有如下测试用例被执行，如代码清单 3-17 所示。

代码清单 3-17　通过文件夹动态查找测试用例并执行

```
testAssertEqual (tests.tests_to_run.TestToRun) ... ok
testAssertNotEqual (tests.tests_to_run.TestToRun) ... ok
----------------------------------------------------------------------
Ran 2 tests in 0.000s
OK
```

这又是为什么呢？因为 loader.discover() 函数有个默认参数 pattern='test*.py'，所以在查找测试用例时，仅会查找以 test 开头的 .py 文件。

3.2.4　按需组装测试用例并执行

通过以上示例我们不难发现，在默认情况下，测试运行时会将一个测试类下面所有以 test 开头的测试方法都执行一遍。在日常测试中，我们往往需要仅运行部分测试用例，对于这种情况该怎么操作呢？如果想在多个测试类中挑选几条测试用例执行，又该怎样操作？

在 unittest 框架中，既可以用 discover 的方式直接查找测试用例，也可以用 unittest.TestSuite.addTest() 方式手工添加测试用例。

我们仍以 3.2.3 节的项目为例，仅更改 main.py 文件，将测试用例查找方式从 discover 变为手工添加，如代码清单 3-18 所示。

代码清单 3-18　手工添加测试用例执行

```
# coding=utf-8

import unittest
# 这里导入 TestToRun 测试类
from tests.tests_to_run import TestToRun
from tests.itesting_test import ITestingTest

if __name__ == "__main__":
    # 定义一个测试用例集
    suite = unittest.TestSuite(v)
    # 把导入进来的 TestToRun 测试类下面的测试方法加入测试用例
    suite.addTest(TestToRun('testAssertNotEqual'))
    suite.addTest(ITestingTest('test_not_equal'))

    # 指定 runner 为 TextTestRunner
```

```
    runner = unittest.TextTestRunner(verbosity=2)
    # 运行测试
    runner.run(suite)
```

在 PyCharm 或者命令行里运行 main.py 文件，运行结果如代码清单 3-19 所示。

代码清单 3-19　手工添加测试用例执行结果

```
整个测试类只执行一次 -- Start
每个测试开始前执行一次
每个测试结束后执行一次
整个测试类只执行一次 -- End
testAssertNotEqual (tests.tests_to_run.TestToRun) ... ok
test_not_equal (tests.itesting_test.ITestingTest) ... ok

----------------------------------------------------------------------
Ran 2 tests in 0.000s

OK
```

可以看到，在本次测试中，我们分别挑选了 TestToRun 测试类下的 testAssertNotEqual 方法和 ITestingTest 下面的 test_not_equal 方法，并且把它们组装到一个 TestSuite 中运行。通过 suite.addTest() 的方式，实现了把不同文件下的测试用例组装到同一个 suite 执行。

3.2.5　自定义测试用例查找原则

默认情况下，unittest 框架在查找测试用例执行时，仅会查找所有以 test 开头的 .py 文件。那么，如果测试文件名不是以 test 开头，就无法执行这条测试了吗？

当然不是了。还记得 unittest.defaultTestLoader.discover() 这个函数吗？它的参数 pattern 决定了在查找测试用例时，应该遵守什么规则。pattern 的默认值是 'test*.py'，如代码清单 3-20 所示。

代码清单 3-20　discover() 方法默认参数

```
unittest.TestLoader.discover(start_dir, pattern='test*.py', top_level_dir=None)
```

下面更改一下这个规则，仍然以 3.2.3 节的项目为例，保持其他文件不变，仅更改 main.py 文件，使 unittest 框架在查找测试文件的时候，查找所有以 .py 结尾的文件，如代码清单 3-21 所示。

代码清单 3-21　discover() 方法自定义参数

```
# coding=utf-8

import os
import unittest

if __name__ == "__main__":
```

```
    suite = unittest.defaultTestLoader.discover(os.path.join(os.path.dirname(__
        file__), "tests"), \
                        pattern='*.py', top_level_dir=os.path.dirname(__file__))

    runner = unittest.TextTestRunner(verbosity=2)
    runner.run(suite)
```

在 PyCharm 或者命令行里运行 main.py 文件，运行结果如代码清单 3-22 所示。

代码清单 3-22　手工添加测试用例执行结果

```
整个测试类只执行一次 -- Start
每个测试开始前执行一次
每个测试结束后执行一次
整个测试类只执行一次 -- End
test_not_equal (tests.itesting_test.ITestingTest) ... ok
testAssertEqual (tests.test_to_run.TestToRun) ... ok
testAssertNotEqual (tests.test_to_run.TestToRun) ... FAIL
----------------------------------------------------------------------
Ran 3 tests in 0.001s

OK
```

可以看到，所有在 test 文件夹下的测试文件都被搜索到了，并且所有以 test 开头的测试文件都被执行了。

3.2.6 执行时忽略某些测试用例

除了上述用法外，unittest 还支持忽略执行某些测试用例，在要忽略的测试用例上添加如下装饰器即可。

1）@unittest.skip()：执行时直接忽略被装饰的测试用例。

2）@unittest.skipIf()：如果 skipIf 里的条件成立，执行时直接忽略被装饰的测试用例。

3）@unittest.skipUnless()：永久在执行时忽略被装饰的测试用例，除非 skipUnless 里的条件成立。

4）@unittest.expectedFailure：期望被装饰的测试用例是失败的，如果是失败的，则此条测试用例将被标记为测试通过。

下面通过一组测试来演示如何忽略测试用例，如代码清单 3-23 所示。

代码清单 3-23　使用 flag 忽略执行测试用例

```
# coding=utf-8

import unittest
flag = False
```

```
# 测试类必须继承 TestCase 类
class ITestingTest(unittest.TestCase):
    @classmethod
    def setUpClass(cls):
        print('整个测试类只执行一次 -- Start')

    def setUp(self):
        print('每个测试开始前执行一次')

    @unittest.skipIf(flag == True, "flag 为 True 则 skip")
    def test_not_equal(self):
        self.assertNotEqual(1, 0)

    @unittest.skipUnless(flag == True, "flag 为 False 则 skip")
    def test_not_equal1(self):
        self.assertNotEqual(1, 0)

    @unittest.expectedFailure
    def test_not_equal2(self):
        self.assertNotEqual(1, 0)

    def tearDown(self):
        print('每个测试结束后执行一次')

    @classmethod
    def tearDownClass(cls):
        print('整个测试类只执行一次 -- End')

if __name__ == '__main__':
  unittest.main(verbosity=2, argv=['flag=False'])
```

在上述的例子中，我们通过 skipIf 和 skipUnless 这两个装饰器以及一个变量 flag 控制要忽略哪些测试用例。

3.3 unittest 自动化测试框架搭建实践

了解了 unittest 的原理及常用方法后，我们着手搭建框架。unittest 自身提供了测试用例的查找与执行方法，以及测试夹具进行测试前的初始化和测试后的清理操作，这使得通过在测试夹具中注入不同的操作，实现使用 unittest 执行 UI 自动化测试或者 API 自动化测试变为可能。

下面详细介绍如何使用 unittest 搭建 UI 自动化测试框架和 API 自动化测试框架。

3.3.1 搭建 UI 自动化测试框架

unittest 的测试夹具提供了 setUp() 方法，用于初始化浏览器。在 tearDown() 方法中执行退出浏览器的操作即可实现UI自动化测试，架构如图3-2所示。

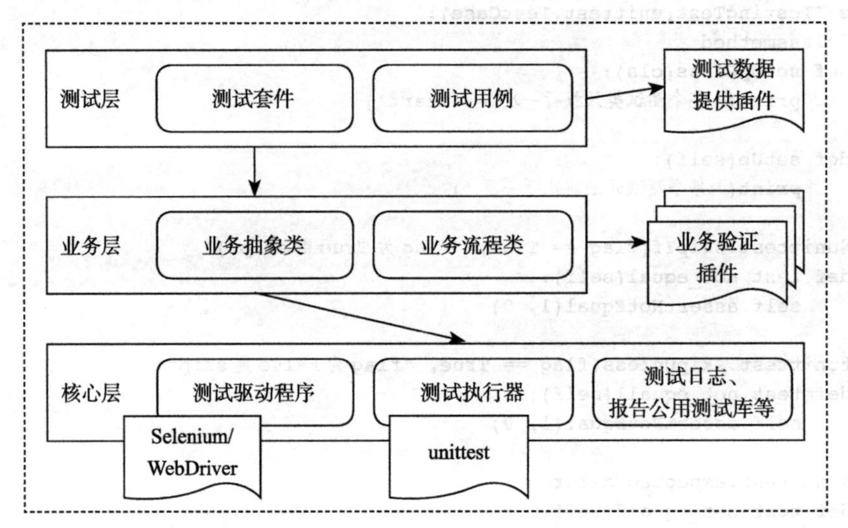

图3-2 使用unittest搭建UI自动化测试框架

下面我们根据图3-2，使用unittest来搭建UI自动化测试框架。

首先，创建项目baiduTest，文件结构如代码清单3-24所示。

代码清单3-24 项目baiduTest的文件结构

```
|--baiduTest
    |--tests
        |--test_baidu.py
        |--__init__.py
    |--main.py
    |--__init__.py
```

然后，编写各个文件代码，test_baidu.py文件内容如代码清单3-25所示。

代码清单3-25 test_baidu 文件的代码

```
# coding=utf-8

from selenium import webdriver
import unittest
import time

class Baidu(unittest.TestCase):
    def setUp(self):
        self.driver = webdriver.Chrome()
        self.driver.implicitly_wait(30)
        self.base_url = "http://www.baidu.com/"

    def test_baidu_search(self):
        driver = self.driver
```

```
        driver.get(self.base_url + "/")
        driver.find_element_by_id("kw").send_keys("iTesting")
        driver.find_element_by_id("su").click()
        time.sleep(2)⊖
        search_results = driver.find_element_by_xpath('//*[@id="1"]/h3/a').get_
            attribute('innerHTML')
        self.assertEqual('iTesting' in search_results, True)

    def tearDown(self):
        self.driver.quit()

if __name__ == "__main__":
    unittest.main(verbosity=2)
```

在这个文件中，笔者定义了一个测试类（BaiDu），这个测试类有一个类方法 test_baidu_search()，它的作用是打开百度首页，查找字符串 iTesting，然后检查 iTesting 是否包含在返回的结果中。这个测试类还包含了 setUp () 和 tearDown() 方法，分别用于初始化浏览器和关闭浏览器。

需要注意的是，要想正确运行 Selenium 工具，需要安装相应的依赖，包括 Selenium 和对应的 WebDriver，配置 Selenium（以 Win10 系统下运行 Chrome 为例）如代码清单 3-26 所示。

代码清单 3-26　Selenium 安装配置

```
# 1. 安装 Selenium，假设 baiduTest 项目在 D 盘的 _Automation 文件夹下
# D:\_Automation\baiduTest>pip install selenium

# 2. 安装 Chrome Driver
# 从如下地址选择跟你浏览器版本一致的 chrome Driver 并下载
# http://npm.taobao.org/mirrors/chromedriver
# 将解压后的 chromedriver.exe 放到 Python 安装目录下的 scripts 文件夹下
# Win10 系统下默认路径为用户目录下的 AppData
# C:\Users\Admin\AppData\Local\Programs\Python\Python38-32\Scripts

# 3. 进入环境配置，编辑系统变量 path，在最后加上 Chrome 的安装路径
# C:\Program Files\Google\Chrome\Application
```

注意　在 UI 自动化测试中，使用不同的浏览器进行测试，需要安装不同的浏览器驱动。如果使用的是 Firefox 浏览器，则需要在第二步下载并复制 Firefox 驱动（geckodriver）到目标目录下。

我们再来看 main.py 这个文件，如代码清单 3-27 所示。

⊖ 因测试执行代码不是本书重点，为直观演示，此等待语句直接采用了硬编码语句 sleep。在实际工作中须避免使用硬编码，而采用隐性等待或间隔时间内循环查找元素，直至其出现。

代码清单 3-27 main.py 文件代码

```
# coding=utf-8


import os
import unittest


if __name__ == "__main__":
    suite = unittest.defaultTestLoader.discover(os.path.join(os.path.dirname(__
        file__), "tests"), pattern='*.py', top_level_dir=os.path.dirname(__
        file__))
    runner = unittest.TextTestRunner(verbosity=2)
    runner.run(suite)
```

在这段代码中，我们指定了在 tests 文件夹下，所有后缀名为 .py 的文件中查找测试用例。我们不改动 __init__.py 文件，在 PyCharm 或者命令行中运行 main.py 文件，如代码清单 3-28 所示。

代码清单 3-28 baiduTest 项目运行结果

```
test_baidu_search (tests.test_baidu.Baidu) ... ok

----------------------------------------------------------------------
Ran 1 test in 6.439s
OK
```

观察整个测试过程，你会发现测试开始后，Chrome 浏览器被打开，测试脚本首先访问了 Baidu 首页，接着在搜索框中输入 iTesting，然后关闭浏览器。测试结束后，在 Console 里出现了上述测试结果。

通过定义测试类及类方法可以达到添加测试用例的目的，这就是 UI 自动化测试框架的雏形。这个框架还远不能跟工作中真实的自动化测试框架相比，它的功能太少，基本没有可扩展性和可迁移性，目前仅能用来做简单的、临时性的小项目测试。不过别着急，在本书后续的章节中，我们将通过源码剖析的方式，自主实现功能完善、性能良好的自动化测试框架。

3.3.2 扩展 unittest 的测试报告

现在我们的测试框架虽然可以进行测试了，但有一个问题：测试报告直接打印在 Console 里，不利于我们查看测试运行的历史信息。能不能把测试报告持久化呢？我们来看一下解决方案。

1. 持久化文本类型测试报告

如果仅把测试运行的信息保存下来，我们可以简单更改项目信息，如代码清单 3-29 所示。

代码清单 3-29　更新后的 baiduTest 项目结构

```
|--baiduTest
    |--tests
        |--test_baidu.py
        |--__init__.py
    |--main.py
    |--__init__.py
    |--txtReport.py
```

可以看到，我们添加了一个测试报告文件 txtReport.py，如代码清单 3-30 所示。

代码清单 3-30　txtReport.py 文件内容

```
__author__ = 'iTesting'

# -*-coding=utf-8 -*-
import os
import re
import time


class Test(object):
    def __init__(self):
        self.test_base = os.path.dirname(__file__)
        # 获取 tests 文件夹所在路径
        self.test_dir = os.path.join(self.test_base, 'tests')
        # 列出所有待测试文件
        self.test_list = os.listdir(self.test_dir)
        # 定义正则匹配规则，过滤 __init__.py 和 *.pyc 文件
        self.pattern = re.compile(r'(__init__.py|.*.pyc)')

        # 将测试结果写入文件
        if not os.path.exists(os.path.join(self.test_base,"log.txt")):
            f = open(os.path.join(self.test_base,"log.txt"),'a')
        else:
            f = open(os.path.join(self.test_base,"log.txt"),'w')
            f.flush()
        f.close()

    # 运行符合要求的测试文件并写入 log.txt
    def run_test(self):
        for py_file in self.test_list:
            match = self.pattern.match(py_file)
            if not match:
                os.system('python %s 1>>%s 2>&1' %(os.path.join(self.test_
                    dir,py_file),os.path.join(self.test_base,"log.txt")))


if __name__ == "__main__":
    Test().run_test()
```

代码清单3-30的实现逻辑是先查找所有tests文件夹下的.py文件，然后过滤掉不符合规范的文件，最后直接调用系统命令os.system()来执行所有的测试文件。

项目更改后，我们在PyCharm或者命令行中直接运行txtReport.py文件，测试执行完毕后，会发现在项目根目录下生成了一个日志文件log.txt，测试中的所有输出都被保存下来了。

2. 使用HTMLTestRunner生成美观的测试报告

虽然可以生成文本类型的测试报告，但是文本类型的测试报告太不美观，且不具备可读性，在项目总结汇报或者向上汇报时，往往显得特别枯燥。

HTMLTestRunner作为unittest测试框架的一个专用测试报告，测试结果清晰且美观。下面我们把HTMLTestRunner测试报告集成到项目中。

集成后的项目文件结构如代码清单3-31所示。

代码清单3-31 使用HTMLTestRunner的baiduTest项目文件结构

```
|--baiduTest
    |--tests
        |--test_baidu.py
        |--__init__.py
    |--common
        |--html_reporter.py
        |--__init__.py
    |--HTMLTestRunner.py
    |--main.py
    |--__init__.py
```

可以看到，项目文件中新增加了文件，其中common文件夹下的html_reporter.py文件用于定制测试报告的各项信息并生成测试报告。而HTMLTestRunner.py文件是生成测试报告的基础文件。html_reporter.py文件的内容如代码清单3-32所示。

代码清单3-32 html_reporter.py文件内容

```
__author__ = 'iTesting'

import os
import time

import HTMLTestRunner

class GenerateReport():
    def __init__(self):
        now = time.strftime('%Y-%m-%d-%H_%M', time.localtime(time.time()))
        self.report_name = "test_report_" + now + ".html"
        self.test_base = os.path.dirname(os.path.dirname(__file__))
        if os.path.exists(os.path.join(self.test_base, self.report_name)):
```

```
            os.remove(os.path.join(self.test_base, self.report_name))
        fp = open(os.path.join(self.test_base, self.report_name), "a")
        fp.close()

    def generate_report(self, test_suites):
        fp = open(os.path.join(self.test_base, self.report_name), "a")
        runner = HTMLTestRunner.HTMLTestRunner(stream=fp, title="Test_Report_
            iTesting", description="Below report show the results of auto run")
        runner.run(test_suites)
```

GenerateReport 类有一个构造函数类 __init__，用于创建测试报告文件。另外定义了一个 generate_report 类方法，用于运行并根据测试结果生成测试报告。

可以看到，在 html_reporter.py 文件中，通过网站 tungwaiyip.info 下载并导入了 HTMLTestRunner 模块。

注意 下载 HTMLTestRunner 后直接应用于 Python 3 会出现运行错误，笔者对此进行了修复使之支持 Python 3。读者可以关注公众号 iTesting，在后台回复"HTMLTestRunner"获取 HTMLTestRunner 文件。

最后，我们需要改动 main.py 文件，使之调用 HTMLTestRunner 来生成测试报告。更改后 main.py 的内容如代码清单 3-33 所示。

代码清单 3-33 更改后的 main.py

```
__author__ = 'iTesting'

import unittest,os
from common.html_reporter import GenerateReport

if __name__ == "__main__":
    suite = unittest.defaultTestLoader.discover(os.path.join(os.path.dirname(__
        file__),"tests"),\

pattern='*.py',top_level_dir=os.path.dirname(__file__))
    html_report = GenerateReport()
    html_report.generate_report(suite)
```

在 PyCharm 或者命令行里运行 main.py 命令，在项目根目录下，会生成一个带时间戳的 HTML 文件，这就是 HTML 格式的测试报告。使用任意浏览器打开这个测试报告，结果如图 3-3 所示。

至此，我们第一个 UI 自动化测试框架就搭建完成了，虽然可以使用，但还是存在很多弊端。下面以 test_baidu.py 文件中 test_baidu_search 类方法为例进行说明，如代码清单 3-34 所示。

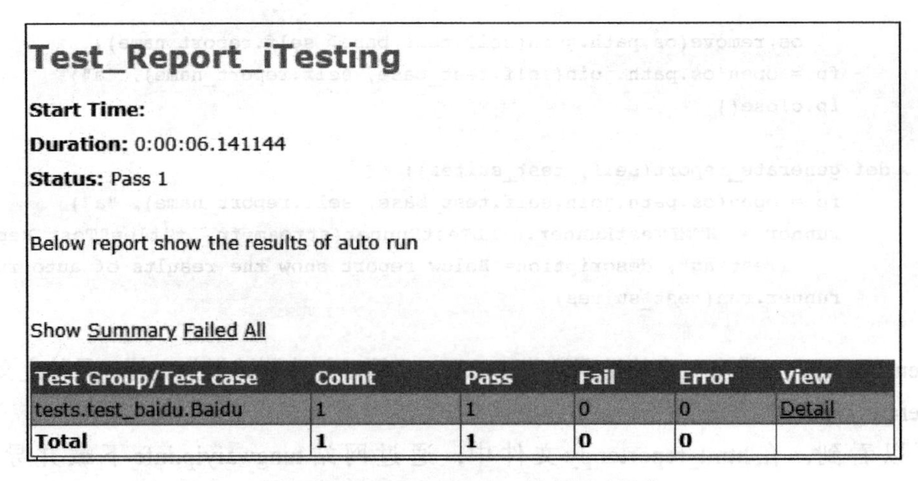
Test_Report_iTesting

Start Time:

Duration: 0:00:06.141144

Status: Pass 1

Below report show the results of auto run

Show Summary Failed All

Test Group/Test case	Count	Pass	Fail	Error	View
tests.test_baidu.Baidu	1	1	0	0	Detail
Total	1	1	0	0	

图 3-3　HTMLTestRunner 类型测试报告

代码清单 3-34　test_baidu_search 类方法

```
def test_baidu_search(self):
        driver = self.driver
        driver.get(self.base_url + "/")
        driver.find_element_by_id("kw").send_keys("iTesting")
        driver.find_element_by_id("su").click()
        time.sleep(2)
        search_results = driver.find_element_by_xpath('//*[@id="1"]/h3/a').get_
            attribute('innerHTML')
        self.assertEqual('iTesting' in search_results, True)
```

可以看到，这一部分代码至少存在如下问题。

1）元素定位改变后，所有涉及的代码都要跟着改。

2）元素定位和元素操作耦合。

3）测试方法无法重用。

这些问题一抛出来，你就知道这个框架可优化的地方太多了。我们在后续的章节中将通过源码剖析、自主实现的方式把这些缺失的功能补齐。即使有缺陷，这个框架也足以满足大部分小项目的 UI 自动化测试需求。

3.3.3 使用 unittest 三步生成自动化测试框架

通过前文的讲解，相信你已经掌握 unittest 运行测试的基本原理和常规用法了。本节介绍使用 unittest 三步生成自动化测试框架的方法。

1）导入 unittest，编写测试类：需要注意的是，测试类必须继承 TestCase 这个基类，并且测试类所在的 .py 文件默认要以 test 开头。在这个测试类中，根据需要编写测试方法，每个测试方法应该包括一个测试的完整步骤，测试方法要默认以 test 开头。

注意　对于测试用例及测试方法默认以 test 开头的限制，可以通过配置进行解除，详细内容请参考 3.2 节。

2）善用测试夹具，定义自动化测试框架类型：通过测试夹具可以定义不同的测试框架类型。例如，对于在 setUp() 方法中初始化浏览器的操作，就可以使用 unittest 执行 UI 自动化测试；对于在 setUp() 方法中初始化对接口请求的操作，就可以使用 unittest 执行 API 自动化测试。

3）运行测试用例：完成以上两步后，通过在项目根目录下执行命令 python -m unittest 即可运行测试框架。你也可以在持续集成流水线中应用这条命令启动每日测试。

3.4　扩展功能——unittest 测试框架集成接口测试

众所周知，位于测试金字塔结构最上层的 UI 自动化测试，在自动化测试中的占比非常小，通常是 10% 左右，最多 20%。而接口测试的比例可以达到 40%，甚至更多。unittest 测试框架不仅可以进行 UI 自动化测试，还可以用于接口测试。

3.4.1　Requests 核心讲解

在当下流行的开发模式下，测试工程师得到的接口大多以 HTTP 接口为主，且大多接口符合 RESTful 规范。作为 Python 语言下最负盛名的 HTTP 客户端库，Requests 库是接口测试的首选。

注意　关于 HTTP 以及 RESTful 规范，有兴趣深入了解的读者可以阅读笔者微信公众号 iTesting 上的两篇文章《更好地理解 RESTful》和《HTTP 总结》。

Requests 库允许用户轻松地发送 HTTP 请求，一般而言，在实际项目中，最常用到的接口请求有如下 4 种。

1. GET

GET 方法用于请求一个指定资源，如代码清单 3-35 所示。GET 请求普遍只用于数据的读取。

代码清单 3-35　Requests 发送 GET 请求的不同方式

```
import requests

# 发送 GET 请求时不带参数
requests.get('https://httpbin.org/ip')

# 发送 GET 请求时带参数
# 等同于直接访问 https://httpbin.org/get?name=iTesting
```

```
requests.get('https://httpbin.org/get', params={'name': 'iTesting'})

# 当访问接口发生301跳转时，可以设置允许或者禁止跳转
requests.get('http://github.com/', allow_redirects=False)

# 发送GET请求，加proxy
proxies = {'http': 'http://10.10.1.10:3128',
        'https': 'http://10.10.1.10:1080'}
requests.get('https://httpbin.org/get', proxies=proxies)

# 发送GET请求，加鉴权 -- Basic Auth
# 首先导入HTTPBasicAuth，一般导入语句写在.py文件的最前面
from requests.auth import HTTPBasicAuth
# 然后发送请求
requests.get('https://api.github.com/user', auth=HTTPBasicAuth('user',
    'password'))
```

2. PUT

PUT方法用于更新指定的资源，如代码清单3-36所示。

代码清单3-36　Requests发送PUT请求的方式

```
import requests

requests.put('https://httpbin.org/put', data={'name': 'iTesting'})
```

3. POST

POST方法用于向指定的资源提交要被处理的数据，如代码清单3-37所示。

代码清单3-37　Requests发送POST请求的方式

```
import requests

# 配置数据信息
url = 'https://httpbin.org/anything'
headers = {'user-agent': 'my-app/  0.0.1'}
payloads = {'name': 'iTesting'}
auth = {"username":"iTesting", "password": "Kevin"}

# 直接发送POST请求
requests.post(url, data=payloads)

# 发送POST请求时带headers信息
requests.post(url, headers=headers, data=payloads)

# 发送POST请求时带鉴权，Auth类型跟GET请求支持的Auth类型相同
requests.post(url, headers=headers, data=payloads, auth=HTTPBasicAuth('user',
    'password'))
```

4. DELETE

DELETE方法用于请求服务器删除指定的资源，如代码清单3-38所示。

代码清单3-38 Requests发送DELETE请求的方式

```
import requests

# 发送DELETE请求
requests.delete('https://httpbin.org/anything', data={name': 'iTesting'})
```

在Requests用于接口自动化测试时，其HTTP请求发送后，通常需要获取返回值。获取接口返回值的方式如代码清单3-39所示。

代码清单3-39 Requests获取HTTP请求返回值

```
# -*- coding: utf-8 -*-
import requests

if __name__ == "__main__":
    s = requests.session()
    r = s.post('https://httpbin.org/anything', data={'name': 'kevin'})

    # 返回文本型response
    print(r.text)

    # 返回文本型response并用utf-8格式编码
    # 如果r.text得出的结果是不可读的内容，例如类似xu'\xe1'或者有错误提示'ascii' codec
        can't encode characters in position时，可以用encode()方法展示其内容
    print(r.text.encode('utf-8'))

    # 获取二进制返回值
    print(r.content)

    # 获取请求返回码
    print(r.status_code)

    # 获取response的请求头
    print(r.headers)

    # 获取请求返回的cookie
    s.get('http://google.com')
    print(s.cookies.get_dict())
```

如果对HTTP有所了解，你一定知道HTTP是无状态的协议。无状态协议的最大缺点是每次接口请求都是独立的，服务器不保存用户的登录态。这就意味着即使是同一个用户，多次向服务器发送请求，这些请求之间也无法共用数据。在这种情况下，登录态、cookie等都不能共用，这显然不满足我们的需求。

基于此，Requests库提供了Session会话对象，帮助我们跨请求保持参数。使用

requests.Session()方法可以在一个Session实例的所有请求中保留cookie。这就意味着我们可以通过接口的方式模拟真正的用户请求，并在请求中保留用户登录态。requests.Session()方法的具体使用方法如代码清单3-40所示。

代码清单3-40 Requests库使用requests.Session()方法

```
import requests

if __name__ == '__main__':
    # 初始化一个Session对象
    s = requests.Session()

    # GET请求，先设置一个Session
    # httpbin这个网站允许我们通过如下方式进行设置，在set后写入你需要的值即可
s.get('https://httpbin.org/cookies/set/sessioncookie/iTesting')

    # 设置好后获取所有的cookie
    r = s.get('https://httpbin.org/cookies')

    # 打印，确定sessioncookie被保存
    print(r.text)

# sessioncookie的值iTesting打印成功，说明Session被保持了
    # '{"cookies": {"sessioncookie": "iTesting"}}'
```

为了读者能更好地理解requests.Session()方法是如何保持登录态的，我们来看一个例子，如代码清单3-41所示。

代码清单3-41 requests.Session()方法不带登录态访问

```
import requests

if __name__ == '__main__':
    api = 'https://gate.lagou.com/v1/entry/message/newMessageList'
    s = requests.Session()
    r = s.get(api)
    print(r.text)
    # 运行结果如下
    # {"state": 1003, "message": "非法的访问"}
```

在这个例子中，我们直接访问拉勾教育的一个接口，这个接口用来获取当前账户有无未收取的新消息，因为访问这个接口需要先登录，而代码中并没有登录操作，所以访问接口返回了“非法的访问”的提示。

下面在代码中添加登录态，如代码清单3-42所示。

代码清单3-42 requests.Session()方法带登录态访问

```
# -*- coding: utf-8 -*-
import requests
```

```
if __name__ == "__main__":
    url = 'https://gate.lagou.com/v1/entry/message/newMessageList'
    # 这个 cookie 信息里的 _gid 以及 gate_login_token 用于保存登录态
    cookie = {'cookie': '_gid=GA1.2.438589688.1601450871; gate_login_token=47584
        4a837230240e1e73e4ecfa34102e65fa8e5384801cca67bbe983a142abb;'}
    headers = {'x-l-req-header': '{deviceType: 9}'}

    s = requests.Session()

    # 直接带登录态发送请求
    r = s.get(url, cookies=cookie, headers=headers)
    # 不经过登录，也能访问登录后才能访问的接口（带登录态等于访问时已经是登录状态）
    print(r.text.encode('utf-8'))
    # 通过打印结果可看出，登录态被保持了
    # {"state":1,"message":" 成功 ","content":{"newMessageList":[],"newMessage
        Count":0}}
```

使用 requests.Session() 方法可以在顺序的接口请求中传递维持登录态的 cookie，从而实现登录态在多个接口中的传递。

注意　在不同的应用程序里，维持登录态的 cookie 可能不同。一般情况下，建议先与开发沟通好获取哪些 cookie 决定登录态（如果测试的是第三方程序，也可以通过逐个删除 cookie 的方式确定哪个 cookie 决定登录态）。

因为 cookie 有使用时效，所以建议读者在尝试代码清单 3-42 时，先登录自己的账户，然后获取 cookie 并替换代码中的 cookie 再进行测试。

通过 requests.Session() 方法进行会话保持对接口自动化测试至关重要。以电商网站通用操作“登录→购买→下单”流程为例，只有会话被保持，登录态才会在这个流程中被传递，服务器才知道是谁在进行这样的操作，才能使用 Requests 进行接口自动化测试。

3.4.2　unittest 测试框架集成接口测试示例

在熟悉 Requests 的用法后，本节我们尝试使用 unittest 搭建一个接口自动化测试框架，使用 unittest 进行接口测试的架构如图 3-4 所示。

从代码层面看，只需要在 unittest 测试夹具提供的 setUp() 方法中，把初始化的操作从打开浏览器变为初始化 requests.Session() 方法，即可实现 UI 自动化测试框架到接口自动化测试框架的转换。

下面，我们使用 unittest 搭建接口自动化测试框架。首先，创建项目 lagouTest，文件结构如代码清单 3-43 所示。

其中，test_lagou.py 文件内容如代码清单 3-44 所示。

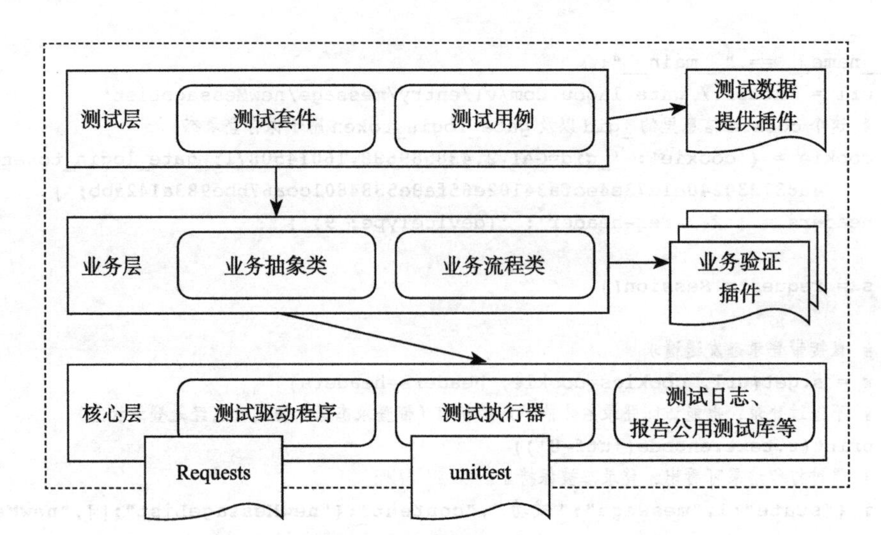

图 3-4 使用 unittest 搭建接口自动化测试框架

代码清单 3-43 项目 lagouTest 的文件结构

```
|--lagouTest
    |--tests
        |--test_lagou.py
        |--__init__.py
    |--common
        |--html_reporter.py
        |--__init__.py
    |--HTMLTestRunner.py
    |--main.py
    |--__init__.py
```

代码清单 3-44 test_lagou.py 文件内容

```
# -*- coding: utf-8 -*-

import json
import unittest
import requests


class TestLaGou(unittest.TestCase):
    def setUp(self):
        self.s = requests.Session()
        self.url = 'https://www.lagou.com'

    def test_visit_lagou(self):
        result = self.s.get(self.url)
```

```
        assert result.status_code == 200
        unittest.TestCase.assertIn(self, '拉勾', result.text)

    def test_get_new_message(self):
        # 此处需要定义一个方法获取登录的cookie，因为我们无法知道拉勾网登录真实的API，所以采
            用此方式登录
        message_url = 'https://gate.lagou.com/v1/entry/message/newMessageList'
        cookie = {
            'cookie': '_gid=GA1.2.438589688.1601450871; gate_login_token=475844a
                837230240e1e73e4ecfa34102e65fa8e5384801cca67bbe983a142abb;'}
        headers = {'x-l-req-header': '{deviceType: 9}'}

        # 直接带登录态发送请求
        result = self.s.get(message_url, cookies=cookie, headers=headers)

        assert result.status_code == 200
        assert json.loads(result.content)['message'] == '成功'

    def tearDown(self):
        self.s.close()


if __name__ == "__main__":
    unittest.main(verbosity=2)
```

本项目的其他文件及代码与3.3.1节搭建UI自动化测试框架中的baiduTest项目代码完全一致，此处不再展示。

在PyCharm或者命令行里运行main.py文件，运行完毕后，在项目根目录下会生成一个带时间戳的HTML文件，这就是HTML格式的测试报告。使用任意浏览器打开这个测试报告，结果如图3-5所示。

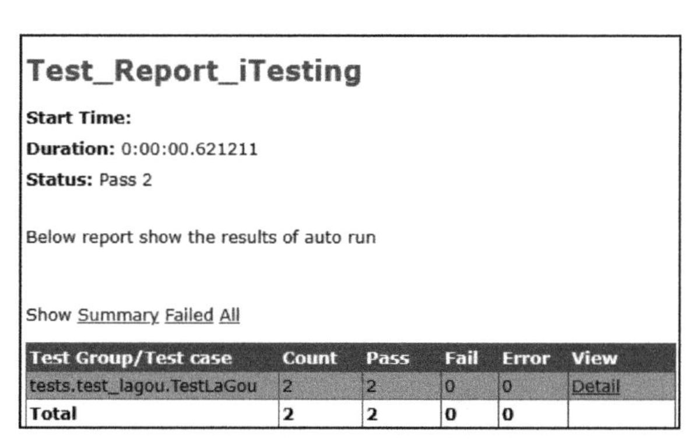

图3-5　HTMLTestRunner类型测试报告

至此，使用unittest搭建接口自动化测试框架的任务也完成了。

3.5 本章小结

本章以unittest框架为媒介，介绍了如何使用unittest测试框架搭建自动化测试框架。测试框架最重要的就是底层核心层，只要具备相对完整和可插拔的能力，即使是最简单的测试框架，也可以应对不同类型的自动化测试。

unittest是Python中十分经典的测试框架，当前市面上很多开源测试框架或多或少都参考了unittest的实现原理，建议读者尽量阅读unittest框架的源码，通过阅读源码，可以加深对测试框架结构及设计的理解。

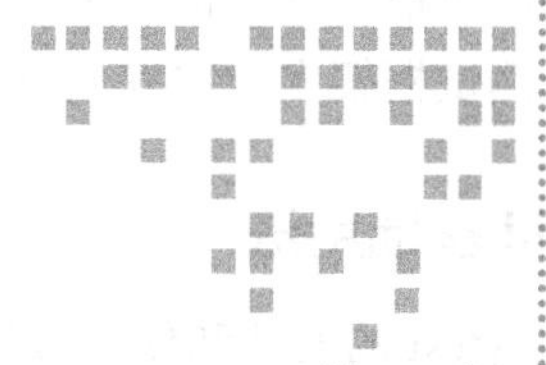

第 4 章 Chapter 4

玩转自动化测试框架

通过前面 3 章的学习，读者应该可以轻松搭建适用于小型项目的测试框架了。在实际工作中，随着项目复杂性的增加，unittest 测试框架就显得力不从心了。比如，它不支持并发、原生不支持测试数据参数化，也不支持失败测试自动化重试。

Python 的另一款测试框架 pytest，实现了 unittest 没有实现的功能，并且完美兼容 unittest，在中大型测试项目中，pytest 也有不俗的表现。本章将剖析 pytest 的各种使用方法，带领读者通过 pytest 玩转自动化测试框架。

4.1 向经典致敬——测试框架 pytest 核心讲解

测试框架 pytest 是一个成熟、完整的 Python 自动化测试工具。它可以用来做单元测试，也可以用来做接口自动化测试和 UI 自动化测试。与 unittest 测试框架相比，pytest 支持了更多、更全面的功能，具有以下特色和优势。

1）直接使用纯粹的 Python 语言，不需要过多学习框架特定的语法，例如 self.assert* 等，减少了使用者的学习成本。

2）pytest 测试框架不需要写诸如 setUp()、tearDown() 这样的方法，它可以直接开始测试。

3）pytest 测试框架可以自动识别测试用例，无须像 unittest 一样将测试用例放进 TestSuite 里组装。

4）pytest 测试框架提供了丰富的测试夹具功能（Test Fixtures），包括数据参数化功能，使得测试数据的组织和调用更加便捷。

5）pytest 测试框架支持错误重试。

6）pytest 测试框架支持并发测试。

4.1.1 pytest 基础用法

测试框架 pytest 的安装和使用方法非常简单。

1. 安装

因为 pytest 不是 Python 内置框架，所以使用 pytest 需要先进行安装，如代码清单 4-1 所示。

代码清单 4-1 安装 pytest

```
pip install -U pytest
# 安装成功后，通过如下命令查看安装的版本
pytest --version
```

2. 代码编写方式

使用 pytest 编写测试用例有很多好处，我们通过一段代码了解一下 pytest 相比于 unittest 的优势。使用 unittest 编写测试用例的代码如代码清单 4-2 所示。

代码清单 4-2 使用 unittest 编写测试用例

```
#test_unittest.py

from unittest import TestCase

class BasicTest(TestCase):
    def test_pass(self):
        self.assertEqual('iTesting', 'iTesting')

    def test_fail(self):
        self.assertTrue(False)
```

可以看到，无论是多么简单的代码，使用 unittest 都需要遵循如下编写规则。

1）从 unittest 测试库中导入 TestCase 类。

2）创建测试类（本例为 BasicTest），必须继承 TestCase 类。

3）测试类方法使用断言仅支持 unittest.TestCase 中 self.assert* 的方式。

使用 pytest 编写测试用例测试同样的功能，如代码清单 4-3 所示。

代码清单 4-3 使用 pytest 编写测试用例

```
#test_pytest.py

def test_pass():
    assert 'itesting' == 'iTesting'
```

```
def test_fail():
    assert False
```

可以看到，在编写测试用例时，pytest 无须导入任何测试库。在断言时，可直接采用 Python 自带的 assert 方法，无须使用特定的 self.assertEqual 方法。

3. pytest 测试用例运行方式

使用 pytest 框架编写测试用例后，运行测试用例的方式有以下两种。

（1）命令行运行

pytest 支持使用命令行运行测试用例，如代码清单 4-4 所示。

代码清单 4-4　pytest 命令行运行方式

```
# [...]是可选的参数列表
python -m pytest [...]
```

（2）pytest.main() 运行

除了命令行运行方式，pytest 还支持在程序中运行（一般情况下在 main.py 文件中）测试用例，如代码清单 4-5 所示。

代码清单 4-5　pytest.main() 运行方式

```
# [...]是可选的参数列表
pytest.main([...])
```

不管是使用命令行运行还是 pytest.main() 运行，支持的参数是一样的。需要注意的是，pytest 的参数必须放在一个列表或者元组里。

4. pytest 运行参数

下面列出几种常见的 pytest 运行参数。

1）-m：用表达式指定多个标记名。pytest 提供了一个装饰器 @pytest.mark.xxx，用于标记测试并分组（xxx 是自定义的分组名），以便在运行时快速选中测试用例并运行，各个分组直接用 and 或 or 进行分割。

2）-v：运行时输出更详细的用例执行信息。不使用 -v 参数，运行时不会显示运行的具体测试用例名称；使用 -v 参数，会在 Console 里打印出具体哪条测试用例被运行。

3）-q：类似 unittest 里的 verbosity，用于简化运行输出的信息。使用 -q 运行测试用例，运行后，Console 中只会显示简单的运行信息，如代码清单 4-6 所示。

代码清单 4-6　使用 -q 参数简化输出信息

```
.s..   [100%]
3 passed, 1 skipped in 9.60s
```

4）-k：可以通过表达式运行指定的测试用例。这是一种模糊匹配，用 and 或 or 区分各个关键字，匹配范围有文件名、类名以及函数名。

5）-x：出现一条测试用例失败就退出测试。在调试时，这个功能非常有用。当出现测试失败时，可以停止运行后续的测试。

5. pytest 运行状态码

通过命令行方式运行测试用例后，在系统终端会显示本次运行的退出码，其含义如下。

1）退出码 0：所有测试均被收集，并且运行全部成功。

2）退出码 1：测试虽然已收集并且被运行，但有些测试用例失败了。

3）退出码 2：测试运行被用户中断。

4）退出码 3：运行测试时发生了内部错误。

5）退出码 4：pytest 命令行用法错误。

6）退出码 5：没有收集到任何测试用例。

4.1.2 零代价迁移 unittest 测试框架

因为在项目中进行技术方案的重构和替换通常会花费巨大的成本，所以技术选型一旦确定，非到万不得已，是不会更换的。pytest 测试框架考虑到了这一点，完美兼容 unittest 测试框架，从 unittest 转移到 pytest，花费的代价可以忽略不计。

下面，我们创建一个 unittest 框架支持的测试项目，并以此为例说明如何将 unittest 测试框架迁移到 pytest 下。

假定项目文件夹名为 baiduTest，其文件结构如代码清单 4-7 所示。

代码清单 4-7　baiduTest 项目文件结构

```
|--baiduTest
    |--tests
        |--test_baidu.py
        |--__init__.py
    |--main.py
    |--__init__.py
```

其中，test_baidu.py 文件的内容如代码清单 4-8 所示。

代码清单 4-8　test_baidu.py 文件代码

```
from selenium import webdriver
import unittest
import time


class Baidu(unittest.TestCase):
    def setUp(self):
        self.driver = webdriver.Chrome()
        self.driver.implicitly_wait(30)
        self.base_url = "http://www.baidu.com/"

    def test_baidu_search(self):
```

```
        driver = self.driver
        driver.get(self.base_url + "/")
        driver.find_element_by_id("kw").send_keys("iTesting")
        driver.find_element_by_id("su").click()
        time.sleep(2)
        search_results = driver.find_element_by_xpath('//*[@id="1"]/h3/a').get_
            attribute('innerHTML')
        self.assertEqual('iTesting' in search_results, True)

    def tearDown(self):
        self.driver.quit()
```

我们可以比较直观地看到，在 test_baidu.py 文件中，测试类 Baidu 采用了 unittest 框架的写法，其中更是包括了 setUp() 和 tearDown() 这两个测试夹具方法。

main.py 文件如代码清单 4-9 所示。

代码清单 4-9 main.py 文件内容

```
__author__ = 'iTesting'

import unittest,os


if __name__ == "__main__":
    suite = unittest.defaultTestLoader.discover(os.path.join(os.path.dirname(__
        file__),"tests"),\
pattern='*.py',top_level_dir=os.path.dirname(__file__))
    unittest.TextTestRunner(verbosity=2).run(suite)
```

在 main.py 文件中，我们先通过 unittest 的 discover 方法，查找 tests 文件夹及其子文件夹下的所有测试用例，将其组成一个测试用例集，然后通过 unittest 的 TextTestRunner 运行。

以上是 unittest 测试框架的组织和运行方式，要将 unittest 测试框架迁移至 pytest，我们需要做哪些调整呢？

因为 pytest 完美兼容 unittest，所以在整个测试项目中，只需要更改 main.py 文件。更改后的 main.py 文件如代码清单 4-10 所示。

代码清单 4-10 迁移至 pytest 后的 main.py 文件

```
# coding=utf-8

import pytest
import os
import glob


# 查找所有待执行的测试用例模块
def find_modules_from_folder(folder):
    absolute_f = os.path.abspath(folder)
```

```
    md = glob.glob(os.path.join(absolute_f, "*.py"))
    return [f for f in md if os.path.isfile(f) and not f.endswith('__init__.py')]


if __name__ == "__main__":
    # 指定测试文件夹地址
    test_folder = os.path.join(os.path.dirname(__file__), 'tests')
    # 找出测试文件夹下的所有测试用例
    target_file = find_modules_from_folder(test_folder)
    # 直接运行所有的测试用例
    pytest.main([*target_file, '-v'])
```

从unittest迁移至pytest，只需要把测试用例的运行方式从unitest运行改成pytest运行。弃用unittest后，须更换其原本的测试用例查找方法discover，在本项目中，我通过自定义方法find_modules_from_folder代替了unittest里的discover方法。最后使用pytest.main运行所有查找到的测试用例。

总结一下，从unittest测试框架迁移至pytest测试框架，只需要改变测试用例的运行方式。在实际迁移项目时，读者直接复用本例的main.py文件，即可完成从unittest到pytest的迁移。

注意 虽然pytest完美兼容unittest，但是因为架构实现不同，同样的测试用例，运行时的表现会有所不同。例如，迁移后，因unittest测试框架中的前置操作和后置操作而引发的错误，并不会在pytest相应的前置操作和后置操作阶段曝出，而是在pytest的运行过程中（call phase）才被曝出。

4.1.3 pytest核心概念

在pytest测试框架中，有一些核心概念非常重要，下面逐一进行介绍。

1. 测试用例的默认查找原则

在pytest中，查找测试用例遵循如下原则。

1）如果未指定任何参数，则从已配置的testpaths中查找；如果没有配置testpaths，则从当前目录开始查找。

2）查找这些目录及子目录下以test开头或者test结尾的.py文件。

3）在查找到的.py文件中，继续查找测试函数或测试类。

- 如果是测试方法，则以test开头的测试方法即被认为是测试文件。
- 如果是测试类，则以test开头的类方法即被认为是测试文件（注意测试类不能包含__init__方法）。

2. 测试夹具和参数化（Parametrize）

像unittest测试框架中的setUp()和tearDown()方法一样，测试夹具可以用来做测试开始前的初始化设置和测试结束后的数据清理工作。不仅如此，测试夹具还可以用来在不同的测试用例中间传递数据。

除此之外，测试夹具还可以通过指定其范围为 class、module 或者 session 限定装饰代码作用的范围，从而更加灵活地进行测试配置。

pytest 相对于 unittest 来说，还有一个优势就是内置数据参数化功能。测试用例数据参数化在实际工作中非常重要，pytest 使用 pytest.mark.parametrize 装饰器实现了测试数据的参数化。测试夹具和参数化是 pytest 最重要的两个功能，我们将在 4.4.1 节详细介绍。

4.2　深入探索——pytest 集成 API 测试

第 3 章介绍了如何使用 unittest 集成 API 测试，本节我们将 unittest 替换成 pytest 框架。首先，创建项目 lagouTest，文件结构如代码清单 4-11 所示。

代码清单 4-11　项目 lagouTest 的文件结构

```
|--lagouTest
    |--tests
        |--test_lagou.py
        |--__init__.py
    |--main.py
    |--__init__.py
```

其中，test_lagou.py 文件内容如代码清单 4-12 所示。

代码清单 4-12　test_lagou.py 文件内容

```
# -*- coding: utf-8 -*-

import json
import requests


class TestLaGou:
    def setup_class(self):
        self.s = requests.Session()
        self.url = 'https://www.lagou.com'

    def test_visit_lagou(self):
        result = self.s.get(self.url)
        assert result.status_code == 200
        assert '拉勾' in result.text

    def test_get_new_message(self):
        # 此处需要定义一个方法获取登录的cookie，因为我们无法知道拉勾网登录真实的API，所以采
            用此方式登录
        message_url = 'https://gate.lagou.com/v1/entry/message/newMessageList'
        cookie = {
```

```
            'cookie': '_gid=GA1.2.1990476433.1617677344; gate_login_token=1846da
                ec509ad46c6daf678a2d1934a38d0896b74ae5c875;'}
        headers = {'x-l-req-header': '{deviceType: 9}'}

        # 直接带登录态发送请求
        result = self.s.get(message_url, cookies=cookie, headers=headers)

        assert result.status_code == 200
        assert json.loads(result.content)['message'] == '成功'

    def teardown_class(self):
        self.s.close()
```

注意 在本例中，因为无法得知线上环境拉勾网如何进行登录鉴权，所以直接采用半自动化的方式获取登录态。在实际项目中，特别是我们自己负责测试的项目中，通常会确切得知登录调用的API是哪个以及调用成功后，将哪个或哪些变量写入cookie来保持登录态。

请注意TestLaGou这个类的代码，和使用unittest框架相比，除了无须继承unittest的TestCase类外，其前置操作和后置操作的方式也由setUp()和tearDoan()方法变成了setup_class()和teardown_class()方法。

最后，main.py文件内容如代码清单4-13所示。

代码清单4-13 main.py文件内容

```
# -*- coding: utf-8 -*-

import pytest
import os
import glob


# 查找所有待执行的测试用例模块
def find_modules_from_folder(folder):
    absolute_f = os.path.abspath(folder)
    md = glob.glob(os.path.join(absolute_f, "*.py"))
    return [f for f in md if os.path.isfile(f) and not f.endswith('__init__.py')]


if __name__ == "__main__":
    # 得出测试文件夹地址
    test_folder = os.path.join(os.path.dirname(__file__), 'tests')
    # 得出测试文件夹下的所有测试用例
    target_file = find_modules_from_folder(test_folder)
    # 直接运行所有的测试用例
    pytest.main([*target_file, '-v'])
```

注意　这段代码和 4.1.2 节展示的 main.py 代码完全一致，由此说明，只要你的测试代码是完备的，就可以使用 pytest 无缝切换 UI 自动化测试和接口自动化测试。

读者可以观察到，与第 3 章使用 unittest 框架的项目相比，这个项目去掉了测试报告 HTML TestRunner 的集成，这是因为 pytest 原生不支持 HTMLTestRunner 报告。在 4.5 节会详细介绍如何使用适用于 pytest 的测试报告。

4.3　游刃有余——pytest 核心用法

测试框架 pytest 有很多核心用法，掌握这些核心用法有助于读者写出更加 Pythonic 的代码[⊖]。本节我们结合工作场景，了解常用的几种核心用法。

4.3.1　自定义测试用例查找原则

并不是我们编写的每一个 .py 文件都能被称为测试用例。pytest 在查找测试用例时，会遵循一定的原则。

1）针对测试文件，仅查找以 _test 开头或者 _test 结尾的测试文件。

2）针对测试类，仅查找以 Test 开头的测试类。

3）针对测试函数或者测试类下面的类方法，仅查找以 test 开头的函数。

对于 pytest 默认的测试用例查找原则，我们可以通过 pytest.ini 这个配置文件进行更改。下面通过一个示例演示操作方法，假设我们的项目结构如代码清单 4-14 所示。

代码清单 4-14　项目结构

```
|--demoTest
    |--tests
        |--test_sample.py
        |--__init__.py
    |--__init__.py
    |--pytest.ini
```

其中，pytest.ini 文件即为项目的配置文件，其内容如代码清单 4-15 所示。

代码清单 4-15　pytest.ini 文件内容

```
[pytest]
python_files =     test_*  *_test
python_classes =   *
python_functions = *
```

⊖ Pythonic 是 Python 独有的代码风格。如果说某个项目的代码非常 Pythonic，意味着这个项目的代码具备代码风格良好、命名规范、层次清晰等优点。

参数说明如下。

1）python_files：表示要匹配的测试文件。在本例中，只有以test开头或者以test结尾的.py文件才被视为测试用例。

2）python_classes：表示要匹配的测试类pattern。* 表示匹配所有，在本例中，任何类都将被视为测试类。

3）python_functions：表示要匹配的测试方法。在本例中，任何函数或者类方法都将被视为测试方法。

更改测试用例的查找方法后，我们验证一下正确性。假设test_sample.py文件内容如代码清单4-16所示。

代码清单4-16 test_sample.py文件内容

```
class Sample(object):
    def test_equal(self):
        assert 1 == 1

    def not_equal(self):
        assert 1 != 0
```

接着我们在命令行中执行代码清单4-17所示的命令。

代码清单4-17 运行测试用例

```
# 在项目根目录demoTest下执行
pytest
```

观察运行结果，我们发现，Sample这个测试类下面的两个类方法test_equal()和not_equal()都被执行了。也就是说，针对python_classes和python_functions的更改生效了，pytest把所有的类和类方法都视为测试用例。

如果想恢复默认的测试用例查找原则，只需要删除pytest.ini文件，或者更改pytest.ini文件内容，如代码清单4-18所示。

代码清单4-18 默认测试用例查找原则

```
#在项目根目录下创建pytest.ini文件
[pytest]
python_files =      test_*  *_test
python_classes =    Test*
python_functions = test*
```

4.3.2 前置操作和后置操作的用法

类似unittest测试框架中的setUp()和tearDown()方法，pytest也提供了一些方法，分别用于进行测试前的初始化和测试后的清理工作。不仅如此，pytest根据使用场景对此进行了细分，以下是具体分类。

1. 按模块执行

在一个模块内，前置和后置的方法只会执行一次，pytest 中用于模块前置和后置操作的方法是 setup_module(module) 和 teardown_module(module)，如代码清单 4-19 所示。

代码清单 4-19　按照模块进行前置和后置操作

```
import pytest

def setup_module(module):
    """
    模块级别的前置操作，直接定义在一个模块里即可
    这个函数在本模块里所有测试用例执行之前被调用一次
    """
    # 你的前置操作代码，例如打开浏览器、初始化 requests 等
    print("------ set up for module ------")

def teardown_module(module):
    """
    模块级别的后置操作，直接定义在一个模块里即可
    这个函数在本模块里所有测试用例执行之后被调用一次
    """
    # 你的后置操作代码
    print("------ tear down for module ------")
```

需要注意以下 3 件事。

1）setup_module(module) 和 teardown_module(module) 的写法是固定的，最好不要改动。

2）如果 setup_module(module) 方法执行出错，teardown_module(module) 方法不会被执行。

3）一个模块（.py 文件）可以包括多个测试类，一个测试类下可能有多个测试用例，而 setup_module(module) 和 teardown_module(module) 在本模块内只会执行一次。

2. 按类执行

在一个类内，前置和后置的方法只会执行一次，pytest 中作用于类的前置和后置操作的方法是 setup_class(cls) 和 teardown_class(cls)，如代码清单 4-20 所示。

代码清单 4-20　按照类进行前置和后置操作

```
class Baidu(object):

    @classmethod
    def setup_class(cls):
        """
        仅在当前测试类下的所有 test 执行之前被调用一次
        注意它必须以 @classmethod 装饰
        """
        # 你的前置操作代码，例如打开浏览器、初始化 requests 等
```

```
        print("------ set up for class------")

    @classmethod
    def teardown_class(cls):
        """
        仅在当前测试类下的所有test执行之后被调用一次
        注意它必须以@classmethod装饰
        """
        # 你的后置操作代码
        print("------tear down for class------")
```

需要注意以下3件事。

1）setup_class(cls) 和 teardown_class(cls) 的写法最好不要改动。

2）setup_class(cls) 和 teardown_class(cls) 必须以 @classmethod 装饰。

3）如果 setup_class(cls) 执行出错，teardown_class(cls) 不会被执行。

3. 按方法名执行

针对每一个测试用例，进行前置或者后置操作，pytest中用于方法名前置和后置操作的方法是 setup_method(self, method) 和 teardown_method(self, method)，如代码清单4-21所示。

代码清单4-21　按照方法名进行前置和后置操作

```
    def setup_method(self, method):
        """
        在当前测试类里，每一个测试用例执行之前调用一次
        """
        # 你的前置操作代码
        print("------set up for method------")

    def teardown_method(self, method):
        """
        在当前测试类里，每一个测试用例执行之后调用一次
        """
        # 你的后置操作代码
        print("------tear down for method------)"
```

需要注意以下2件事。

1）setup_method(self, method) 和 teardown_method(self, method) 的写法最好不要改动。

2）如果 setup_method(self, method) 方法执行失败，teardown_method(self, method) 不会被执行。

前置和后置操作的作用主要是进行测试前的准备工作和测试后的清理工作，读者可以根据实际情况选择不同的执行方式。

4.3.3 静态挑选测试用例

在实际工作中，不一定每次测试都执行全部的测试用例，pytest提供了很多方式用于挑

选特定的用例。静态挑选测试用例包括按照测试文件夹、测试文件、测试类和测试方法这 4 个维度，下面分别举例说明。

1. 按照测试文件夹挑选并执行测试用例

按照测试文件夹挑选并执行测试用例是最常见的操作，如代码清单 4-22 所示。

代码清单 4-22　按照测试文件夹挑选并执行测试用例

```
# 执行所有当前文件夹及子文件夹下的测试用例
pytest .

# 执行跟当前文件夹同级的 tests 文件夹及子文件夹下的测试用例
pytest ../tests
```

2. 按照测试文件挑选并执行测试用例

按照测试文件挑选并执行测试用例的方式如代码清单 4-23 所示。

代码清单 4-23　按照测试文件挑选并执行测试用例

```
# 运行 test_lagou.py 下所有的测试用例
pytest test_lagou.py
```

3. 按照测试类挑选并执行测试用例

按照测试类挑选并执行测试用例的方式如代码清单 4-24 所示。

代码清单 4-24　按照测试类挑选并执行测试用例

```
# 运行 test_lagou.py 文件下类名是 TestLaGou 的所有测试用例
pytest test_lagou.py::TestLaGou
```

4. 按照测试方法挑选并执行测试用例

在 pytest 中，可以直接执行一个测试用例（一个测试用例通常就是一个测试方法），如果按照测试方法来执行，必须遵守以下规范。

```
pytest 文件名 .py:: 测试类 :: 测试方法
```

其中“::”是分隔符，用于分隔测试文件、测试类以及测试方法，示例如代码清单 4-25 所示。

代码清单 4-25　按照测试方法执行测试示例

```
# 执行 test_lagou.py 文件下类名是 TestLaGou、方法名为 test_get_new_message 的测试用例
pytest test_lagou.py::TestLaGou::test_get_new_message
```

以上选择测试用例执行的方法，都是在命令行模式下执行的，也可以直接在测试程序里执行（通常指写在 main 文件里），规范如下。

```
pytest.main([ 模块 .py:: 类 :: 方法 ])
```

4.3.4 动态挑选测试用例

除了静态挑选测试用例的方法外，在回归测试中，可能需要执行位于不同目录、不同文件的多个测试方法，这时，动态挑选测试用例就派上用场了。

动态挑选测试用例一直是测试框架的刚需，在 pytest 中，动态挑选测试用例最常见的方式是按照标签（mark）查找，步骤如下所示。

首先给测试用例打标签，需要在测试类、测试方法上添加装饰器。测试类本身以及测试类下面的测试方法均可以打标签，格式如下。

```
# xxx 是测试类、测试方法的标签名，在运行测试时，可以通过标签名来运行特定的测试用例
@pytest.mark.xxx
```

给测试用例添加标签后，在运行时，就可以通过标签来指定运行测试用例，参数为 -m，如代码清单 4-26 所示。

代码清单 4-26　通过标签指定测试运行

```
# 同时选中带有 mark1 和 mark2 这两个标签的测试用例并运行
pytest -m "mark1 and mark2"

# 选中带有 mark1 标签的测试用例并运行，不运行带有 mark2 标签的测试用例
pytest -m "mark1 and not mark2"

# 选中带有 mark1 或 mark2 标签的所有测试用例并运行
pytest -m "mark1 or mark2"
```

除了按照标签运行测试用例，我们也可以通过文件名或者方法名本身来挑选测试用例。其实质是利用 -k 参数，语法如下。

```
# -k 参数是按照文件名、类名、方法名来模糊匹配的
pytest -k xxxPattern
```

下面通过一个示例详细演示按照名称挑选测试用例的方法，假设项目文件结构如代码清单 4-27 所示。

代码清单 4-27　项目文件结构

```
|--demoTest
    |--tests
        |--test_baidu.py
        |--test_lagou.py
        |--__init__.py
    |--common
        |--__init__.py
    |--__init__.py
```

test_baidu.py 测试文件中定义了一个测试类 Baidu，这个测试类下有两个测试方法 test_baidu_search 和 test_baidu_set。test_lagou.py 测试文件中定义了一个测试类 TestLaGou，这

个测试类下面有两个测试方法 test_visit_lagou 和 test_get_new_message。

在命令行中以代码清单 4-28 所示的方式继续运行。

代码清单 4-28　-k 参数的不同用法

```
# 1. 按照文件名称全匹配
# 运行 test_lagou.py 下所有的测试用例
pytest -k "test_lagou.py"

# 2. 按照文件名字部分匹配
# 因为 lagou 能匹配上 test_lagou.py 文件，所以运行 test_lagou.py 文件下所有的测试用例
pytest -k "lagou"

# 3. 按照类名匹配
# 因为 Baidu 能匹配上 test_baidu.py 文件里定义的测试类 Baidu，所以运行 Baidu 测试类下所有的测
    试用例，此外也可以写成 Bai
pytest -k "Baidu"

# 4. 按照方法名匹配
# message 只能匹配 test_lagou.py 中定义的测试类 TestLaGou 下的测试方法 test_get_new_
   message，故仅有 test_get_new_message 这个方法会执行
pytest -k "message"
```

4.3.5　忽略测试用例

既然我们在执行测试时会有挑选测试用例的需求，那么也会有忽略某些测试用例的需求。忽略测试用例可以采取如下几种方式实现。

1. 使用 --ignore 参数忽略测试文件

假设测试文件夹目录结构如代码清单 4-29 所示。

代码清单 4-29　测试文件夹目录结构

```
|--tests
    |--test_lagou
        |--test_laggou_01.py
        |--test_laggou_02.py
    |--test_iTesting
        |--test_iTesting_01.py
        |--test_iTesting_02.py
```

如果想忽略 test_iTesting 文件夹下所有的测试文件，只需要在命令行中使用代码清单 4-30 所示的命令。

代码清单 4-30　忽略测试文件夹下所有的测试文件

```
# 在项目根目录下执行

# 忽略 test_iTesting 文件夹下所有的测试文件
python -m pytest --ignore=tests/test_iTesting
```

如果只想忽略某一个测试文件，可以采用代码清单 4-31 所示的方式。

代码清单 4-31　忽略某一个测试文件

```
# 在项目根目录下执行
# 忽略 test_iTesting 文件夹下的 test_iTesting_01.py 测试文件
python -m pytest --ignore=tests/test_iTesting/test_iTesting_01.py
```

2. 使用 --deselect 参数忽略测试文件

除了从文件的维度忽略测试用例，还可以直接忽略某一个具体的测试方法。这个功能通过参数 --deselect=item 实现，如代码清单 4-32 所示。

代码清单 4-32　忽略具体的测试方法

```
# 在项目根目录下执行

# 假设 test_iTesting_01.py 文件下包含 test_a 和 test_b 两个方法
# 通过如下设置忽略 test_a
python -m pytest --deselect tests/test_iTesting/test_iTesting_01.py::test_a
```

3. 使用 @pytest.mark.skip 装饰器忽略测试文件

pytest 支持使用 @pytest.mark.skip 装饰器来忽略测试文件，如代码清单 4-33 所示。

代码清单 4-33　pytest.mark.skip 示例

```
# test_demo.py
@pytest.mark.skip(reason='skip 此测试用例 ')
def test_get_new_message:
    pass
```

比如，在 test_demo.py 文件中，定义了一个测试方法 test_get_new_message，并以装饰器 @pytest.mark.skip 装饰，那么当在命令行中执行如下语句时，test_get_new_message 将被忽略执行。

```
python -m pytest test_demo.py
```

4. 使用 @pytest.mark.skipif 忽略测试文件

除 @pytest.mark.skip 装饰器外，pytest 还支持使用 @pytest.mark.skipif 装饰器忽略测试文件，如代码清单 4-34 所示。

代码清单 4-34　pytest.mark.skipif 示例

```
# test_demo.py
# 定义一个 flag，用来指示是否要跳过一个测试用例
flag = 1

# 此处判断 flag 的值，为 1 则忽略，为 0 则不忽略
@pytest.mark.skipif(flag == 1, reason=' 按条件忽略执行执行 ')
```

```
def test_get_new_message:
    pass
```

当在命令行中执行如下语句时，test_get_new_message 将被忽略执行。

```
python -m pytest test_demo.py
```

5. 使用 -m 或者 -k 参数忽略测试文件

我们也可以通过 -m 或者 -k 参数设定条件，过滤不需要运行的测试用例，忽略测试用例的执行。关于 -m 和 -k 的使用，请读者参考 4.1.1 节有关 -m 和 -k 的介绍。

4.3.6　失败测试用例自动重试

在进行自动化测试的过程中，特别是由持续集成 / 持续部署平台自动触发的测试，由于网络的不稳定，常常出现测试用例偶发失败的情况，为了避免浪费调试成本，在实际工作中，常常会设置测试用例失败自动重试机制。

pytest 通过插件的方式支持错误自动重试。下面来看具体的实现步骤。

执行如下命令安装 pytest-rerunfailures 插件。

```
pip install -U pytest-rerunfailures
```

参考其语法规则，如下所示。

```
# 语法：
--reruns Num # 其中 Num 是重试的次数
```

代码示例如代码清单 4-35 所示。

代码清单 4-35　语法规则

```
# test_demo.py
import pytest


@pytest.mark.smoke
class TestSample(object):
    def test_equal(self):
        # 在这里，通过断言模拟测试用例失败，从而演示 re-run
        assert 1 == 0

    def test_not_equal(self):
        assert 1 != 0
```

在命令行中执行如下命令。

```
# 定义失败后重试 2 次
pytest test_demo.py --reruns 1
```

执行后观察测试面板输出，如下所示。

```
# 定义失败后重试1次，故在结果中有1 rerun字样
===== 1 failed, 1 passed,1 rerun in 0.14s ==
```

4.3.7 并发运行测试用例

随着时间的推移，项目中的测试用例会越来越多，此时如果有回归测试需求，全部测试用例顺序执行一次花费的时间较长，特别是当测试集成到持续集成/持续交付平台后，大于30min的测试通常被认为无法接受。这种情况下，最好通过并发测试减少测试整体的运行时间。pytest支持并发测试，同样是以插件库的形式存在。在并发测试库中，pytest-parallel和pytest-xdist这两个库比较常用，下面详解介绍它们的用法。

1. pytest-parallel[⊖]

在使用pytest-parallel前需要进行安装，命令如下。

```
pip install pytest-parallel
```

在使用时，pytest-parallel支持多进程运行和多线程运行两种方式，语法如下。

```
# 多进程运行，其中X是进程数目，默认值为1
--workers (optional)  X
# 多线程运行，其中X是每个worker运行的最大并发线程数目，默认值为1
--tests-per-worker (optional)   X
```

pytest-parallel测试执行的语法如下。

```
#指定2个进程并发
pytest --workers 2

#指定2个进程并发，每个进程最多运行3个线程
pytest --workers 2 --test-per-worker 3
```

2. pytest-xdist

pytest-xdis也是pytest中使用较多的一个并发测试库，同样需要安装，命令如下所示。

```
pip install pytest-xdist
```

pytest-xdist的语法如下。

```
# 其中X为进程数
pytest -n X

# pytest-xdist还支持使用与CPU内核一样多的进程来进行并发，方式如下
```

⊖ pytest-parallel插件仅支持Python 3.6及以上版本，且多进程并发，必须在Unix或者Mac系统上运行，在Windows环境下，仅支持多线程方式运行。

```
pytest -n auto
```

网络上有很多关于 pytest-parallel 和 pytest-xdist 的对比，普遍的观点是 pytest-parallel 要更好一些，因为 pytest-xdist 有以下缺点。

1）非线程安全。

2）多线程运行时性能不佳。

3）需要做状态隔离。

在实际应用中，pytest-parallel 有时会出现如下运行错误。

```
BrokenPipeError: [WinError 109] 管道已结束
```

这个错误发生的原因不确定，官方暂时没有修复。如果你在测试中发现这个错误，可以使用 pytest-xdist 进行并发测试。

4.4 深入实现——pytest 数据驱动核心用法

在自动化测试中，除了挑选测试用例，还有一个功能非常重要，那就是数据驱动。

数据驱动是在自动化测试中处理测试数据的方式。在具体实现上，通常采用的是测试数据与功能函数分离（存储在功能函数的外部位置）的方式。在自动化测试运行时，数据驱动框架会读取数据源中的数据，把数据作为参数传递到功能函数中，再根据数据的条数多次运行同一个功能函数。

数据驱动的数据源可以是函数外的数据集合、CSV 文件、Excel 表格、TXT 文件、数据库等。

4.4.1 pytest 实现数据驱动

在测试框架 pytest 中，数据驱动的实现方式有多种，其中最简单的使用内置装饰器 @pytest.mark.parametrize。

@pytest.mark.parametrize 装饰器接收两个参数：一个参数以字符串的形式存在，它代表被测试函数接受的参数，如果被测试函数有多个参数，则以逗号分隔；另一个参数用于保存测试数据，如果只有一组数据，则以列表的形式存在，如果有多组数据，则以列表嵌套元组的形式存在，例如 [0,1] 或者 [(0,1),(1,2)]。

下面通过一组示例演示如何通过 @pytest.mark.parametrize 实现数据驱动。使用 @pytest.mark.parametrize 实现单参数数据驱动，如代码清单 4-36 所示。

代码清单 4-36　单参数数据驱动

```
# test_sample.py
import pytest
```

```
@pytest.mark.parametrize("number", [1, 0])
def test_equal(number):
    assert number == 1


if __name__ == "__main__":
    pytest.main([])
```

以上是单参数的示例，在这个例子中，test_equal 函数接收参数 number，这个参数有两组数据，分别是 1 和 0。

> **注意** 装饰器 @pytest.mark.parametrize 第一个参数里的参数名称必须与测试函数中的参数名称保持一致，一如上例中的 number。

@pytest.mark.parametrize 不仅支持单个参数，还支持多个参数。多个参数的情况比较常见，在日常工作中，我们提供测试数据时，不仅会提供用于测试的数据，同时还要提供用于验证的数据。@pytest.mark.parametrize 可以轻松支持多参数，示例如代码清单 4-37 所示。

代码清单 4-37　多参数数据驱动

```
# test_baidu.py

import time
import pytest

from selenium import webdriver


@pytest.mark.baidu
class TestBaidu:
    def setup_method(self):
        self.driver = webdriver.Chrome()
        self.driver.implicitly_wait(30)
        self.base_url = "http://www.baidu.com/"

    @pytest.mark.parametrize('search_string, expect_string', [('iTesting',
        'iTesting'), ('helloqa.com', 'iTesting')])
    def test_baidu_search(self, search_string, expect_string):
        driver = self.driver
        driver.get(self.base_url + "/")
        driver.find_element_by_id("kw").send_keys(search_string)
        driver.find_element_by_id("su").click()
        time.sleep(2)
        search_results = driver.find_element_by_xpath('//*[@id="1"]/h3/a').get_
            attribute('innerHTML')
        assert (expect_string in search_results) is True

    def teardown_method(self):
```

```
        self.driver.quit()


if __name__ == "__main__":
    pytest.main(["-m", "baidu", "-s", "-v", "-k", "test_baidu_search", "test_
        baidu.py"])
```

代码清单 4-37 就是 4.1.2 节使用的测试文件 test_baidu.py。在这个测试文件里，被测试函数 test_baidu_search 有两个参数，分别是 search_string 和 expect_string。那么相应地，在装饰器 @ pytest.mark.parametrize 中，也要提供对等的参数。我们可以看到，第一个参数包含了 search_string 和 expect_string 这两个参数，第二个参数是一个列表，对应这两个参数的两组测试数据。

通过上述方式，读者可以借助 pytest 迅速构建基于数据驱动的测试框架。

4.4.2　pytest 数据驱动示例

本质上，使用数据驱动就是为了减少重复代码，增加代码重用率。那么从这个角度来看，我们的自动化测试还有很多可以使用数据驱动的地方，无论是什么形式的自动化测试，其步骤抽象一下，都可以总结为如下步骤。

1）测试执行前的准备工作。

2）执行测试。

3）测试后的清理工作。

在日常的测试中，测试执行前的准备工作通常就是测试需要的前置条件，它可以是简单的登录操作、联合查询数据库操作，也可以是逻辑复杂的函数操作。这些操作虽然可以通过 pytest 提供的前置和后置方法实现，但是也存在一个明显的弊端，那就是在同一个测试类中，假如存在多个测试方法，每个测试方法需要不同的前置或者后置方法该如何处理。又比如，前置和后置方法其实是分开的，如果想把它们放到一个函数中集中管理，又该如何处理。

注意　在 pytest 中，对于应用范围不同的前置和后置方法，可以使用 setup_method、setup_class、setup_module 分别完成测试类方法、测试类以及测试模块级别的前置操作；使用 teardown_method、teardown_class、teardown_module 分别完成测试类方法、测试类以及测试 module 级别的后置操作。

这个时候，pytest.fixture() 方法就派上用场了。pytest.fixture() 方法可用作初始化测试服务、数据和状态，也常常用来在测试执行前、后进行测试的前置、后置操作。除此之外，fixtures 可作为共享数据使用，也可被其他函数、模块、类或者整个项目，甚至其他 fixtures 调用。pytest.fixture() 的语法如下。

```
fixture(scope="function", params=None, autouse=False, ids=None, name=None)
```

pytest.fixture() 接收的 5 个参数如下。

1. scope

用于控制 fixture 的作用范围，这个参数有以下 4 个级别。

1）function：在每一个函数或者类方法中都会调用（默认）。

2）class：在每一个类中只调用一次。

3）module：每个 .py 文件调用一次，该文件内可以有多个函数和类。

4）session：一个会话调用一次。

2. params

params 以可选的参数列表形式存在，在测试函数中使用时，可通过 request.param 接收设置的返回值（即 params 列表里的值）。params 中有多少元素，在测试时，引用此 fixture 的函数就会被调用几次。

3. autouse

是否自动执行设置好的 fixtures，当 autouse 为 True 时，测试函数即使不调用 fixture 装饰器，定义的 fixture 函数也会被执行。

4. ids

指定每个字符串 id，当有多个 param 时，针对每一个 param，可以指定 id，这个 id 将变为测试用例名字的一部分。如果没有提供 id，则自动生成一个 id。

5. name

name 是 fixtures 的名称，默认为你装饰的 fixture 函数的名称。你可以通过 name 参数更改这个 fixture 的名称，更改后，如果这个 fixture 被调用，则使用更改过的名称即可。

下面演示 pytest.fixture() 的用法。通过 fixture 函数名直接调用，如代码清单 4-38 所示。

代码清单 4-38　通过 fixture 函数名直接调用 fixture

```
# test_fixture_usage.py

import pytest

# 首先，在 fixture 函数上加 @pytest.fixture 装饰器
@pytest.fixture()
def my_method():
    print('This is iTesting Speaking')

# 然后，把 fixture 函数的函数名作为参数，传入测试用例
def test_use_fixtures(my_method):
    print('Please follow iTesting from wechat')
```

通过 fixture 函数名调用 fixture 的步骤如下。

1）在 fixture 函数上，加 @pytest.fixture() 装饰器。上例中，my_method 方法将作为 fixture 使用。

2）把 fixture 函数的函数名作为参数，传入测试用例。注意，函数 test_use_fixtures 的入参必须是 my_method 这个方法名，跟 fixture 装饰的函数名称保持一致。

通过 usefixtures 装饰器调用 fixture，是把 fixture 作为测试函数入参，可以满足为每一个测试函数配置不同前置、后置方法的需求，但这样会让 fixture 和测试函数耦合在一块，不利于测试函数的重用。为了解决这个问题，pytest 提供了 pytest.mark.usefixtures 装饰器，用法如代码清单 4-39 所示。

代码清单 4-39　通过 usefixtures 装饰器调用 fixture

```
# test_fixture_usage.py
import pytest


@pytest.fixture()
def my_method():
    print('This is iTesting Speaking')


# 函数直接调用 fixture
@pytest.mark.usefixtures('my_method')
def test_use_fixtures():
    print('Please follow iTesting from wechat')


class TestClass1:
    # 类方法调用 fixture
    @pytest.mark.usefixtures('my_method')
    def test_class_method_usage(self):
        print('[classMethod]Please follow iTesting from wechat')

# 类直接调用 fixture
@pytest.mark.usefixtures('my_method')
class TestClass2:
    def test_method_usage_01(self):
        pass

    def test_method_usage_02(self):
        pass
```

由代码清单 4-39 可以看出，usefixtures 可以被函数、类方法以及类调用。

1. fixture 带参数调用

上述使用方式实现了使不同的测试函数调用不同的测试 fixture，fixture 带参数调用方法如代码清单 4-40 所示。

代码清单 4-40　fixture 带参数使用

```
import pytest
```

```
@pytest.fixture(params=['hello', 'iTesting'])
def my_method(request):
    return request.param


def test_use_fixtures_01(my_method):
    print('\n this is the 1st test')
    # 打印fixture提供的参数
print(my_method)


@pytest.mark.usefixtures('my_method')
def test_use_fixtures_02():
    print('\n this is the 2nd test')
```

注意 请观察最后一个函数test_use_fixtures_02。在这个函数下，如果通过添加print(my_mthod)语句的方式打印fixture提供的参数，是会报错的。因为使用usefixtures无法获取fixture的返回值，如需fixture的返回值，则须用类似test_use_fixtures_01的调用方式。

2. 通过autouse参数隐式调用

以上方式虽然实现了fixtures和测试函数的松耦合，但是仍然存在问题：每个测试函数都需要显式声明要调用哪个fixture。基于此，pytest提供了autouse参数，允许我们在不调用fixture装饰器的情况下调用定义的fixture，示例如代码清单4-41所示。

代码清单 4-41　通过autouse参数隐式调用

```
# 假设在tests这个文件下有一个名为test_demo.py的测试文件
import pytest


@pytest.fixture(params=['hello', 'iTesting'], autouse=True, ids=['test1',
    'test2'], name='test')
def my_method(request):
    print(request.param)


def test_use_fixtures_01():
    print('\n this is the 1st test')


def test_use_fixtures_02():
    print('\n this is the 2nd test')
```

通过以下方式执行代码。

```
pytest -v tests/test_demo.py
```

执行成功后，运行结果如代码清单 4-42 所示。

代码清单 4-42　隐式调用 fixture 的结果

```
tests/test_demo.py::test_use_fixtures_01[test1] PASSED    [ 25%]
tests/test_demo.py::test_use_fixtures_01[test2] PASSED    [ 50%]
tests/test_demo.py::test_use_fixtures_02[test1] PASSED    [ 75%]
tests/test_demo.py::test_use_fixtures_02[test2] PASSED    [ 100%]
```

由此可见，当你定义了 fixture 函数，并且 autouse 为 True 时，无须显式地在测试函数中声明要调用 fixture（在本例中，你看不到 my_method 在测试方法中被显式地调用）。定义好的 fixture 将在 pytest.fixtures 指定的范围内，应用于其下的每一个测试函数。

在本例中，scope 参数没有被定义，将使用默认值 function，即每一个测试函数都会执行，因为 params 又提供了两组参数，所以共 4 条测试用例被执行。

请注意测试输出中显示的测试用例名称。针对每一个测试用例，因为笔者指定了 ids 为 'test1''test2'，故测试用例名中也包括了指定的 id。

3. 多 fixture 笛卡尔积调用

可以叠加使用多个 fixture，多 fixture 笛卡尔积调用是把 fixure 的各组参数以笛卡尔积的形式进行组合，如代码清单 4-43 所示，执行后将生成 4 条测试。

代码清单 4-43　多 fixture 笛卡尔积调用

```
import pytest


class TestClass:
    @pytest.fixture(params=['hello', 'iTesting'], autouse=True)
    def my_method1(self, request):
        print('\nthe param are:{}'.format(request.param))
        return request.param

    @pytest.fixture(params=['VIPTEST', 'is good'], autouse=True)
    def my_method2(self, request):
        print('\nthe param are:{}'.format(request.param))
        return request.param

    def test_use_fixtures_01(self):
        pass
```

4. 使用 conftest.py 共享 fixture

通过上面的学习，我们掌握了在同一个文件中进行 fixture 定义、共享和使用的方法。在日常工作中，我们常常需要在全局范围内使用同一个测试前置操作。例如，测试开始时先登录，再连接数据库。

这种情况下，我们就需要使用conftest.py文件了。在conftest.py文件中定义的fixture不需要人为导入，pytest会自动查找并使用。

> 注意 pytest查找fixture的顺序是首先查找测试类，接着查找测试模块，然后查找conftest.py文件，最后查找内置或者第三方插件。

下面介绍如何使用conftest.py文件，假设项目的目录结构如代码清单4-44所示。

代码清单4-44 项目目录结构

```
|--lagouAPITest
    |--tests
        |--test_fixture1.py
        |--test_baidu_fixture_sample.py
        |--conftest.py
        |--__init__.py
```

其中，conftest.py文件内容如代码清单4-45所示。

代码清单4-45 conftest.py文件内容

```
# conftest.py

import pytest
from selenium import webdriver
import requests


@pytest.fixture(scope="session")
# 此方法名可以是登录的业务代码，这里暂命名为login
def login():
    driver = webdriver.Chrome()
    driver.implicitly_wait(30)
    base_url = "http://www.baidu.com/"
    s = requests.Session()
    # 注意关键字yield
    yield driver, s, base_url
    print('turn off browser driver')
    driver.quit()
    print('turn off requests driver')
    s.close()


@pytest.fixture(scope="function", autouse=True)
def connect_db():
    print('connecting db')
    # 此处填写连接数据库的业务逻辑
    pass
```

test_fixture1.py文件内容如代码清单4-46所示。

代码清单 4-46　test_fixture1.py 文件内容

```
# test_fixture1.py

import pytest

class TestClass:
    def test_use_fixtures_01(self, login):
        print('\nI am data:{}'.format(login))
```

test_baidu_fixture_sample.py 文件内容如代码清单 4-47 所示。

代码清单 4-47　test_fixture1.py 文件内容

```
# -*- coding: utf-8 -*-


import time
import pytest


@pytest.mark.baidu
class TestBaidu:

    @pytest.mark.parametrize('search_string, expect_string', [('iTesting',
        'iTesting'), ('helloqa.com', 'iTesting')])
    def test_baidu_search(self, login, search_string, expect_string):
        driver, s, base_url = login
        driver.get(base_url + "/")
        driver.find_element_by_id("kw").send_keys(search_string)
        driver.find_element_by_id("su").click()
        time.sleep(2)
        search_results = driver.find_element_by_xpath('//*[@id="1"]/h3/a').get_
            attribute('innerHTML')
        print(search_results)
        assert (expect_string in search_results) is True


if __name__ == "__main__":
    pytest.main([])
```

在命令行中执行如下代码。

```
# 在项目根目录下执行
pytest -s -q --tb=no  tests
```

执行成功后查看控制面板的输出结果，connecting db 这条语句被打印了 3 次，这是因为在 conftest.py 文件里，笔者把 connect_db 的作用范围设置为 function 和 autouse。而 turn off browser driver、turn off requests driver 这两条语句仅执行了一次，这是因为 login 的作用范围是 session。

> **注意** 在conftest.py文件中，有一个关键字yield。当它用于pytest的fixture时，yield关键字之前的语句属于前置操作，而yield之后的语句属于后置操作，即可以用一个函数实现测试前的初始化和测试后的清理。

5. @pytest.mark.parametrize和pytest.fixture()结合使用

通过上面的讲解我们了解到，在pytest中可以使用@pytest.mark.parametrize装饰器进行数据驱动测试，可以使用pytest.fixture()装饰器测试前置操作、后置操作以及fixture共享。接下来我们看看@pytest.mark.parametrize和pytest.fixture()结合起来，能实现什么效果。

（1）减少重复代码，实现代码全局共享

所有的测试前置及后置功能均可以定义在conftest.py文件中，供整个测试使用，而不必在每个测试类中单独定义，这样做大大减少了重复代码。如果conftest.py文件定义在项目根目录中，就可以应用在全局，如果定义在某一个文件夹中，就可以应用于这个文件夹下的所有测试文件。

（2）可以使测试仅关注测试自身

配合使用conftest.py及pytest.fixture()可实现测试仅围绕自身业务进行编码，在一个测试类中，仅包括测试自身的代码，不必考虑测试前的准备以及测试后的清理工作。

（3）框架迁移更容易

如果是UI自动化测试，可在conftest.py文件中包括WebDriver的所有操作，如果是API测试，可在conftest.py文件中编写所有接口的请求操作。这样当新项目需要应用自动化框架时，仅须更改tests文件夹下的测试用例。

下面通过一个简单的示例介绍@pytest.mark.parametrize和pytest.fixture()结合使用的过程，如代码清单4-48所示。

代码清单4-48 @pytest.mark.parametrize和pytest.fixture()结合使用

```
# test_sample.py

import pytest


@pytest.fixture()
def is_odd(request):
    print('Now the parameter are:--{}\n'.format(request.param))
    if int(request.param) % 2 == 0:
        return False
    else:
        return True
```

```
@pytest.mark.parametrize("is_odd", [1, 0], indirect=True)
def test_is_odd(is_odd):
    if is_odd:
        print("is odd number")
    else:
        print("not odd number")


if __name__ == "__main__":
    pytest.main([])
```

代码清单 4-48 中定义了一个 fixture 方法 is_odd 和一个数据驱动方法 test_is_odd。其中，is_odd 用于判断一个数是否是奇数，test_is_odd 会提供一组数据，并且调用 is_odd 进行判断。请读者自行运行这段代码，根据输出结果加深理解。

数据驱动是自动化测试框架永恒的焦点，如何构造数据、如何消费数据是一个专门的课题，在本书后续章节中，我们将继续学习数据驱动。

4.5　如虎添翼——测试报告集成实践

在软件开发项目中，开发人员的工作成果可以用可工作的软件来衡量，项目经理的工作成果可以用项目是否按期交付来衡量。QA 的工作成果通过什么来衡量；QA 在一个项目中来来回回做了好多轮测试，对项目质量有多大贡献。这时候，测试报告的重要性就不言而喻了。

4.5.1　pytest-html 测试报告集成详解

测试框架 pytest 之所以如此受欢迎，是因为它有着非常好的生态，无论我们需要什么样的功能，pytest 都有相应的插件提供支持。pytest-html 是 pytest 中一个常用的测试报告插件，使用方法也比较简单。

执行如下命令安装插件。

```
pip install pytest-html
```

在命令行执行 pytest 命令时加上 --html 参数即可生成 pytest-html 报告，代码如下所示。

```
# 生成 HTML 格式的报告，名称为 report.html
pytest --html=report.html
```

在 pytest-html 测试报告中，包含各个测试用例的结果以及本次测试所需的必要信息。使用 pytest-html 插件生成的测试报告内容如图 4-1 所示。

report.html

Report generated on 10-Apr-2021 at 00:12:40 by pytest-html v2.1.1

Environment

Packages	{"pluggy": "0.13.1", "py": "1.9.0", "pytest": "6.1.0"}
Platform	Windows-10-10.0.19041-SP0
Plugins	{"allure-pytest": "2.8.18", "flaky": "3.7.0", "forked": "1.3.0", "html": "2.1.1", "metadata": "1.10.0", "parallel": "0.1.0", "rerunfailures": "9.1.1", "xdist": "2.1.0"}
Python	3.8.5

Summary

10 tests ran in 21.39 seconds.

(Un)check the boxes to filter the results.

10 passed, 0 skipped, 0 failed, 0 errors, 0 expected failures, 0 unexpected passes, 0 rerun

Results

Show all details / Hide all details

Result	Test	Duration	Links
Passed (show details)	tests/test_baidu.py::Baidu::test_baidu_search	9.83	
Passed (show details)	tests/test_demo.py::test_use_fixtures_01[test1]	0.00	
Passed (show details)	tests/test_demo.py::test_use_fixtures_01[test2]	0.00	
Passed (show details)	tests/test_demo.py::test_use_fixtures_02[test1]	0.00	
Passed (show details)	tests/test_demo.py::test_use_fixtures_02[test2]	0.00	
Passed (show details)	tests/test_lagou.py::TestLaGou::test_visit_lagou	0.56	
Passed (show details)	tests/test_lagou.py::TestLaGou::test_get_new_message	0.16	
Passed (show details)	tests/test_baidu/test_baidu_01.py::Baidu::test_baidu_search	9.85	
Passed (show details)	tests/test_iTesting/test_itesting_01.py::TestLaGou::test_visit_lagou	0.47	
Passed (show details)	tests/test_iTesting/test_itesting_01.py::TestLaGou::test_get_new_message	0.15	

图 4-1　pytest-html 测试报告

4.5.2　Allure 测试报告集成详解

Allure 是目前最全面且支持的测试框架最多的测试报告系统。Allure 是开源的测试报告框架，旨在创建让团队每一个人都清楚明了的测试报告。下面详细讲解在 pytest 测试框架中如何创建 Allure 格式的测试报告。

1. Allure 测试报告原理解析

Allure 测试报告非常美观，它提供了各种维度的测试分析，Allure 测试报告的总览页面如图 4-2 所示。

Allure 测试报告之所以受到开发、测试，甚至管理人员的推崇，是因为它有如下明显的特点。

1）从开发 / 质量保证的角度看，Allure 报告可以缩短常见缺陷的生命周期。Allure 测试报告可以将测试失败分为 Bug 和损坏的（Broken）测试，还可以配置日志、步骤、固定装置、附件、时间、历史记录，并与 Bug 跟踪系统、测试用例管理系统集成，方便将 Task 与负责 Task 的开发人员和测试人员绑定，从而使开发人员和测试人员第一时间掌握所有信息。

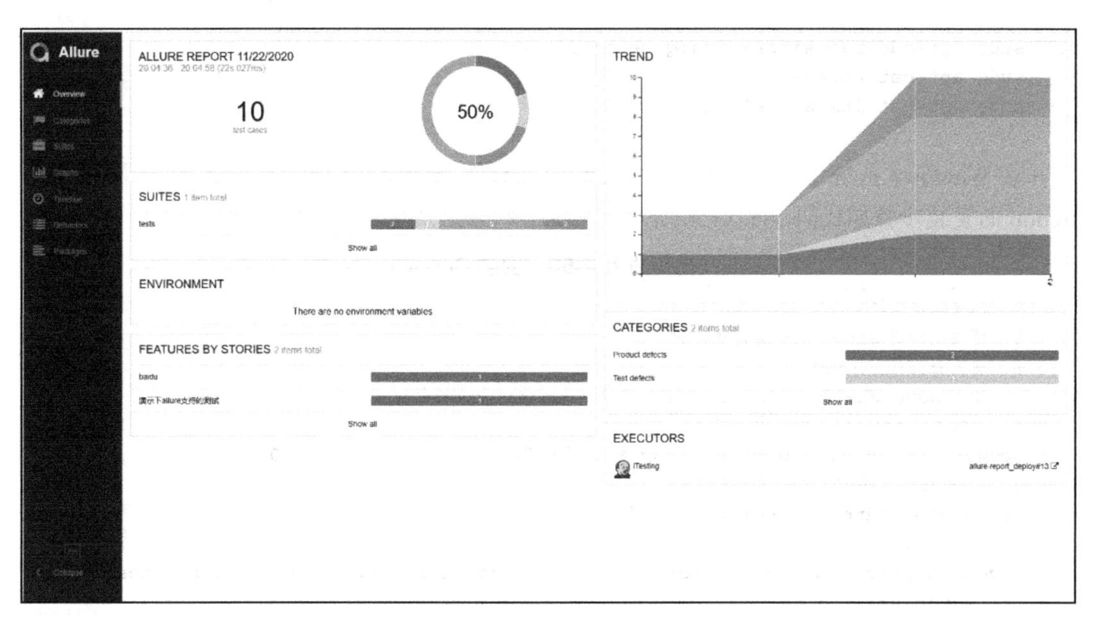

图 4-2 Allure 测试报告

2）从管理者的角度看，Allure 测试报告提供了一个清晰的全局视野。Allure 测试报告的内容包括本次测试涵盖了哪些功能；Bug 在哪个测试用例中被发现以及整体测试用例、单条测试用例的执行时间等信息。

要生成 Allure 格式的测试报告，有必要了解一下 Allure 测试报告的生成原理：Allure 报告是基于标准的 xUnit 结果输出，再添加补充数据生成的。生成 Allure 测试报告的步骤如下。

1）在测试执行期间，一个名为 Adapter 的小型 library 被连接到测试框架中，并将所有测试执行的信息保存到 XML 文件中。对于大多数编程语言下的流行测试框架（例如 Python 语言中的 pytest、Java 中的 jUnit 等），Allure 都默认为其提供了 Adapter。

2）获取 XML 文件后，Allure 会将这些 XML 文件转换为 HTML 报告。这一步可以通过持续集成系统的 Allure 插件或者命令行方式实现。

2. Allure 测试报告开发与配置

在不同操作系统下安装 Allure 的方式各有不同。下面介绍如何安装、配置 Allure 测试报告。

首先安装 Allure 插件，如代码清单 4-49 所示。

代码清单 4-49 安装 Allure 测试报告插件

```
# Mac 操作系统
brew install allure

# Linux 操作系统
```

```
sudo apt-add-repository ppa:qameta/allure
sudo apt-get update
sudo apt-get install allure
```

在Windows系统下安装Allure测试报告插件的步骤略复杂，首先需要安装Scoop。Scoop的安装步骤如代码清单4-50所示。

代码清单4-50 安装Scoop

```
# 以Win10为例
1. 使用快捷键Win+R调出运行提示框
2. 输入cmd进入命令行
3. 输入powershell进入powershell模式（此时你的命令提示应该以PS开始）
4. 确保PowerShell版本大于5.0，命令如下
$psversiontable.psversion.major # 运行后出现的值应该大于或等于5.0
5. 允许PowerShell执行本地脚本
set-executionpolicy remotesigned -scope currentuser
6. 安装Scoop
Invoke-Expression (New-Object System.Net.WebClient).DownloadString('https://get.
    scoop.sh')
```

Scoop安装成功后，你将会看到如图4-3所示的内容。

```
尝试新的跨平台 PowerShell https://aka.ms/pscore6

PS C:\Users\Admin> $psversiontable.psversion.major
5
PS C:\Users\Admin> set-executionpolicy remotesigned -scope currentuser
PS C:\Users\Admin> Invoke-Expression (New-Object System.Net.WebClient).DownloadString('https://get.scoop.sh')
Initializing...
Downloading scoop...
Extracting...
Creating shim...
Downloading main bucket...
Extracting...
Adding ~\scoop\shims to your path.
'lastupdate' has been set to
Scoop was installed successfully!
```

图4-3 Scoop安装成功

安装完Scoop后，不要关闭PowerShell，直接输入如下命令安装Allure。

```
PS C:\Users\Admin>scoop install allure
```

如果之前安装过Allure，也可以通过如下方式更新版本。

```
# 更新Allure测试报告
PS C:\Users\Admin>scoop update allure
```

如果想查看当前安装的Allure测试报告的版本，可以使用如下命令。

```
# 查看Allure测试报告版本
PS C:\Users\Admin>allure --version
```

在测试框架pytest中使用Allure测试报告，需要在测试执行时就指定。如果在命令行

中直接执行 pytest 测试，其命令如下。

```
# 如下命令直接执行 demoTest 项目下的所有测试用例，并将测试报告文件夹 allure_reports 放在项目
    根目录下（假设项目根目录为 D:\_Automation\demoTest）
D:\_Automation\demoTest>pytest --alluredir=./allure_reports
```

如果在程序中执行 pytest 测试（通常放在 main.py 文件里），使用方法如下。

```
# 执行所有标记为 smoke 的测试用例，并将测试报告文件夹设置为 allure_reports
pytest.main(["-m", "smoke",
             "--alluredir=./allure_reports"])
```

无论通过哪种方式，测试用例执行完成后，都可以通过代码清单 4-51 所示的方式打开生成的 Allure 测试报告。

代码清单 4-51　打开 Allure 测试报告

```
# 以 Win10 为例
1. 使用快捷键 Win+R 调出运行提示框
2. 输入 cmd 进入命令行
3. 切换目录到项目根目录，本例为 D:\_Automation\demoTest>
4. 输入如下命令生成 allure 报告
allure serve allure_reports⊖
```

3. Allure 测试报告实战

Allure 测试报告有很多独有的功能，可用来自定义测试报告，为了清晰地讲解 Allure 测试报告各个模块的功能使用方法，且尽量少地引入其他代码，我们重新建立一个项目。

假设我们的项目目录结构如代码清单 4-52 所示。

代码清单 4-52　Allure 测试项目

```
|--allureDemo
   |--tests
      |--test_baidu.py
      |--test_basic_report.py
      |--__init__.py
   |--conftest.py
```

我们先来看看 conftest.py 文件的内容，如代码清单 4-53 所示。

代码清单 4-53　conftest.py 文件内容

```
import allure
import pytest


def pytest_addoption(parser):
```

⊖ allure_reports 文件夹就是我们定义的 Allure 测试报告文件夹所在的位置，该命令执行后，Allure 测试报告会自动打开。

```
    parser.addoption(
        "--flag", action="store_true", default=False, help="set skip or not")
    parser.addoption(
        "--browser", action="store", default="Firefox", help="set browser")


@pytest.fixture(scope='session')
def get_flag(request):
    return request.config.getoption('--flag')


@pytest.fixture(scope='session')
def get_browser(request):
    return request.config.getoption('--browser')


@pytest.hookimpl(tryfirst=True, hookwrapper=True)
def pytest_runtest_makereport(item, call):
    """
        本钩子函数用于制作测试报告
        :param item:测试用例对象
        :param call:测试用例的测试步骤
                执行完常规钩子函数返回的report报告中有一个属性report.when
                when='setup' 代表返回setup的执行结果
                when='call' 代表返回call的执行结果
        :return:
    """
    outcome = yield
    rep = outcome.get_result()
    if (rep.when == "call" or rep.when == 'setup') and (rep.failed or rep.
        skipped):
        try:
            if "initial_browser" in item.fixturenames:
                web_driver = item.funcargs['initial_browser']
            else:
                # 如果找不到driver，则直接返回
                return
            allure.attach(web_driver.get_screenshot_as_png(), name="wrong
                picture",
                          attachment_type=allure.attachment_type.PNG)
        except Exception as e:
            print("failed to take screenshot".format(e))
```

在上述代码中，我们分别定义了两个命令行参数flag和browser。

1）flag：当用户不传递flag参数时，值为False；当用户传递flag时，值为True。

2）browser：代表要启用的浏览器，默认是Firefox浏览器。

get_flag和get_browser分别用于获取flag和browser的值。

被装饰器@pytest.hookimpl(tryfirst=True, hookwrapper=True)装饰的函数pytest_runtest_ makereport 是 pytest 提供的钩子函数，具有以下两个作用。

1）获取测试用例不同执行阶段的结果（setup、call、teardown）。

2）获取钩子函数的调用结果（yield 返回一个结果对象）和调用结果的测试报告（返回一个 report 对象，即 _pytest.runner.TestReport）。

在本例中，我们通过 pytest_runtest_makereport 方法实现了当测试失败或者测试被忽略执行时，根据 WebDrive 提供的 get_screenshot_as_png() 方法自动截图。

我们接下来看 test_baidu.py 文件的内容，如代码清单 4-54 所示。

代码清单 4-54 test_baidu.py 文件内容

```
# -*- coding: utf-8 -*-

import time
import allure
import pytest

from selenium import webdriver


@allure.epic('baidu')
@allure.description('测试百度的搜索功能')
@allure.severity('BLOCKER')
@allure.feature("百度搜索")
@allure.testcase("http://www.baidu.com")
@pytest.mark.baidu
class TestBaidu:
    @pytest.fixture
    def initial_browser(self, get_browser):
        if get_browser:
            if get_browser.lower() == "Chrome":
                self.driver = webdriver.Chrome()
            elif get_browser.lower() == "firefox":
                self.driver = webdriver.Firefox()
            else:
                self.driver = webdriver.Chrome()
        else:
            self.driver = webdriver.Chrome()
            self.driver.implicitly_wait(30)
        self.base_url = "http://www.baidu.com/"
        yield self.driver
        self.driver.quit()

    @allure.title("测试百度搜索成功")
    @pytest.mark.parametrize('search_string, expect_string', [('iTesting',
        'iTesting'), ('helloqa.com', 'iTesting')])
    def test_baidu_search(self, initial_browser, search_string, expect_string):
        driver = initial_browser
        driver.get(self.base_url + "/")
```

```
        driver.find_element_by_id("kw").send_keys(search_string)
        driver.find_element_by_id("su").click()
        time.sleep(2)
        search_results = driver.find_element_by_xpath('//*[@id="1"]/h3/a').get_
            attribute('innerHTML')
        print(search_results)
        assert (expect_string in search_results) is True

    @allure.title("测试百度搜索失败")
    @pytest.mark.parametrize('search_string, expect_string', [('iTesting',
        'isGood')])
    def test_baidu_search_fail(self, initial_browser, search_string, expect_
        string):
        driver = initial_browser
        driver.get(self.base_url + "/")
        driver.find_element_by_id("kw").send_keys(search_string)
        driver.find_element_by_id("su").click()
        time.sleep(2)
        search_results = driver.find_element_by_xpath('//*[@id="1"]/h3/a').get_
            attribute('innerHTML')
        assert (expect_string in search_results) is True


if __name__ == "__main__":
    pytest.main(["-m", "baidu", "-s", "-v", "-k", "test_baidu_search", "test_
        baidu_fixture_sample.py"])
```

在这个文件中，我们创建了一个测试类TestBaidu和两个测试方法test_baidu_search()、test_baidu_search_fail()[⊖]。

最后，我们来看test_basic_report.py文件的内容，如代码清单4-55所示。

代码清单4-55 test_basic_report.py文件内容

```
import allure
import pytest
from flaky import flaky


@allure.epic("演示allure支持的测试")
@allure.description('测试模块1用来对模块1进行测试')
@allure.feature("测试模块1")
@allure.story("测试模块1_story1")
@allure.testcase("http://www.baidu.com")
@pytest.mark.basic
class TestBasic:

    @allure.step("测试步骤1 -- 判断登录成功")
```

⊖ test_baidu_search()和test_baidu_search_fail()方法有很多关于Allure的装饰器，例如@allure.epic、@allure.feature等，代码清单4-55、表4-1会介绍它们代表的含义及作用。

```
    @allure.severity('BLOCKER')
    def test_login(self):
        """ 模拟成功的测试用例 """
        assert 1 == 1

    @flaky
    @allure.step(" 测试步骤 2 -- 查询余额 ")
    @allure.severity("normal")
    def test_savings(self):
        """ 模拟失败的测试用例 """
        assert 1 == 0

    @allure.step(" 测试步骤 2.1 -- 查询余额 ")
    @allure.severity("normal")
    def test_savings1(self):
        """ 模拟失败的测试用例 """
        assert 1 == 0

    @allure.description(" 调试用，不执行 ")
    def test_deposit_temp(self):
        """ 模拟跳过的测试用例 """
        pytest.skip(' 调试用例，skip')

    @allure.issue("http://itesting.club", " 此处之前有 Bug，Bug 号如上 ")
    @allure.step(" 测试步骤 3 -- 取现 ")
    def test_deposit(self):
        raise Exception('oops')

    @pytest.mark.xfail(ccondition=lambda: True, reason='this test is expecting
        failure')
    def test_xfail_expected_failure(self):
        """ 被期望的失败 """
        assert False

    @pytest.mark.xfail(condition=lambda: True, reason='this test is expecting
        failure')
    def test_xfail_unexpected_pass(self):
        """ 期望失败，却执行成功，会被标记为不期望的成功 """
        assert True

    @allure.step(" 测试步骤 4 -- teardown")
    def test_skip_by_triggered_condition(self, get_flag):
        if get_flag == True:
            pytest.skip("flag 是 true 时，跳过此条测试用例 ")
```

在这个文件中，为了模拟所有的测试运行情况，我们人为定义了一些 pass、fail、skip、xfail 状态。

在运行整个测试之前，我们先了解一下 Allure 测试报告各个装饰器的作用，如表 4-1 所示。

表 4-1 Allure 测试报告各个装饰器的作用

使用方法	参数值	参数说明
@allure.epic()	Epic 描述	BDD 风格标记。有 Epic、Feature 以及 Story 三个层级的装饰器，Epic 是用户故事逻辑上的集合
@allure.feature	模块名称	BDD 风格标记。比 Epic 低一级，代表模块名称
@allure.story	用户故事	风格标记。比 Feature 低一级，代表用户故事（User Story）
@allure.title	用例标题	测试用例的标题
@allure.testcase()	测试用例的地址	可以直接给 Jira 地址，用于把测试代码和测试用例连接起来
@allure.issue()	缺陷	对应缺陷管理系统中的链接
@allure.description()	用例描述	测试用例的描述
@allure.step()	操作步骤	测试用例的操作步骤
@allure.severity()	用例等级	可选值有 blocker、critical、normal、minor 以及 trivial
@allure.link()	链接	定义一个链接，在测试报告中展现
@allure.attachment()	附件	为测试报告添加附件

关于每个装饰器的具体用法，可以直接参考代码清单 4-55 的示例。

现在我们了解了 Allure 各个装饰器的作用及用法，下面介绍如何定制 Allure 测试报告。先为 Allure 测试报告添加环境变量，如代码清单 4-56 所示。

代码清单 4-56 为 Allure 测试报告添加环境

```
# 在项目根目录下执行
# 本例中，根目录是 D:\_Automation\allureDemo>

D:\_Automation\allureDemo>pytest -m baidu -s  -v --alluredir=./allure_results
```

执行如下命令打开测试报告。

```
allure serve ./allure_results
```

默认情况下，Allure 生成的测试报告是不带环境变量信息的，下面介绍让测试报告带上环境变量信息的方法。

首先，执行测试用例后，创建文件 environment.properties，文件内容如代码清单 4-57 所示。

代码清单 4-57 environment.properties 文件内容

```
Browser=Chrome
Browser.Version=86.0.4240
Environment=QA
```

注意 environment.properties 文件中的内容为 key=value 的格式。这个文件可以通过编写相关函数动态获取每次执行时的真实值，然后写入 environment.properties 文件。这里为了方便，直接采用硬编码的方式赋值。

然后把文件 environment.properties 复制到在执行测试用例时设置的 Allure 报告目录下。在本例中为 allure_results 目录。

再次生成测试报告，命令如下。

```
allure serve ./allure_results
```

生成测试报告后，将在测试报告中看到有关环境变量的信息。接下来，为 Allure 测试报告增加错误类型。在默认情况下，Allure 测试报告中仅会列出以下两种类别的类目（Categories）中。

1）Product Defects（failed tests）：表示真正的测试执行失败，如果 Categories 里出现这个错误，通常表明测试用例最后的输出跟期望不符，有 Bug 出现。

2）Test Defects（broken tests）：表示测试用例本身有问题导致的错误，如果类目里出现这个错误，通常表明测试用例在执行过程中出错了，需要我们进一步调查原因。

如果仔细观察 test_basic_report.py 文件的代码，可以看到很多测试用例是要直接忽略执行或者需要根据用户的传参来忽略执行的，这些测试用例没有被反映到测试报告里的类目中。

我们继续看如何自定义类目。

首先，创建名称为 categories.json 的文件，文件内容如代码清单 4-58 所示。

代码清单 4-58　categories.json 文件内容

```
[
    {
        "name": "Ignored tests",
        "matchedStatuses": ["skipped"]
    },
    {
        "name": "Infrastructure problems",
        "matchedStatuses": ["broken", "failed"],
        "messageRegex": ".*bye-bye.*"
    },
    {
        "name": "Outdated tests",
        "matchedStatuses": ["broken"],
        "traceRegex": ".*FileNotFoundException.*"
    },
    {
        "name": "Product defects",
        "matchedStatuses": ["failed"]
    },
    {
        "name": "Test defects",
        "matchedStatuses": ["broken"]
    }
]
```

然后把 categories.json 文件复制到在执行测试用例时设置的 Allure 测试报告目录下，在本例中为 allure_results 目录。

再次生成测试报告，命令如下。

```
allure serve ./allure_results
```

生成测试报告后，会发现在测试报告的类目里出现了我们刚刚配置的值 Ignored tests。

接下来显示历次运行信息，同样地，默认生成的 Allure 测试报告不包括历次运行趋势，添加该功能的步骤如下。

执行完测试后，不要执行 allure serve 命令，而是执行 allure generate 命令。

```
allure generate ./allure_results
```

这个操作会生成一个新的文件夹，名为 allure-report。复制 allure-report 文件夹下的 history 文件夹及其子文件夹到 allure_results 目录中。再次生成测试报告，命令如下。

```
allure serve ./allure_results
```

生成测试报告后，会发现在测试报告里出现了历次运行信息，如图 4-4 所示。

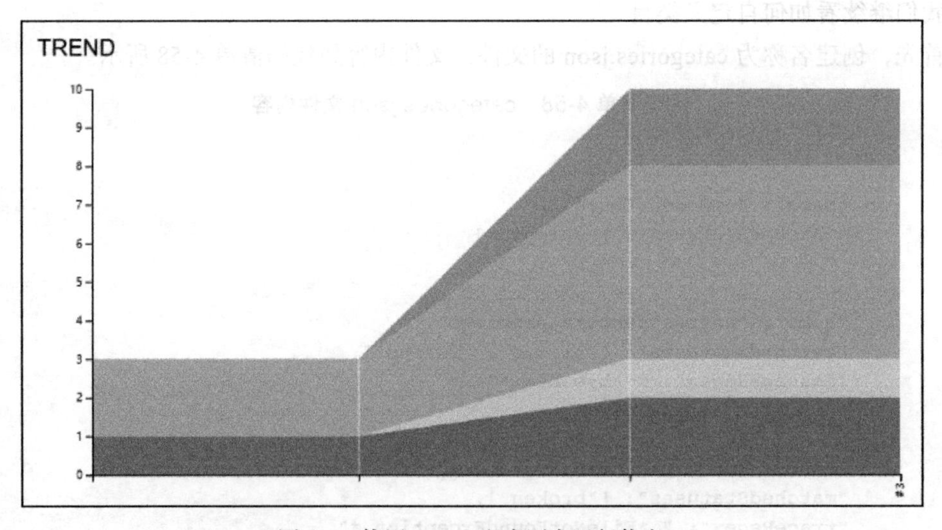

图 4-4　使用 Allure 生成历次运行信息

下面为 Allure 测试报告添加执行人。同样地，默认的 Allure 测试报告不显示测试报告执行人（Executor），这是因为 Executor 通常是由 Builder 自动生成的，比如通过 Jenkins plugin Allure Jenkins Plugin 生成[⊖]。

当然，也可以手动生成 Executor，方法如下。

首先创建 executor.json 文件，文件内容如代码清单 4-59 所示。

⊖ 关于如何使用 Allure Jenkins Plugin 配置 Allure，请读者自行了解。

代码清单 4-59 executor.json 文件内容

```
{
    "name": "iTesting",
    "type": "jenkins",
    "url": "http://helloqa.com",
    "buildOrder": 3,
    "buildName": "allure-report_deploy#1",
    "buildUrl": "http://helloqa.com#1",
    "reportUrl": "http://helloqa.com#1/AllureReport",
    "reportName": "iTesting Allure Report"
}
```

然后复制 executor.json 文件到 allure_results 目录。重新生成测试报告，命令如下。

```
allure serve ./allure_results
```

重新生成测试报告后，可以看到 Executor 的信息，如图 4-5 所示。

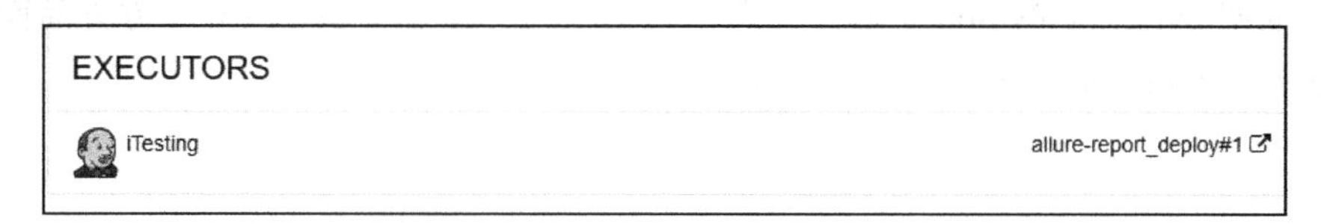

图 4-5 添加 Executor 信息成功

在测试时，特别是 UI 自动化测试出现错误时，我们可以通过截图的方式，清楚地了解系统当时的状态。使用 Allure 测试报告自动实现错误截图，可以使用 conftest.py 这个文件下的 pytest_runtest_makereport 函数，如代码清单 4-60 所示。

代码清单 4-60 使用 Allure 测试报告自动截图

```
def pytest_runtest_makereport(item, call):
    """
        本钩子函数用于制作测试报告
        :param item: 测试用例对象
        :param call: 测试用例的测试步骤
                 执行完常规钩子函数返回的 report 报告中有一个属性 report.when
                 when='setup' 代表返回 setup 的执行结果
                 when='call' 代表返回 call 的执行结果
        :return:
    """
    outcome = yield
    rep = outcome.get_result()
    if (rep.when == "call" or rep.when == 'setup') and (rep.failed or rep.
        skipped):
        try:
            if "initial_browser" in item.fixturenames:
                web_driver = item.funcargs['initial_browser']
            else:
                # 如果找不到 driver，则直接返回
```

```
            return
        allure.attach(web_driver.get_screenshot_as_png(), name="wrong
            picture",
                    attachment_type=allure.attachment_type.PNG)
    except Exception as e:
        print("failed to take screenshot".format(e))
```

以上代码用于实现错误自动截图。现在，只需正常运行pytest测试并生成Allure测试报告，如果有运行错误，就可以在Allure测试报告中看到自动截取的图像。

4.6 本章小结

本章详细介绍了测试框架pytest的核心用法，并且根据项目实践，重点讲解了如何使用pytest进行测试用例查找、挑选测试用例、实现数据驱动以及生成测试报告。

测试框架pytest是Python中非常经典的测试框架，深入了解pytest的方方面面有助于我们理解和借鉴成熟的测试框架实现原理。

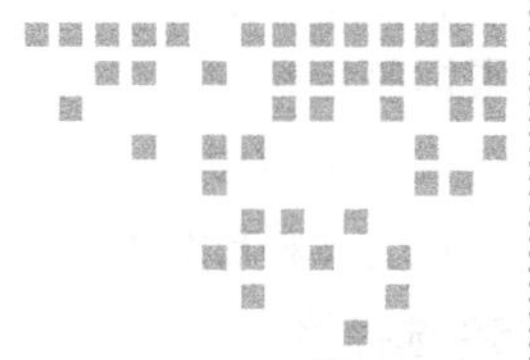

第5章 Chapter 5

自动化测试框架最佳实践

最近几年在面试中，笔者发现这样一个现象，很多技术栈是 Python 的应聘者简历上都会写精通 unittest/pytest 自动化测试框架。如果问他们 unittest/pytest 的原理、查找测试用例的原则等不需要实践就能回答的问题，大部分人都能说出一二来。一旦深入问为什么某些实践是最佳实践，这些实践背后的思考是什么，就会发现很多人对 unittest/pytest 的掌握程度其实非常浅显，只是流于表面。

为什么会出现这个现象？通过数百次面试，笔者验证了一个真理："唯有实践出真知。"如果没有参与真实的项目应用，再聪明的人也难以理解为什么要有这些最佳实践。

本章将从项目实战的角度出发，深入剖析自动化测试框架中常用的最佳实践。

5.1 元素定位策略实践

对于 UI 自动化测试来说，元素对象是自动化测试框架的基石。没有元素、无法正确识别元素，自动化测试就无从谈起。本节将从测试框架实战的角度，介绍不同元素定位策略对自动化测试的影响。

5.1.1 多种元素定位模型

对于 UI 自动化测试来说，时至今日，Selenium/WebDriver 仍然在自动化测试中占据重要地位。针对元素定位，常规定位策略有如下 8 种方式。

1）根据元素 ID 定位。

2）根据元素的类名定位。

3）根据元素名称定位。

4）根据元素标签定位。

5）根据超链接文本定位。

6）根据超链接文本模糊定位。

7）根据CSS选择器定位。

8）根据XPath定位。

登录注册的HTML页面如代码清单5-1所示。

代码清单5-1 HTML代码

```
<html>
 <body>
  <form id="loginForm">
   <input name="username" type="text" />
   <input name="password" type="password" />
   <input name="submit" type="submit" value="Login" />
   <h3>还没有账户？ </h3>
   <p class="register"> <a href="register.html">点击注册</a></p>
  </form>
 </body>
</html>
```

如果要定位页面上的元素，则8种定位方式的代码如代码清单5-2所示。

代码清单5-2 Selenium/WebDriver的8种定位方式

```
# 根据元素ID定位
login = driver.find_element_by_id('login')

# 根据元素的类名定位
register = driver.find_element_by_class_name('register')

# 根据元素名称定位
username = driver.find_element_by_name('username')

# 根据元素标签定位
not_register = driver.find_element_by_tag_name('h3')

# 根据超链接文本定位
register = driver.find_element_by_link_text('register')

# 根据超链接文本模糊定位
register = driver.find_element_by_partial_link_text('regi')

# 根据CSS选择器定位
register = driver.find_element_by_class_name('p.register')

# 根据XPath定位
register = driver.find_element_by_name('//*[@id="loginForm"]/p[2]/a')
```

在实际工作中，元素的 HTML 标签往往不如本例这样齐全，给 HTML 页面的每一个元素加上唯一的定位标签也不太现实（没有性价比），尤其是当项目使用第三方组件库时，元素定位往往只能依赖 CSS 定位或者 XPath 定位两种方式。

XPath 定位是一种根据元素在 DOM 层次结构中查找元素的方法，这就是我们常说的根据元素的路径来定位。它的优点是找出来的元素定位是唯一的，缺点是如果页面布局发生变化，XPath 就会失效。在使用 XPath 进行定位时，注意尽量采用路径较短的 XPath，这是因为当页面变化时，路径越短，相对来说，受到的影响越小。

CSS 定位是采用 CSS 语言中的 CSS 选择器进行定位的一种方式。虽然 CSS 定位元素的速度要比 XPath 快，但它也有缺点，当前很多组件库，在每次打包发版后，其页面元素 CSS 样式会发生变化，这会导致 CSS 定位失效。

运行速度一直是自动化测试的痛点，从这个角度出发，在采用常规定位策略的情形下，如果打包发版后 CSS 样式不变，建议直接采用 CSS 来定位，最好不要用 XPath 定位。

无论是采用哪种定位方式，在进行元素定位的实践时你会发现，花费大量时间编写和优化的 CSS 定位或 XPath 定位，不具备任何可读性。这就造成了一个特别尴尬的现象，在进行错误排查调试时，需要通过 CSS 定位或 XPath 定位本身去反推当前的测试代码在操作哪个元素，这种情况在多人合作的大型项目中尤为常见。

那么，如何兼顾元素定位的速度和代码的可读性呢？解决这个问题的方法就是采用一些元素定位的模型。

1）文件内隔离：文件内隔离是指将页面元素本身的定位器从元素操作中抽离出来。抽离后元素定位本身和元素的操作仍在同一个文件内。

2）外部文件源：外部元素源是指将元素定位本身抽离到专门的外部文件中存放。例如把所有的元素定位都放到 Excel 文件或者 YAML 文件中，然后在测试代码中通过读取文件的方式来获取元素，从而增加代码可读性。

5.1.2　元素定位实践

本节通过实践项目演示元素定位模型在实际工作中的应用。假设当前我们的项目名称为 DemoProject，它的文件结构如代码清单 5-3 所示。

代码清单 5-3　DemoProject 文件结构

```
|--DemoProject
    |--tests
        |--test_baidu.py
    |--pytest.ini
```

其中，pytest.ini 文件如代码清单 5-4 所示。

代码清单 5-4　pytest.ini 文件代码

```
[pytest]
```

```
filterwarnings =
    ignore::UserWarning
```

以上代码可以避免在运行测试的过程中出现“PytestUnknownMarkWarning”的错误提示。

test_baidu.py 文件的内容如代码清单 5-5 所示。

代码清单 5-5　test_baidu.py 文件内容

```
# test_baidu.py

import time
import pytest

from selenium import webdriver


@pytest.mark.baidu
class TestBaidu:
    def setup_method(self):
        self.driver = webdriver.Chrome()
        self.driver.implicitly_wait(30)
        self.base_url = "http://www.baidu.com/"

    @pytest.mark.parametrize('search_string, expect_string', [('iTesting',
        'iTesting'), ('helloqa.com', 'iTesting')])
    def test_baidu_search(self, search_string, expect_string):
        driver = self.driver
        driver.get(self.base_url + "/")
        driver.find_element_by_id("kw").send_keys(search_string)
        driver.find_element_by_id("su").click()
        time.sleep(2)
        search_results = driver.find_element_by_xpath('//*[@id="1"]/h3/a').get_
            attribute('innerHTML')
        assert (expect_string in search_results) is True

    def teardown_method(self):
        self.driver.quit()


if __name__ == "__main__":
    pytest.main(["-m", "baidu", "-s", "-v", "-k", "test_baidu_search", "test_
        baidu.py"])
```

可以看到，这个项目没有采用任何元素定位模型，在元素定位时，元素本身的定位器分散在代码文件的不同位置，当元素定位发生改变时，需要在代码文件中逐个查找元素进行更改，非常不方便。

注意　在上述代码中，元素定位器“//*[@id="1"]/h3/a”究竟代表哪个元素？恐怕对本页面不熟悉的读者很难通过阅读代码知晓，这也是没有采用元素定位模型的项目常会遇到的问题。

下面，我们使用文件内隔离的定位模型改造 test_baidu.py 文件，如代码清单 5-6 所示。

代码清单 5-6　采用文件内隔离来重构代码

```
# test_baidu.py

import time
import pytest

from selenium import webdriver


@pytest.mark.baidu
class TestBaidu:
    KEY_WORLD_LOCATOR = "kw"
    SEARCH_BUTTON_LOCATOR = "su"
    FIRST_RESULT_LOCATOR = '//*[@id="1"]/h3/a'

    BASE_URL = "http://www.baidu.com/"

    def setup_method(self):
        self.driver = webdriver.Chrome()
        self.driver.implicitly_wait(30)
        self.base_url = self.BASE_URL

    @pytest.mark.parametrize('search_string, expect_string', [('iTesting',
        'iTesting'), ('helloqa.com', 'iTesting')])
    def test_baidu_search(self, search_string, expect_string):
        driver = self.driver
        driver.get(self.base_url)

        driver.find_element_by_id(self.KEY_WORLD_LOCATOR).send_keys(search_
            string)
        driver.find_element_by_id(self.SEARCH_BUTTON_LOCATOR).click()
        time.sleep(2)
        search_results = driver.find_element_by_xpath(self.FIRST_RESULT_
            LOCATOR).get_attribute('innerHTML')
        assert (expect_string in search_results) is True

    def teardown_method(self):
        self.driver.quit()


if __name__ == "__main__":
    pytest.main(["-m", "baidu", "-s", "-v", "-k", "test_baidu_search"])
```

和没有使用任何元素定位模型时相比，文件内隔离实现了页面元素本身的聚合，在同一个代码文件内，页面元素的定位都以类常量的方式存在。采用这个方式，当元素定位改变时，仅需要在页面元素定位处更改所有的元素定位。

随着测试代码的增加，代码文件也会相应增加，如果发布后所有页面样式都发生了改变，而我们又不幸地使用了CSS定位器，那么就只能逐一查找每个代码文件并修改元素定位。再加上如今应用一般都支持多语言，而同一个元素在不同语言下，其定位或许也有所不同，这样，将同样的代码应用在多语言环境就非常不方便了，这就有必要使用外部文件源这个模型。

至于外部文件采用哪种格式，其选择多种多样了，常见的有CSV格式、JSON格式以及YAML格式。下面以YAML格式的外部文件源为例，展示更新后的代码结构，如代码清单5-7所示。

代码清单5-7　更改后的DemoProject文件结构

```
├── DemoProject
|   └── configs
|   |   ├── yamls
|   |   |   ├── en
|   |   |   |   └── baidu.yaml
|   |   |   └── __init__.py
|   |   └── __init__.py
|   └── tests
|   |   ├── test_baidu.py
|   |   └── __init__.py
|   └── utilities
|   |   ├── __init__.py
|   |   └── yaml_helper.py
|   └── pytest.ini
```

其中，baidu.yaml文件如代码清单5-8所示。

代码清单5-8　baidu.yaml文件内容

```
KEY_WORLD_LOCATOR: kw
SEARCH_BUTTON_LOCATOR: su
FIRST_RESULT_LOCATOR: //*[@id="1"]/h3/a
```

在test_baidu.py文件里，笔者把元素的定位属性按照YAML支持的格式定义。test_baidu.py文件内容如代码清单5-9所示。

代码清单5-9　test_baidu.py文件内容

```
# test_baidu.py

import time
import pytest
from selenium import webdriver
```

```
# 引入 YamlHelper 变量
from utilities.yaml_helper import YamlHelper


@pytest.mark.baidu
class TestBaidu():

    BASE_URL = "http://www.baidu.com/"

    # 给出测试类所有元素对应的 YAML 文件路径
    element_locator_yaml = 'configs/yamls/en/baidu.yaml'

    def setup_method(self):
        self.driver = webdriver.Chrome()
        self.driver.implicitly_wait(30)
        self.base_url = self.BASE_URL
        # 解析 YAML 文件，取出所有元素地址并赋值给 self.element
        self.element = YamlHelper.read_yaml(self.element_locator_yaml)

    @pytest.mark.parametrize('search_string, expect_string', [('iTesting',
        'iTesting'), ('helloqa.com', 'iTesting')])
    def test_baidu_search(self, search_string, expect_string):
        driver = self.driver
        driver.get(self.base_url)
    # 注意此处，self.element["KEY_WORLD_LOCATOR"] 即元素定位
    driver.find_element_by_id(self.element["KEY_WORLD_LOCATOR"]).send_keys(search_string)
        driver.find_element_by_id(self.element["SEARCH_BUTTON_LOCATOR"]).click()
        time.sleep(2)
        search_results = driver.find_element_by_xpath(self.element["FIRST_
            RESULT_LOCATOR"]).get_attribute('innerHTML')
        assert (expect_string in search_results) is True

    def teardown_method(self):
        self.driver.quit()


if __name__ == "__main__":
    pytest.main(["-m", "baidu", "-s", "-v"])
```

代码清单 5-9 中引入了外部文件源来存储所有的元素定位，请读者仔细看代码中的注释。

yaml_helper.py 文件内容如代码清单 5-10 所示。

代码清单 5-10　yaml_helper.py 文件内容

```
import yaml


class YamlHelper:
```

```
    @staticmethod
    def read_yaml(yaml_file_path):
        with open(yaml_file_path, 'r') as stream:
            try:
                return yaml.safe_load(stream)
            except yaml.YAMLError as exc:
                print(exc)
```

上述代码中定义了YAML文件的读方法read_yaml，并通过此方法从指定文件中读取元素定位。

至此，元素定位的两种策略就介绍完毕了。在实际工作中，元素定位策略常常跟PageObject模型共同使用，来提升代码的可重用性。

5.2 PageObject模型实践

PageObject模型是自动化测试，特别是UI自动化测试中的一个常用实践，它具备以下特征。

1）将每个页面（或待测试对象）封装成一个类。类中包括这个页面（或这个待测试对象）上的所有元素及它们的操作方法，这些操作方法可以是单步的操作，也可以是功能的集合。

2）将测试代码和页面解耦。即使页面元素发生变化，也无须改变测试代码。

PageObject模型能够有效减少代码冗余，使业务流程变得清晰易读，还能够降低测试的维护成本。

5.2.1 PageObject模型的核心

PageObject模型只是描述了页面元素和测试代码的关系，如何在项目中应用，在行业内并没有统一的实践标准。只要你的项目能成功地将页面元素和测试代码分离，就可以说你的项目使用了PageObject模型。而PageObject模型的核心是确定的，如图5-1所示。

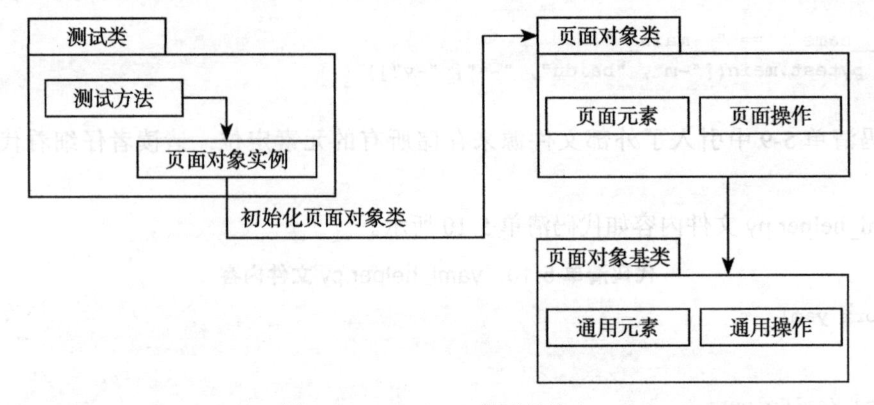

图5-1 PageObject模型的核心

可以看到，在测试类里，我们会定义许多测试方法，而这些测试方法包含对页面对象实例的调用，而页面对象实例是通过页面对象类进行初始化操作生成的。对于许多页面对象类都存在的通用操作，我们会提取到页面对象基类里。

通过这种方法，我们实现了以下功能。

1）一个页面元素在整个项目中仅存在一处定义，其他都是调用。

2）页面对象类的通用操作进一步提取到页面对象基类，减少了代码冗余。

5.2.2　PageObject 模型应用

下面以 DemoProject 项目为例，为之添加 PageObject 模型。改造后的 DemoProject 项目文件结构如代码清单 5-11 所示。

代码清单 5-11　改造后的 DemoProject 文件结构

```
├── DemoProject
│   └── configs
│   │   ├── yamls
│   │   │   ├── en
│   │   │   │   └── baidu.yaml
│   │   │   └── __init__.py
│   │   └── __init__.py
│   └── pages
│   │   ├── baidu.py
│   │   ├── base_page.py
│   │   └── __init__.py
│   └── tests
│   │   ├── test_baidu.py
│   │   └── __init__.py
│   └── utilities
│   │   ├── __init__.py
│   │   └── yaml_helper.py
│   └── pytest.ini
```

改造后的 DemoProject 项目多了 pages 文件目录，在该目录里，存放的是页面对象本身。pages 文件目录和 tests 文件目录通常来说是一对一的关系。对于本例来说，我们想要测试百度的搜索功能，根据 PageObject 模型，我们把整个测试划分为页面对象类所在的测试文件 baidu.py（定义在 pages 目录下）和针对页面对象类进行测试的类 test_baidu.py（定义在 tests 目录下）。通过这种既在文件目录上分离，又在命名上对应的组织方式，测试框架使用者在初次接手测试任务时，就能快速厘清测试框架的结构，节省修改页面对象及其对应的测试代码的时间。

下面来看 pages 文件目录下的代码，其中，baidu.py 文件的内容如代码清单 5-12 所示。

代码清单 5-12　baidu.py 文件内容

```
import time
```

```
from selenium.webdriver.common.by import By

from pages.base_page import BasePage
from utilities.yaml_helper import YamlHelper


class Baidu(BasePage):
    BASE_URL = "http://www.baidu.com/"
    # YAML文件相对于本文件的文件路径
    element_locator_yaml = './configs/yamls/en/baidu.yaml'
    element = YamlHelper.read_yaml(element_locator_yaml)

    input_box = (By.ID, element["KEY_WORLD_LOCATOR"])
    search_btn = (By.ID, element["SEARCH_BUTTON_LOCATOR"])
    first_result = (By.XPATH, element["FIRST_RESULT_LOCATOR"])

    def __init__(self, driver):
        # 构造函数继承自父类BasePage
        super().__init__(driver)

    def baidu_search(self, search_string):
        self.driver.get(self.BASE_URL)
        self.driver.find_element(*self.input_box).clear()
        self.driver.find_element(*self.input_box).send_keys(search_string)
        self.driver.find_element(*self.search_btn).click()
        time.sleep(2)
        search_results = self.driver.find_element(*self.first_result).get_
            attribute('innerHTML')
        return search_results
```

注意，改造后的页面类不再包括跟测试有关的代码，仅包括页面对象及针对页面对象的操作。在上述代码中，Baidu这个页面对象类继承了BasePage类，下面来看BasePage类的代码，如代码清单5-13所示。

代码清单5-13 BasePage类代码

```
from selenium import webdriver


class BasePage:
    def __init__(self, driver):
        if str(driver).capitalize() == "Chrome":
            self.driver = webdriver.Chrome()
        elif str(driver).capitalize() == "Firefox":
            self.driver = webdriver.Firefox()
        elif str(driver).capitalize() == "Safari":
            self.driver = webdriver.Safari()
        else:
            self.driver = webdriver.Chrome()
```

```
    def open_page(self, url):
        self.driver.get(url)
```

我们将所有基础的操作抽象出来，放到 BasePage 类中。在本例中，BasePage 类仅包括 WebDriver 的初始化以及页面对象的打开操作。

既然我们增加了 pages 文件目录，相应的，tests 文件目录下的代码也要更改。改造后的 test_baidu.py 文件如代码清单 5-14 所示。

代码清单 5-14　改造后的 test_baidu.py 文件

```
# test_baidu.py

import pytest

from pages.baidu import Baidu


@pytest.mark.baidu
class TestBaidu:
    @pytest.mark.parametrize('search_string, expect_string', [('iTesting',
        'iTesting'), ('helloqa.com', 'iTesting')])
    def test_baidu_search(self, search_string, expect_string):
        baidu = Baidu('Chrome')
        search_results = baidu.baidu_search(search_string)
        assert (expect_string in search_results) is True


if __name__ == "__main__":
    pytest.main(["-m", "baidu", "-s", "-v"])
```

改造后的 test_baidu.py 文件仅关注测试本身，而不关注具体页面对象及其支持的方法（在本例中为 baidu.baidu_search）是如何实现的。

注意　DemoProject 的其他文件代码并无变化，笔者不再重复列出。

采用 PageObject 模型后，如果页面元素发生变化，则仅需更改 pages 文件目录下的页面对象类。反之，如果测试的步骤发生改变，则仅需更改 tests 文件目录下相对于的测试文件。

5.3　UI 自动化测试和接口自动化测试的融合

笔者在第 2 章介绍分层自动化测试时提到过，在测试中，应该不断地去调整我们的测试用例，把测试的能力下沉，也就是多做底层的测试。那么如果我们能够实现 UI 自动化测试框架和 API 自动化测试框架的融合，就意味着针对同一个功能，不必 API 层覆盖一次，

UI层再覆盖一次。

自动化测试除了用于日常的功能回归，还有一部分核心业务对应的测试用例用于冒烟测试。特别是自动化测试集成到持续集成 / 持续发布平台后，开发人员每一次提交代码，都将触发测试，如果测试不通过，那么新开发的代码是无法提交的。这就带来了一个显而易见的需求："自动化测试的运行时间越快越好"。

这个需求要求我们只关注要测试的部分，尽量简化非测试部分。而UI自动化和接口自动化的融合，就是一个典型的可以改进的地方。

5.3.1 融合原理

UI自动化测试和接口自动化测试的融合能够有效减少测试运行时间。仍以用户注册→用户登录→用户绑卡→选定商品→下单为例，假设我们的测试目标为下单，那么用户注册→用户登录→用户绑卡→选定商品这个流程就属于非测试部分。

一切自动化测试都遵循如下顺序：通过各种操作使应用程序到达待测试状态→开始测试→测试验证。待测试状态的达成，需要测试代码完成用户注册→用户登录→用户绑卡→选定商品这个流程。既然这部分流程属于非测试部分，则它们应尽量简化。那么如何简化呢？通常有如下两种实现方式。

1. 直接更改数据库

直接更改数据库，从而使测试用例在开始执行前就具备下单所需的一切数据。在简单的业务场景下，更改数据库表的代价很小，这种实现方式比较简便。然而在复杂业务场景下，特别是涉及数据库分库分表的操作时，这种方式就不太容易实现了。

2. 通过接口调用

在测试用例开始执行时，通过接口调用的方式让测试达到待测试状态，是比较常用的实现方式。这种方式比较稳定，并且无须考虑业务本身的复杂度。

可以看到，接口调用的方式是比较常用的。那么问题来了。当通过接口调用完成非测试部分的流程后，我们的测试用例就可以直接开始下单操作了吗？

答案是否定的。以下单为例，要下单，系统必须知道用户购买了哪些商品，假设用户在购买这个商品的同时别人也在购买，那么服务器应能明确区分哪个订单是用户下的。这就涉及如何在会话中保持登录态的问题。

我们都知道，HTTP是无状态的协议，多个HTTP请求之间，是不会保存状态信息的。也就是说，你发一个请求过来，服务器不知道是你发的还是别人发的，要想保持这个登录的状态，必须有Cookie、Session甚至Token的支持。

1）Cookie是为了辨别用户身份进行Session跟踪，而储存在用户本地终端上的数据（通常经过加密），由用户客户端计算机暂时或永久保存。

2）Session被称为会话控制。Session对象存储特定用户会话所需的属性及配置信息。

当用户在应用程序的各个页面之间跳转时，存储在 Session 对象中的变量将不会丢失，而是在整个用户会话中一直存在下去。当用户请求来自应用程序的某一个页面时，如果该用户还没有会话，则网页服务器将自动创建一个 Session 对象。当会话过期或被放弃后，服务器将终止该会话。

3）Token 是服务端生成的一串字符串，作为客户端进行请求的标识。当用户第一次登录后，服务器生成一个 Token 并将此 Token 返回给客户端，以后客户端带上这个 Token 前来请求数据即可，无须再次带上用户名和密码。

注意 关于 Cookie、Session、Token 的详细区别，读者可以参考笔者的公众号 iTesting 上的文章《Cookie，Session，Token，WebStorage 你懂多少？》。

现在我们知道了 UI 自动化测试和接口自动化测试融合的关键就是保持登录态，那么，都有哪些登录态需要保持呢？根据上面的描述，我们可以总结出如下几点。

1）各个接口请求之间应该保持登录态。

2）各个 UI 操作之间应该保持登录态。

3）当从接口请求切换到 UI 操作时，登录态应该从接口请求中带过来。

对于第 1 点和第 2 点，在 Python 自动化测试中，可以通过 Requests 和 Selenium/WebDriver 这两个测试库来实现。那么第 3 点如何实现呢？

下面我们通过一下项目来演示 UI 自动化测试和接口自动化测试的融合。

5.3.2 融合实践

笔者访问 https://ones.ai/project/ 这个网站并创建了一个项目 VIPTEST，需求是登录后检查项目 VIPTEST 是否存在，如图 5-2 所示。

图 5-2 项目 VIPTEST 界面

测试这个需求的步骤如下。

1）登录 ones.ai 网站。

2）检查左侧的项目名称是否为 VIPTEST。

为实现 UI 自动化测试和接口测试的融合，笔者首先通过接口调用的方式进行登录，接着将登录态传递给负责UI测试的Selenium/WebDriver，这样后续的UI测试就可直接进行了，最终实现UI自动化测试和接口测试的融合，如代码清单5-15所示。

代码清单5-15 UI自动化测试和接口自动化测试融合代码示例

```
# 创建文件test_ones.py
# -*- coding: utf-8 -*-

import json
import requests
import pytest
from selenium import webdriver
from selenium.webdriver.common.by import By
from selenium.webdriver.support.ui import WebDriverWait
from selenium.webdriver.support import expected_conditions as EC


# 把接口登录获取的cookie转换成Selenium/WebDriver能识别的格式
# 通过这种方式，接口登录后的登录态将会被传递给Selenium/WebDriver继续使用
def cookie_to_selenium_format(cookie):
    cookie_selenium_mapping = {'path': '', 'secure': '', 'name': '', 'value': '',
        'expires': ''}
    cookie_dict = {}
    if getattr(cookie, 'domain_initial_dot'):
        cookie_dict['domain'] = '.' + getattr(cookie, 'domain')
    else:
        cookie_dict['domain'] = getattr(cookie, 'domain')
    for k in list(cookie_selenium_mapping.keys()):
        key = k
        value = getattr(cookie, k)
        cookie_dict[key] = value
    return cookie_dict

class TestOneAI:
    # 直接通过接口调用的方式登录，首先进行初始化
    def setup_method(self, method):
        self.s = requests.Session()
        self.login_url = 'https://ones.ai/project/api/project/auth/login'
        self.home_page = 'https://ones.ai/project/#/home/project'
        self.header = {
            "user-agent": "user-agent: Mozilla/5.0 (Windows NT 10.0; WOW64)
                AppleWebKit/537.36 (KHTML, like Gecko) Chrome/78.0.3904.108
                Safari/537.36",
            "content-type": "application/json"}
        self.driver = webdriver.Chrome()


    # 通过pytest中的参数化提供登录所需数据
    @pytest.mark.parametrize('login_data, project_name', [({"password":
        "iTestingIsGood", "email": "pleasefollowiTesting@outlook.com"},
        {"project_name":"VIPTEST"})])
```

```
    def test_merge_api_ui(self, login_data, project_name):
        # 接口登录
        result = self.s.post(self.login_url, data=json.dumps(login_data),
            headers=self.header)
        # 断言登录成功
        assert result.status_code == 200
        assert json.loads(result.text)["user"]["email"].lower() == login_
            data["email"]

        # 根据实际情况解析 cookie，此处须结合实际业务场景
        all_cookies = self.s.cookies._cookies[".ones.ai"]["/"]

        # 删除所有 cookie
        self.driver.get(self.home_page)
        self.driver.delete_all_cookies()

        # 把接口登录后的 cookie 传递给 Selenium/WebDriver，传递登录状态
        for k, v in all_cookies.items():
            self.driver.add_cookie(cookie_to_selenium_format(v))

        # 再次访问目标页面，此时登录状态已经传递过来了
        self.driver.get(self.home_page)

        # 查找项目元素，获取元素的值并进行断言
        # 注意，此时访问页面，浏览器操作无须进行登录操作，因为登录态已经获得了
        try:
            element = WebDriverWait(self.driver, 30).until(
                EC.presence_of_element_located((By.CSS_SELECTOR, '[class="company-
                    title-text"]')))
            # 断言项目 VIPTEST 存在
            assert element.get_attribute("innerHTML") == project_name["project_
                name"]
        except TimeoutError:
            raise TimeoutError('Run time out')

    # 测试后的清理
    def teardown_method(self, method):
        self.s.close()
        self.driver.quit()
```

直接在命令行中运行如下命令。

```
pytest test_ones.py
```

你将看到如图 5-3 所示的结果。

```
Tests passed: 1 of 1 test – 3 s 396 ms
Test Results    3 s 396 ms
============================= test session starts ==================
platform win32 -- Python 3.8.5, pytest-6.1.0, py-1.9.0, pluggy-0.13.1
cachedir: .pytest_cache
metadata: {'Python': '3.8.5', 'Platform': 'Windows-10-10.0.19041-SP0',
rootdir: D:\_Automation\lagouAPITest, configfile: pytest.ini
plugins: allure-pytest-2.8.18, forked-1.3.0, html-2.1.1, metadata-1.10
collecting ... collected 1 item

test_ones.py::TestOneAI::test_merge_api_ui[login_data0-project_name0]

============================== 1 passed in 8.97s ===================
```

图 5-3　运行结果

至此，UI 自动化测试和接口自动化测试融合完毕。在本例中，cookie_to_selenium_format 函数起到了将接口测试获取的登录态传递给 Selenium/WebDriver 的作用。

试一试　请你根据 5.2 节学到的知识，将本代码应用 PageObject 模型。

5.4　测试数据应用实践

数据在自动化测试中的重要性不言而喻。数据不仅是自动化测试运行的基础，还能反映业务的运行情况，乃至软件的质量。有了数据，你就可以知道以下细节。

1）在历次版本变更中，质量的变化曲线是怎样的。

2）在一个长的时间段内，哪个模块的问题比较多，哪个模块的性能不够好。

3）哪个开发人员设计的程序的 Bug 最少，哪个 QA 提的 Bug 最多，哪个项目经理从不延期，哪个项目经理经常变需求。

虽然测试数据如此重要，但在很多公司内，并没有引起足够多的重视，因此有必要分享下笔者关于测试数据的一些思考，尤其是数据应用于自动化测试时，存在的一些问题和解决方法。

5.4.1　测试数据核心讲解

什么是测试数据，提出这个问题，大家可能会觉得有点莫名其妙。测试数据不就是测试工程师天天用来做测试的数据吗。其实不然，从笔者的角度看，测试数据指的是跟测试有关的数据，它可以分为以下几类。

1. 测试请求数据

测试请求数据就是我们所理解的测试数据。这部分数据是测试用例执行的必要输入（这里的测试用例是指自动化测试用例，通常以测试代码的形式存在)。它可以直接耦合在测试用例中，也可以存放在外部文件中。对于测试请求数据，也分为以下两种类型。

（1）强制数据

发送请求时必须携带的数据即强制数据，例如在 UI 自动化测试中提交表单，那些你不填写就无法提交表单的数据；在接口自动化测试中，那些在请求时如果不携带，就会报错的参数和数据。

（2）非强制数据

发送请求时非强制携带的数据即非强制数据，例如在 UI 自动化测试中提交表单，那些不填写也可以提交表单的数据；在接口自动化测试中，那些在请求时不携带，发送请求也不会报错的参数和数据。

2. 测试期望数据

测试期望数据通常用作跟测试后产生的结果数据进行比较。这部分数据，常常是伴随着断言函数存在的，用于判定根据测试请求数据生成的测试结果数据，是否与测试期望数据相同。如果相同，则说明业务行为符合预期；如果不相同，则说明业务行为与需求不一致，可能存在 Bug。

3. 测试结果数据

测试结果数据即输入测试请求数据后，系统产生的结果数据，这部分数据也分为两种。

1）单纯的结果数据：未经分析、聚合的数据即单纯的结果数据，例如某一个测试用例的结果数据。这类数据的作用通常是与用户提供的测试期望数据进行比较，来验证业务的正确性。

2）聚合的结果数据：测试报告就是聚合的结果数据。通过把单纯的结果数据进行聚合，我们可以获取更多关于系统质量的信息。例如在一次测试后，测试报告可以告诉我们有多少条测试用例执行成功、有多少条测试用例执行失败、执行失败的测试用例属于哪个模块等问题。通过多次测试报告的对比，我们可以看到哪个测试模块经常出问题、哪个模块基本稳定、哪个模块的性能又下降了等问题，通过分析聚合数据，有助于完善我们的测试策略。

在各种测试数据中，软件测试人员最常用，也是最苦恼的，就是构造测试请求数据了。

构造测试请求数据在自动化测试中常常会耗费较多的时间，如何有效地准备测试数据，甚至是一个独立的话题。这里笔者根据自身经验，列出常用的几种数据准备方式供读者参考。

1. 根据业务规则手工构造

这是目前最简单的一种构造方式，由测试人员直接提供测试请求数据，包括强制数据和非强制数据。一般是把测试请求数据直接写在测试方法中，或者使用外部文件保存测试请求数据。在使用外部文件保存测试请求数据时，通常通过数据驱动的方式逐个读取测试请求数据并将它们应用到测试用例中。

手工构造测试请求数据有一个缺点，即测试请求数据永远不会变化，这不符合正常的用户使用情况。

2. 使用第三方库自动生成

为了更好地模拟正常用户的使用情况，可以使用第三方提供的测试库来生成测试数据，例如Python中常用的fake库。通过直接调用这类第三方库，可以生成更接近正常用户使用的测试数据。这种方式一般仅限于创建数据时使用，比如注册并填写反馈表单的情况。对于查询型数据则不适用，因为查询型数据通常要求数据已经存在于系统数据库。

3. 通过查询数据库得出

通过查询数据库获取测试请求数据的方式是比较常用的。这种方式适用于请求数据的请求本身来自不同业务时。比如测试商品扣款接口，那么这个接口的输入数据必须包含用户ID、商品ID、商品价格、用户余额等参数，而这些参数由一个或多个服务提供。使用SQL语句组合查询数据库是比较快捷的一种方式。

通过SQL语句查询获得测试数据，如果需要连接的表过多，则存在一定程度的数据生成效率问题。

4. 根据数据构造平台自动生成数据

数据构造平台是最近几年比较流行的数据生成解决方法，它综合了以上几种构造数据的方式，通过提供统一的接口，使用户可以方便地生成测试数据，而不必关心数据是如何生成的，构建数据构造平台需要测试团队有一定的架构能力。

5. 从生产环境复制

将生产环境的数据复制到测试环境，是性能测试中常见的数据构造方式。复制数据需要用到录制回放工具，常见的解决方案有TcpCopy、GoReplay等。此方式对测试团队的架构能力、代码开发能力有比较高的要求，往往还需要开发团队的配合甚至主导，一般通过公司内部专门组建攻坚项目的方式实行。

在自动化测试过程中，把握测试请求数据的准备时机也是一个难点。关于在测试的哪个阶段去创建测试请求数据，目前业界有以下两种方式。

1）在测试运行前准备：即测试数据以硬编码的形式存在，可以直接硬编码在测试方法里，也可以写在各种格式的数据文件中。像上文提到的根据业务规则手工创建测试数据，就是测试运行前准备的最好示例。

2）在测试运行时准备：指不事先指定测试数据，即测试代码中无测试数据文件。在测试运行时，通过调用数据构造平台或者组合查询数据库的方式，直接生成测试用例要求的测试数据，然后再开始测试。

关于测试数据要在何时准备，目前业界还没有定论，你可以根据自身情况自由选择。

无论是以什么方式准备数据，无论采用何种时机生成测试请求数据，测试请求数据都可能会有如下问题。

1）测试数据过期：这种情况常见于测试请求数据是事先准备的情况。例如有一组数据用于优惠券扣除，而通常优惠券都有有效期，在优惠券过期之后，使用这组数据进行测试，必然导致测试失败。对于事先准备的测试请求数据，必须要定期维护。

2）多次运行导致测试结果不同：这种情况也常因为数据是事先准备的而发生。例如提供了一组测试数据用于用户注册，当第一次测试运行时，测试会正常通过，但是第二次测试会由于用户已存在而导致运行失败。

对于测试过程中需要进行写数据库操作的情况，最好在测试结束后进行数据清理，使系统恢复测试前的状态。

3）环境切换导致测试数据不可用：通常情况下，发布一个产品，必然要经过几个测试环境的测试。例如，开发环境、集成测试环境、预生产环境、生产环境等。每个环境的测试数据可能不尽相同，切换环境必须保证测试数据可用。

对于环境切换导致测试数据不可用的问题，可通过如下两种方式解决。

- 保证每个测试环境用同一套数据。这种方式比较烦琐，适用于新项目，给每一个测试环境创建相同的测试数据，避免因测试环境切换导致测试错误。
- 测试框架具备切换测试环境、自动化查找相应环境数据的能力。这种方式比较常用，不同的测试环境可以有不同的测试数据。测试框架具备切换测试环境后，自动挂载相应测试环境的测试数据的能力。

4）测试数据在测试运行中被更改：测试数据可能在测试中被动态更改，比如用户的余额存在数据库中，而测试数据是在测试运行的时候生成的，即测试运行时去查询用户余额，才发现用户余额不足。

对于这种情况，通常需要更改测试数据生成的条件，即把查询语句写得更健壮，确保获取到的用户一定是有余额的。也可以添加条件判断，如果发现没有余额，则调用另外的服务给用户充值。

5）并发运行导致测试数据不可用：并发运行测试用例，或者多个人同时运行同一条测试用例，可能会导致多个测试用例共同操作同一组数据。这样可能导致测试失败（例如不同的人使用同一条测试数据进行注册操作）。

对于这种情况，可以编码让测试框架支持并发运行时使用同一个数据文件，但是这种方式通常投入成本较多。为了避免投入太多开发精力，大多数情况会采用多个类支持并发、一个类下面的测试用例顺序执行的方式来避免同一个测试类下的测试用例同时访问同一个测试数据。

5.4.2　数据驱动模型

正是因为测试数据在使用过程中有如此多的问题，所以在自动化测试过程中一般会采用数据驱动模型来结构化地准备测试数据。

数据驱动模型是指以数据来驱动测试的模型，如图5-4所示。

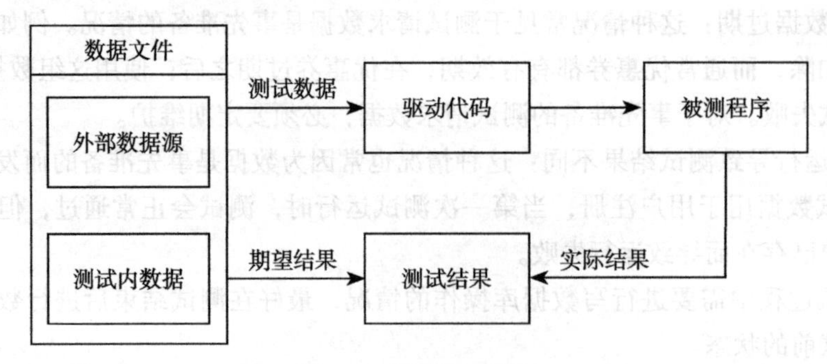

图5-4 数据驱动模型

在数据驱动模型中，最左边的是数据文件，包括来自外部数据源的数据以及测试内数据。外部数据源的数据可以来自Excel文件、YAML文件、JSON文件、数据库表等外部源。测试内数据是直接硬编码在测试代码里的数据。在具体实践中，外部数据源较为常用。

需要注意的是，数据文件里的数据通常无法直接用于测试，而是需要经过一系列地转换，才能被测试代码正确识别，驱动代码就是起到这个作用。驱动代码把测试代码需要的数据从数据文件中读取出来，将它们转换为测试代码兼容的格式，并交由测试代码驱动被测试程序运行。如果测试代码运行的实际结果与测试文件提供的期望结果一致，则测试结果为通过，如果不一致，则测试结果为不通过。

数据驱动模型解决了如下问题。

1）测试代码和测试数据分别维护，互不影响：采用数据驱动模型的前提条件是保证测试代码是可参数化的，并与测试数据分开维护。只有如此，更改或者替换测试数据才不会对测试代码造成影响。同样的，更改测试代码时，通常也无须更改测试数据。

2）减少了重复代码：采用数据模型后，不同的测试数据可以共同使用同一个测试代码，减少了代码的重用，当测试代码需要改变时，只需要更改一次，无须处处更改。

5.4.3 数据驱动实践

在数据驱动模型中，最重要的部分就是编写驱动代码，即实现读取并转换成测试代码可用的测试数据。本节将以外部数据源为例，通过两个示例演示如何构造数据驱动模型中的驱动代码。

1. 文件读写

文件读写最常用的是Excel文件、JSON文件和YAML文件。下面分别进行介绍。

我们仍以DemoProject项目为例，应用了数据驱动模型后的项目目录结构如代码清单5-16所示。

代码清单 5-16　带有数据驱动模型的 DemoProject 文件结构

```
├── DemoProject
│   └── configs
│   │   ├── yamls
│   │   │   ├── en
│   │   │   │   └── baidu.yaml
│   │   │   └── __init__.py
│   │   └── data
│   │   │   ├── baidu.yaml
│   │   │   ├── baidu.json
│   │   │   ├── baidu.xlsx
│   │   │   └── __init__.py
│   │   └── __init__.py
│   └── pages
│   │   ├── baidu.py
│   │   ├── base_page.py
│   │   │   └── __init__.py
│   └── tests
│   │   ├── baidu.py
│   │   │   └── __init__.py
│   └── utilities
│   │   ├── __init__.py
│   │   ├── data_helper.py
│   │   └── yaml_helper.py
│   └── pytest.ini
```

可以看到，应用数据驱动模型后，DemoProject 这个项目有如下变化。

1）在 configs 文件目录下，多了一个 data 目录。

data 目录下存放着各种格式的数据文件。在本例中，有 YAML、JSON 以及 XLSX 三种格式。其中，baidu.yaml 文件的内容如图 5-5 所示。

baidu.json 文件的内容如图 5-6 所示。

```
1 "case1":
2   "search_string": "itesting"
3   "expect_string": "iTesting"
4
5 "case2":
6   "search_string": "helloqa.com"
7   "expect_string": "iTesting"
```

图 5-5　baidu.yaml 文件内容

```
1  {
2    "case1": {
3    "search_string": "itesting",
4    "expect_string": "iTesting"
5    },
6    "case2": {
7    "search_string": "helloqa.com",
8    "expect_string": "iTesting"
9    }
10 }
```

图 5-6　baidu.json 文件内容

baidu.xlsx 文件的内容如图 5-7 所示。

	A	B
1	search_string	expect_string
2	iTesting	iTesting
3	helloqa.com	iTesting

baidu

图 5-7 baidu.xlsx 文件内容

可以看到，数据虽然存储在不同格式的文件中，但是数据格式是相同的。

注意 在实际项目中，不存在万能的数据驱动脚本。也就是说，如果数据文件的结构不同，则数据驱动脚本也必须要做相应的改动。读者在编写读取数据文件的驱动脚本时，可根据数据结构的实际情况对驱动代码作出相应更改。

2）在 utilities 文件目录下，多了一个 data_helper 文件。data_helper 文件里存放了针对不同格式数据的处理函数，其内容如代码清单 5-17 所示。

代码清单 5-17 data_helper 文件内容

```
# -*- coding: utf-8 -*-


import codecs
import json
import os
import yaml
from openpyxl import load_workbook

# 读取 JSON 文件和 YAML 文件
def read_data_from_json_yaml(data_file):
    return_value = []
    data_file_path = os.path.abspath(data_file)
    _is_yaml_file = data_file_path.endswith((".yml", ".yaml"))

    with codecs.open(data_file_path, 'r', 'utf-8') as f:
        # 从 YAML 或者 JSON 文件中加载数据
        if _is_yaml_file:
            data = yaml.safe_load(f)
        else:
            data = json.load(f)
    for i, elem in enumerate(data):
        if isinstance(data, dict):
            key, value = elem, data[elem]
            if isinstance(value, dict):
                case_data = []
                for v in value.values():
                    case_data.append(v)
                return_value.append(tuple(case_data))
            else:
```

```
                return_value.append((value,))
    return return_value

# 从Excel文件中读取数据
def read_data_from_excel(excel_file, sheet_name):
    return_value = []
    if not os.path.exists(excel_file):
        raise ValueError("File not exists")
    wb = load_workbook(excel_file)
    for s in wb.sheetnames:
        if s == sheet_name:
            sheet = wb[sheet_name]
            for row in sheet.rows:
                return_value.append([col.value for col in row])
    return return_value
```

在上面的代码中，笔者分别定义了两个数据驱动函数，其中函数read_data_from_json_yaml用于读取JSON或者YAML文件，而read_data_from_excel用于读取Excel文件。

> **注意** 在上面的代码中，codecs、yaml（对应的测试库是pyyaml）、openpyxl这几个测试库需要读者先行安装。

数据文件和数据驱动代码介绍完毕后，我们来看一下如何使用数据驱动。数据驱动的使用方法非常简单，我们无须改动pages文件目录下的任何文件，只需要更改tests目录下的test_baidu.py文件。

使用数据驱动模型后，test_baidu.py文件的内容如代码清单5-18所示。

代码清单5-18 使用数据驱动模型后的test_baidu.py文件

```
# test_baidu.py

import pytest

from pages.baidu import Baidu
# 导入需要的数据驱动方法
from utilities.data_helper import read_data_from_json_yaml, read_data_from_
    excel, read_data_from_pandas

@pytest.mark.baidu
class TestBaidu:
    # 此处从baidu.yaml文件中读取数据，读者可换成从JSON或者EXCEL中读取
    @pytest.mark.parametrize('search_string, expect_string', read_data_from_
        json_yaml('./configs/data/baidu.yaml'))
    def test_baidu_search(self, search_string, expect_string):
        baidu = Baidu('Chrome')
        search_results = baidu.baidu_search(search_string)
        assert (expect_string in search_results) is True
```

使用数据驱动模型后，测试数据不再是硬编码写在测试代码中了，而是从外部数据源获取。

2. 数据库读写

除了从外部文件获取，测数据还可以通过直接读取数据库来获取。读取数据库一般需要安装相应的数据库插件，不同数据库使用的插件各有不同。下面以常用的MySQL为例，简单演示下从数据库中读取测试数据的步骤。

首先，我们需要安装3个插件库SQLAlchemy、Pandas以及PyMySQL，如代码清单5-19所示。

代码清单5-19　安装读取MySQL需要的插件库

```
# 在项目根目录下，分别执行以下安装命令
# 安装时注意各组件库名的大小写，分别为sqlalchemy、pandas以及PyMySQL
pip install sqlalchemy
pip install pandas
pip install PyMySQL
```

简单解释一下各个插件库的作用。

1）SQLAlchemy库用于初始化MySQL数据库连接。

2）Pandas库用于对MySQL数据库进行直接查询和写入操作。

3）PyMySQL库用于使用Python语言操作MySQL数据库。

然后，创建读取数据库数据的驱动代码，如代码清单5-20所示。

代码清单5-20　读取数据库数据的驱动代码

```
# -*- coding: utf-8 -*-

import pandas as pd
import pymysql
from sqlalchemy import create_engine


class DBHelper(object):
    # 初始化MySQL数据库连接
    def __init__(self, host_name='127.0.0.1', db_name='Test', user_name='root',
        pwd='P@ssw0rd'):
        self.engine = create_engine("mysql+pymysql://{user}:{pw}@{host}/{db}".
            format(host=host_name, db=db_name, user=user_name, pw=pwd))

    # 根据SQL语句进行数据库查询并返回查询结果
    def db_query(self, sql_query):
        with self.engine.connect() as conn:
            df = pd.read_sql_query(sql_query, conn)
        self.engine.dispose()
        # 为了演示方便，此处直接返回了格式化后的测试数据
        # 在实际测试中，出于通用性的考虑，一般直接返回df，在测试时再另行创建新的方法来处理结
```

```
            构化数据
        return df[["searchString", "expectString"]].values.tolist()
```

通过上面的代码，我们可以连接主机名为“127.0.0.1”、数据库名为“ Test”的数据库（上面的代码中 user_name 和 pwd 分别对应连接 MySQL 数据库的用户名和密码），并且在 db_query 这个类函数中，实现了根据 SQL 语句来读取并返回所需的测试数据。

假设 MySQL 数据库中 Test 这个数据库下有一个 TestData 数据表，其中存储了测试数据，如图 5-8 所示。

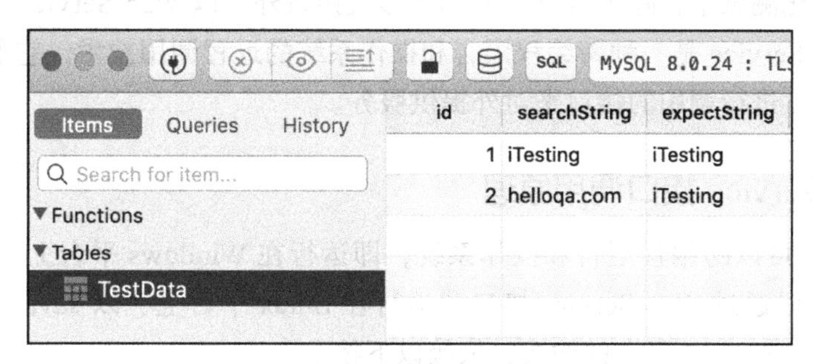

图 5-8　TestData 数据表

下面介绍如何在测试中使用获取到的结构化数据。更改 test_baidu.py 文件，如代码清单 5-21 所示。

代码清单 5-21　更改 test_baidu.py 文件读取 MySQL 数据表

```
# test_baidu.py

import pytest

from pages.baidu import Baidu
from utilities.db_helper import DBHelper

# 定义要查找的 SQL 语句
sql_string = '''select * from TestData'''

@pytest.mark.baidu
class TestBaidu:
    # 根据上述 SQL 语句，从数据库中获取测试数据并结构化返回
    @pytest.mark.parametrize('search_string, expect_string', DBHelper().db_
        query(sql_string))
    def test_baidu_search(self, search_string, expect_string):
        baidu = Baidu('Chrome')
        search_results = baidu.baidu_search(search_string)
        assert (expect_string in search_results) is True
```

可以看到，通过数据库获取数据和通过文件获取数据，区别仅是数据源的不同，数据源改变后，仅须更改调用数据源的代码，而测试用例本身的代码则无须更改。

注意 在实际应用中，通过数据库查找得到的数据，往往很少直接用于测试函数中。通常情况下，会以创建一个新的函数并辅以 @pytest.fixture 装饰器的方式输出符合测试需要的数据格式。

5.5 Web Service 接口实践

在接口自动化测试中，除了常见的 HTTP 形式接口外，以 Web Service 类型提供接口也比较常见。Web Service 是一种跨编程语言和操作系统的远程调用技术，它通过向外界暴露一个能够通过网页进行调用的接口来对外提供服务。

5.5.1 Web Service 接口调用原理

Web Service 可以跨编程语言和操作系统，即运行在 Windows 平台上、以 C++ 编写的客户端程序，可以通过 Web Service 接口和运行在 Linux 平台上、以 Java 编写的服务器程序进行通信。Web Service 平台的构成，依赖以下技术。

1）UDDI：意为统一描述、发现和集成（Universal Description，Discovery and Integration）。它是一种目录服务，通过它，企业可以注册并搜索 Web Service，它是基于 XML 的跨平台描述规范。

2）SOAP：一种简单的基于 XML 的协议，它使应用程序通过 HTTP 来交换信息。

3）WSDL：基于 XML，用于描述 Web Service 以及如何访问 Web Service 的语言。

Web Service 的调用原理如图 5-9 所示。

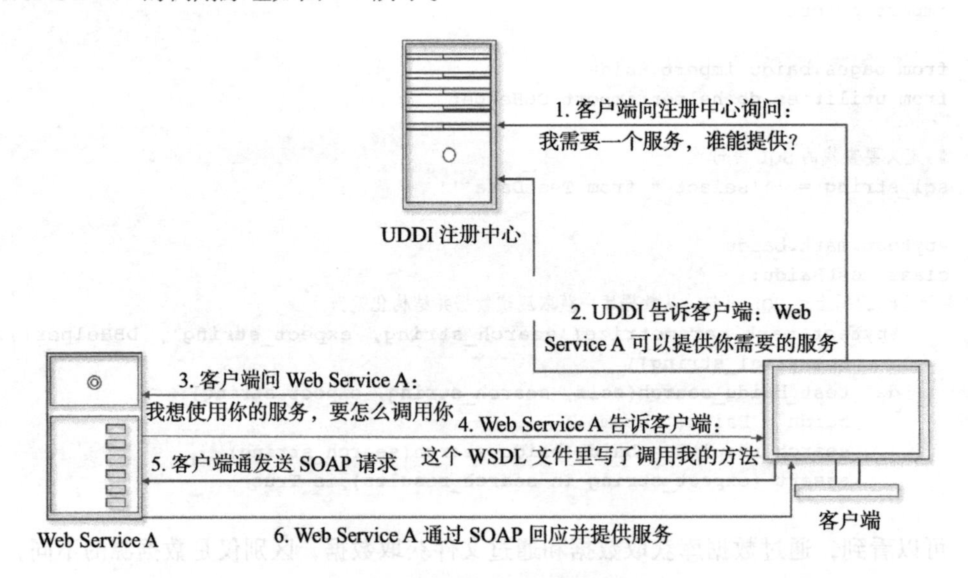

图 5-9 Web Service 调用原理

具体调用步骤如下。

1）客户端想调用一个服务，不知道去哪里调用，于是它向 UDDI 注册中心（UDDI Registry）询问。

2）UDDI 注册中心发现有个名为 Web Service A 的服务器可以提供客户端想要的服务。

3）客户端向 Web Service A 发送消息，询问应该如何调用它。

4）Web Service A 收到请求，发送给客户端一个 WSDL 文件。这里记录了 Web Service A 可以提供的各类方法接口。

5）客户端通过 WSDL 文件生成 SOAP 请求（将 Web Service 提供的 XML 格式的接口方法，采用 SOAP 协议封装成 HTTP 请求），发送给 Web Service A，调用想要的服务。

6）Web Service A 按照 SOAP 请求执行相应的服务，并将结果返回给客户端。

Web Service 接口和 HTTP 形式的 API（应用程序接口）的区别如表 5-1 所示。

表 5-1　Web Service 接口和 API 的区别

Web Service 接口	API
所有的 Web Service 接口都属于 API	API 不一定是 Web Service 接口
Web Service 仅支持 XML 格式的数据交互	API 支持 XML、JSON 等多种格式
接收和发送数据必须通过 SOAP	API 是个轻量级架构，可以不使用 SOAP
不开源而且要求客户端必须支持 XML 格式	开源而且客户端支持 JSON 或者 XML 格式
采用 REST、SOAP 和 XML-RPC 进行通信	API 可用于任何形式的通信

5.5.2　Web Service 接口测试实践

通过前面的讲解，我们了解到 WSDL 是 Web Service 生成给客户端调用的接口服务描述。通过 WSDL，客户端可以构造正确的请求并发送给服务端。

在实际工作中也是如此，对于 Web Service 形式的接口，开发提供的往往就是一个 WSDL 格式的链接。比如，下面的链接就是一个公用的 Web Service 服务接口，如代码清单 5-22 所示。

代码清单 5-22　Web Service 链接

```
# 该 Web Service 提供 IP 地址服务
http://www.webxml.com.cn/WebServices/IpAddressSearchWebService.asmx?wsdl
```

在 Python 中，访问 Web Service 接口通常使用 Web Service 客户端来完成。下面介绍常用的 Web Service 客户端。

1. SUDS

SUDS 是 Python 中调用 Web Service 的经典仓库。其 SUDS Client 类提供了用于调用 Web Service 的统一接口对象，这个对象包括以下两个命名空间。

1）Service：Service 对象用于调用被消费的 Web Service 提供的方法。

2）Factory：提供一个工厂，可用于创建 WSDL 中定义的对象和类型的实例。

SUDS具体的用法如下。

（1）安装

在Python官方停止支持Python 2.*x*版本并全面转到Python 3.*x*后，SUDS原始项目的开发已经停滞了，这并不意味着SUDS不再支持Python 3.*x*。SUDS-Community fork操作了原本的SUDS库，并开发了能够支持Python 3.*x*的版本，安装命令如下。

```
pip install suds-community
```

（2）简单使用

SUDS客户端安装后即可直接使用。下面来看一组简单用法，如代码清单5-23所示。

代码清单5-23　SUDS简单用法

```
from suds.client import Client


if __name__ == "__main__":
    url = 'http://www.webxml.com.cn/WebServices/IpAddressSearchWebService.
        asmx?wsdl'
    # 初始化
    client = Client(url)
    # 打印出所有可用的方法
    print(client)
```

在这段代码中，笔者打印出来了IpAddressSearchWebService支持的所有方法。直接执行上述代码，运行结果如代码清单5-24所示。

代码清单5-24　SUDS执行结果

```
# 运行结果片段
Suds ( https://fedorahosted.org/suds/ )  version: 0.8.4
Service ( IpAddressSearchWebService ) tns="http://WebXml.com.cn/"
    Prefixes (1)
        ns0 = "http://WebXml.com.cn/"
    Ports (2):
        (IpAddressSearchWebServiceSoap)
            Methods (3):
                getCountryCityByIp(xs:string theIpAddress)
                getGeoIPContext()
                getVersionTime()
            Types (1):
                ArrayOfString
        (IpAddressSearchWebServiceSoap12)
            Methods (3):
                getCountryCityByIp(xs:string theIpAddress)
                getGeoIPContext()
                getVersionTime()
            Types (1):
                ArrayOfString
```

可以看到，IpAddressSearchWebService 有 3 个方法（Methods(3) 显示了这个 Web Service 提供的方法及参数），分别为 getCountryCityByIp、getGeoIPContext 以及 getVersionTime。这就是本例中 Web Service 所支持的所有方法。

（3）实际案例

下面通过一个示例来演示如何通过 SUDS 调用 Web Service 所支持的方法，如代码清单 5-25 所示。

代码清单 5-25　Web Service SUDS 代码示例

```
from suds.client import Client

if __name__ == "__main__":
    url = 'http://www.webxml.com.cn/WebServices/IpAddressSearchWebService.
        asmx?wsdl'
    # 初始化
    client = Client(url)
    # 打印出所有支持的方法
    print(client)
    # 使用 client.service 调用支持的方法
    print(client.service.getVersionTime())
    print(client.service.getCountryCityByIp('192.168.0.1')
```

运行上述代码，输出结果如代码清单 5-26 所示。

代码清单 5-26　SUDS 代码运行结果

```
# 输出结果片段


# 此为 getVersionTime 方法的输出结果
IP 地址数据库，及时更新

# 此为 getCountryCityByIp 方法的输出结果
(ArrayOfString){
    string[] =
        "192.168.0.1",
        " 局域网 对方和您在同一内部网 ",
```

可以看到，Web Service 接口提供的方法被正确调用了。

在实际工作中，你遇见的 WSDL 接口会比这个示例复杂得多。通常我们会将 WSDL 的接口封装成类使用，然后针对每个类方法，编写相应的测试用例，如代码清单 5-27 所示。

代码清单 5-27　SUDS 实际应用

```
import pytest
from suds.client import Client

@pytest.mark.rmb
class WebServices(object):
```

```
    WSDL_ADDRESS = 'http://www.webxml.com.cn/WebServices/IpAddressSearchWebService.
        asmx?wsdl'

    def __init__(self):
        self.web_service = Client(self.WSDL_ADDRESS)

    def get_version_time(self):
        return self.web_service.service.getVersionTime()


    def get_country_city_by_ip(self, ip):
        return self.web_service.service.getCountryCityByIp(ip)


class TestWebServices:
    def test_version_time(self):
        assert WebServices().get_version_time() == "IP地址数据库，及时更新"

    @pytest.mark.parametrize('ip, expected', [('10.10.10.10', '10.10.10.10')])
    def test_get_country_city_by_ip(self, ip, expected):
        assert expected in str(WebServices().get_country_city_by_ip(ip))

if __name__ == "__main__":
    pytest.main(["-m", "rmb", "-s", "-v"])
```

试一试　在此布置一个作业：将代码清单5-27拆分为一个工具函数web_service_helper，然后应用数据驱动模型改造TestWebServices测试类，并将此测试用例集成到DemoProject项目中。

2. Zeep

Zeep是Python中一个现代化的SOAP客户端。Zeep通过检查WSDL文档并生成相应的代码，来调用WSDL文档中的服务和类型。这种方式为SOAP服务器提供了易于使用的编程接口。下面讲解Zeep库的使用方法。

（1）安装

Zeep的安装命令如下。

```
pip install zeep
```

（2）简单使用

相对于SUDS来说，想要查看一个WSDL描述中有哪些方法可用，通过Zeep无须进行初始化动作，直接在命令行输入如代码清单5-28所示的命令即可。

代码清单5-28　使用Zeep查看WSDL描述

```
python -m zeep http://www.webxml.com.cn/WebServices/IpAddressSearchWebService.
    asmx?wsdl
```

执行成功后，你会看到如图 5-10 所示的页面。

```
Bindings:
    HttpGetBinding: {http://WebXml.com.cn/}IpAddressSearchWebServiceHttpGet
    HttpPostBinding: {http://WebXml.com.cn/}IpAddressSearchWebServiceHttpPost
    Soap11Binding: {http://WebXml.com.cn/}IpAddressSearchWebServiceSoap
    Soap12Binding: {http://WebXml.com.cn/}IpAddressSearchWebServiceSoap12

Service: IpAddressSearchWebService
    Port: IpAddressSearchWebServiceSoap (Soap11Binding: {http://WebXml.com.cn/}IpAddressSearchWebServiceSoap)
        Operations:
            getCountryCityByIp(theIpAddress: xsd:string) -> getCountryCityByIpResult: ns0:ArrayOfString
            getGeoIPContext() -> getGeoIPContextResult: ns0:ArrayOfString
            getVersionTime() -> getVersionTimeResult: xsd:string
```

图 5-10 使用 Zeep 查看 Web Service 支持的方法

知道有哪些方法可用后，我们就可以直接调用了，如代码清单 5-29 所示。

代码清单 5-29 使用 Zeep 直接调用 Web Service 支持的方法

```
import zeep


if __name__ == "__main__":
    wsdl = 'http://www.webxml.com.cn/WebServices/IpAddressSearchWebService.
        asmx?wsdl'
    client = zeep.Client(wsdl=wsdl)
    print(client.service.getCountryCityByIp('10.10.10.10'))
```

（3）实际案例

下面通过一个示例来直接演示如何通过 Zeep 调用 Web Service 所支持的方法，如代码清单 5-30 所示。

代码清单 5-30 Zeep 调用 Web Service 支持的方法示例

```
import pytest
import zeep

@pytest.mark.rmb
class WebServices(object):
    WSDL_ADDRESS = 'http://www.webxml.com.cn/WebServices/IpAddressSearchWebService.
        asmx?wsdl'

    def __init__(self):
        self.web_service = zeep.Client(wsdl=self.WSDL_ADDRESS)

    def get_version_time(self):
        return self.web_service.service.getVersionTime()


    def get_country_city_by_ip(self, ip):
        return self.web_service.service.getCountryCityByIp(ip)
```

```
class TestWebServices:
    def test_version_time(self):
        assert WebServices().get_version_time() == "IP 地址数据库，及时更新"

    @pytest.mark.parametrize('ip, expected', [('10.10.10.10', '10.10.10.10')])
    def test_get_country_city_by_ip(self, ip, expected):
        assert expected in str(WebServices().get_country_city_by_ip(ip))


if __name__ == "__main__":
    pytest.main(["-m", "rmb", "-s", "-v"])
```

3. SUDS 和 Zeep 的对比

SUDS 是一个经典的 SOAP 客户端，而 Zeep 是当前流行的 SOAP 客户端表 5-2 列出了二者的一些区别。

表 5-2　SUDS 和 Zeep 的区别

SUDS	Zeep
经典的 SOAP 客户端，用户基数大	SOAP 客户端新势力，发展趋势明显
文档及示例比较多，简单易懂	文档统一丰富
底层是 SUDS 本身	底层是 lxml 和 Requests 库
在解析超大 WSDL 时，有性能慢的问题	暂无此问题
不支持异步	支持异步（通过 aiohttp 支持）
支持 WSDL caching（当 WSDL 描述不会改变时优点明显）	暂不支持
官方仅支持 Python 2.*x*，其派生版本支持 Python 3.*x*	兼容 Python 2.*x* 以及 Python 3.*x*

综上所述，Zeep 对最新版本的 Python 支持得更好，而且没有性能问题。如果你的项目是新设立的，在选用 Web Service 客户端时，不妨直接使用 Zeep。

5.6　本章小结

本章主要介绍了自动化测试框架中的一些最佳实践。在自动化测试中，元素定位、设计模式、数据驱动模型、接口自动化测试的不同类型以及融合 UI 自动化测试，都是比较重要的知识点。对于本章提出的一些建议读者可以在自动化测试中酌情采纳，少走一些弯路。

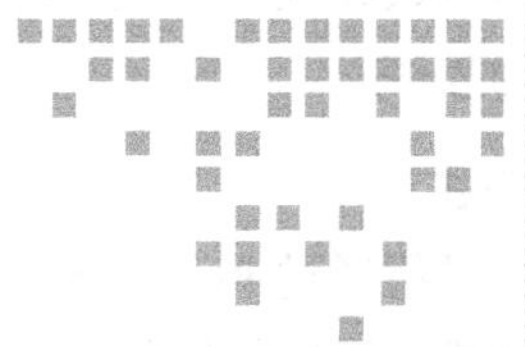

第6章 Chapter 6

自动化测试框架与交互式命令

通过前面章节的学习，我们已经掌握了如何使用开源的自动化测试框架进行自动化测试，以及搭建融合接口和 UI、搭配 PageObject 模型的有数据驱动能力的测试框架。从本章开始，我们一步步实现属于自己的测试框架。

6.1 交互式命令精要

应用程序从开发到发布至少会经历几个测试环境。相应地，自动化测试框架需要具备环境切换的能力。而在项目实践中，环境切换通常是动态的，即在每一次测试开始执行时，根据用户输入决定当前的测试需要运行在哪个测试环境。当前主要依靠交互式命令实现环境切换。

6.1.1 什么是交互式命令

在 Python 中，代码的运行有两种基本模式——脚本模式和交互式模式，下面分别进行详细介绍。

1. 脚本模式

脚本模式是在 Python 解释器中运行代码的方式。通常情况下，指的是直接运行 .py 文件。脚本模式运行的一个直观示例如图 6-1 所示。

```
Terminal:  Local ×  +
Microsoft Windows [版本 10.0.19041.928]
(c) Microsoft Corporation。保留所有权利。

D:\Test>python main.py
Hi, PyCharm
```

图 6-1 脚本模式运行

采用脚本模式运行，你只需要找到入口函数所在的 .py 文件，直接调用即可（在本例中，main.py 就是入口函数所在的文件）。采用脚本模式运行，入口函数在执行过程中可以调用多个 .py 文件，也可以指定调用顺序。脚本模式比较适合复杂的程序。

2. 交互式模式

交互式模式是指通过 Python Shell 模式执行代码，通常情况下，需要在命令行中输入用户指令。交互式模式运行代码的直观示例如图 6-2 所示。

```
D:\Test>python
Python 3.8.5 (tags/v3.8.5:580fbb0, Jul 20 2020, 15:43:08) [MSC v.1926 32 bit (Intel)] on win32
Type "help", "copyright", "credits" or "license" for more information.
>>> print(1+2)
3
>>> print(2-1)
1
>>>
```

图 6-2 交互式模式运行

如图 6-2 所示，用户输入后 Python 直接返回本次输入的结果。交互式模式运行的特点是根据用户输入运行代码，比较灵活，但是它不适合逻辑复杂的执行场景。

交互式命令是脚本模式下的一种命令运行方式，它继承了脚本模式可以运行复杂程序的优点，又继承了交互式模式接受用户输入的优点。交互式命令运行的示例如代码清单 6-1 所示。

代码清单 6-1 交互式命令示例

```
# 项目根目录为D:\
# 交互式命令指定了两个参数 -e 和 -n，并分别给出了参数的值 qa 和 10
D:\Test>python main.py -e qa -n 10
```

需要特别指出的是，采用交互式命令的方式执行代码，通常需要在入口函数中加入特殊逻辑来读取用户的输入，否则用户的输入无法被系统认可。

注意 交互式命令并不等于交互式模式，交互式命令只是脚本模式的一种。采用交互式命令执行的前提条件是代码中包含接收并处理用户输入的逻辑。

6.1.2 交互式命令在测试框架中的作用

交互式命令至关重要，它极大地增强了自动化测试框架的能力，交互式命令在测试框架中的主要作用如下。

1）用于切换测试执行环境。

2）根据输入参数筛选测试代码并执行。

3）指定测试用例的根目录。

4）指定并发运行数量。

测试框架的这些关键功能都可以由交互式命令来实现。笔者将在后续的章节中详细介绍如何通过交互式命令来实现这些功能。

6.2 交互式命令在 pytest 中的使用

交互式命令在 pytest 中的应用很广泛，其中最常见的就是配合 conftest.py 使用。4.4.2 节详细介绍过 conftest.py 文件。conftest.py 可实现跨文件共享函数，此外它还有一个重要应用，即配合测试框架 pytest 的内置函数 pytest_addoption 实现从命令行中传递用户输入。

下面通过一个简单示例来展示交互式命令在 pytest 中的使用。假设项目的文件结构如代码清单 6-2 所示。

代码清单 6-2 交互式命令示例项目文件结构

```
|--customCommandTest
    |--tests_command_lines
        |--conftest.py
        |--test_sample.py
        |--__init__.py
```

其中，conftest.py 文件的内容如代码清单 6-3 所示。

代码清单 6-3 conftest.py 文件内容

```
import pytest


def pytest_addoption(parser):
    parser.addoption(
        "--auth", action="store", default=None, help=" 输入你的鉴权 "
    )

@pytest.fixture(scope='session')
def auth(request):
    return request.config.getoption('--auth')
```

需要注意的是，除了被 @pytest.fixture 装饰的共享函数 auth 外，笔者还定义了一个方法 pytest_addoption，它具有如下特点。

1）作为测试框架 pytest 内置的钩子函数，名称不可改变。

2）允许用户注册一个自定义的命令行参数，方便用户使用命令行传递数据。

3）仅能在 conftest.py 文件或者 pytest plugins 里实现。

4）在测试用例执行前被调用。

用户通过自定义参数 --auth 传递的输入将被测试框架 pytest 接收并通过 @pytest.fixture 以共享函数的方式供其他函数调用。

我们再来看看 test_sample.py 文件的代码，如代码清单 6-4 所示。

代码清单 6-4 test_sample.py 文件内容

```
import pytest

class TestDemo:
```

```
    def test_secret_auth(self, auth):
        print("\n你的鉴权信息为 {}".format(auth))
        assert True
```

这段代码非常简单，定义了一个测试函数 test_secret_auth，其参数是之前定义的 fixture 函数 auth。在命令行中通过如下方式运行 customCommandTest 项目。

```
pytest --auth username=iTesting
```

运行结束后，我们会发现通过参数 --auth 传递的自定义命令行参数的值被正确接收并显示出来了，如代码清单 6-5 所示。

代码清单 6-5　部分运行输出

```
# 部分运行输出
collected 1 item
tests_command_lines/test_sample.py::TestDemo::test_secret_auth
你的鉴权信息为 iTesting
PASSED
```

这个项目本身不具备实用意义，仅演示了交互式命令的使用。如果深入函数 pytest_addoption 的源码实现，就会发现接收用户输入是通过函数 parser.addoption 来实现的。parser.addoption 的源码如图 6-3 所示。

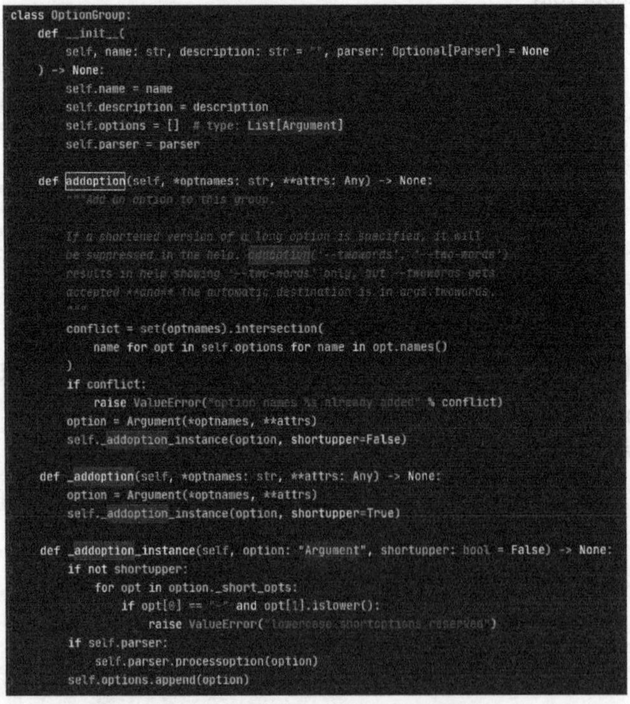

```
class OptionGroup:
    def __init__(
        self, name: str, description: str = "", parser: Optional[Parser] = None
    ) -> None:
        self.name = name
        self.description = description
        self.options = []  # type: List[Argument]
        self.parser = parser

    def addoption(self, *optnames: str, **attrs: Any) -> None:
        """Add an option to this group.

        If a shortened version of a long option is specified, it will
        be suppressed in the help. addoption('--twowords', '--two-words')
        results in help showing '--two-words' only, but --twowords gets
        accepted **and** the automatic destination is in args.twowords.
        """
        conflict = set(optnames).intersection(
            name for opt in self.options for name in opt.names()
        )
        if conflict:
            raise ValueError("option names %s already added" % conflict)
        option = Argument(*optnames, **attrs)
        self._addoption_instance(option, shortupper=False)

    def _addoption(self, *optnames: str, **attrs: Any) -> None:
        option = Argument(*optnames, **attrs)
        self._addoption_instance(option, shortupper=True)

    def _addoption_instance(self, option: "Argument", shortupper: bool = False) -> None:
        if not shortupper:
            for opt in option._short_opts:
                if opt[0] == "-" and opt[1].islower():
                    raise ValueError("lowercase shortoptions reserved")
        if self.parser:
            self.parser.processoption(option)
        self.options.append(option)
```

图 6-3　parser.addoption 源码实现

通过图 6-3 可以发现，addoption 接收如下参数。

1）*optnames：一个可变字符串，用来表示 option 的名称，例如上面例子中的 --auth。

2）**attrs：attrs 是关键字参数，通常以 key:value 的形式存在，它能接收的参数与 Python 标准库 argparse 中 add_argument() 函数的参数一致。

如果进一步查看源码，你将发现在测试框架 pytest 中用于解析命令行参数的解析器正是 argparse 这个 Python 标准库。

6.3　自主实现交互式命令

现在我们已经知道，pytest 测试框架中实现交互式命令利用的正是 argparse 标准库。下面我们就来一睹 argparse 的真容。

6.3.1　Python 标准库 argparse 详解

argparse 是内置于标准库中用于 Python 命令行解析的模块，使用 argparse 可以直接在命令行中向程序传入参数。使用 argparse 的步骤如下。

1. 导入 argparse 模块

argparse 无须安装，使用时输入如下命令直接导入即可。

```
import argparse
```

2. 创建 ArgumentParser 对象

导入 argparse 后，需要定义 ArgumentParser 对象，命令如下。

```
parser = argparse.ArgumentParser()
```

ArgumentParser 对象保存将命令行解析为 Python 数据类型所需的所有信息，其支持的参数如代码清单 6-6 所示。

代码清单 6-6　ArgumentParser 对象支持的参数

```
ArgumentParser(prog=None, usage=None, description=None, epilog=None, parents=[],
    formatter_class=argparse.HelpFormatter, prefix_chars='-', fromfile_prefix_
    chars=None, argument_default=None, conflict_handler='error', add_help=True,
    allow_abbrev=True, exit_on_error=True)
```

下面来简单介绍有关参数。

1）prog：程序的名称，默认值为 sys.argv[0]。

2）usage：描述程序用途的字符串。

3）description：在参数帮助文档之前显示的文本。

4）epilog：在参数帮助文档之后显示的文本。

5）parents：一个ArgumentParser对象的列表，它们的参数也应包含在内。

6）formatter_class：用于自定义帮助文档输出格式的类。

7）prefix_chars：可选参数的前缀字符集合，默认值为 -。

8）fromfile_prefix_chars：当需要从文件中读取其他参数时，用于标识文件名的前缀字符集合，默认值为None。

9）argument_default：参数的全局默认值，默认值为None。

10）conflict_handler：解决冲突选项的策略（通常是不必要的）。

11）add_help：为解析器添加一个 -h/--help 选项，默认值为True。

12）allow_abbrev：如果缩写是无歧义的，那么允许缩写长选项，默认值为True。

13）exit_on_error：决定当错误发生时是否让ArgumentParser附带错误信息退出，默认值为True。

其中，prog、usage、description 这3个参数使用得比较多。

3. 添加参数

当定义好ArgumentParser后，通过add_argument()方法告诉ArgumentParser如何在命令行中获取接收到的字符串并将其转换为对象，如代码清单6-7所示。

代码清单6-7　add_argument()方法

```
# 可以通过add_argument添加一个或多个参数
parser.add_argument()
```

add_argument()方法用于指定程序能够接收哪些命令行参数。add_argument()接收两种类型的参数，分别是位置参数和可选参数。下面详细介绍这两种参数。

位置参数是指必须传递的参数，如果不传递就会报错。例如创建一个test_argparse.py文件，如代码清单6-8所示。

代码清单6-8　add_argument位置参数使用方法

```
# test_argparse.py
import argparse


if __name__ == "__main__":

    parser = argparse.ArgumentParser()
    parser.add_argument("name", help="This is a demo",action="store")
    args = parser.parse_args()
    if args.name:
        print(args.name)
```

创建完成后，可以通过代码清单6-9所示的命令查看其支持的参数。

代码清单6-9　查看add_argument支持的参数

```
# 定位到test_argparse.py所在的文件夹，然后直接执行
```

```
python test_argparse.py -h
```

输出结果如代码清单 6-10 所示。

代码清单 6-10　add_argument 支持的参数

```
usage: test_argparse.py [-h] name
positional arguments:
    name        This is a demo

optional arguments:
    -h, --help  show this help message and exit
```

通过 -h 命令，可以查看定义的所有位置参数（本例中是 name）。

代码清单 6-11 所示是不给定位置参数直接执行的命令。

代码清单 6-11　直接执行 test_argparse.py

```
# 定位到 test_argparse.py 所在的文件夹，然后直接执行
python test_argparse.py
```

运行结果如代码清单 6-12 所示。

代码清单 6-12　直接执行 test_argparse.py 的结果

```
usage: test_argparse.py [-h] name
test_argparse.py: error: the following arguments are required: name
```

如果给定参数的值，则会运行成功，如代码清单 6-13 所示。由此可见，定义了位置参数后，位置参数的值必须传递。

代码清单 6-13　给定参数后执行 test_argparse.py

```
# 定位到 test_argparse.py 所在的文件夹，然后直接执行
python test_argparse.py iTesting
```

相对于位置参数，可选参数以“--”或者“-”开头，示例见代码清单 6-14。

代码清单 6-14　add_argument 可选参数

```
# test_argparse.py

import argparse


if __name__ == "__main__":
    parser = argparse.ArgumentParser()
    parser.add_argument("--name", default='iTesting', help="This is a
        demo",action="store")
    args = parser.parse_args()
    if args.name:
        print(args.name)
```

在本例中，我们定义了可选参数 name，它的默认值是 iTesting。在运行此文件时，可选参数可以填写，也可以不填写。如果可选参数有默认值，argparse 会把此可选参数默认传入。

4. 解析参数

add_argument 的参数添加完毕后，需要在运行时对传入的参数进行解析，命令如下。

```
args = parser.parse_args()
```

ArgumentParser 通过 parse_args() 方法把每个参数转换为适当的类型，然后调用相应的操作。

通过以上 4 个步骤，我们了解了 argparse 标准库的使用。下面通过一组示例来实践一下 argparse。

6.3.2 交互式命令代码实践

通过上面的学习我们了解到，只要使用 argparse，就可以通过命令行参数来实现交互式命令。那么如何让测试框架也支持交互式命令呢？你有没有好奇过，为什么我们在命令行中直接输入 pytest，测试脚本就会运行？

下面，我们通过交互式命令代码实践来解开疑惑。

首先，创建一个项目，名称为 DemoProject，文件结构如代码清单 6-15 所示。

代码清单 6-15 项目 DemoProject 的文件结构

```
|--DemoProject
        |--tests
               |--__init__.py
        |--main.py
        |--__init__.py
```

其中，除了 main.py 文件外，其他文件均为空。main.py 文件的内容如代码清单 6-16 所示。

代码清单 6-16 main.py 文件内容

```
# main.py
import argparse
import sys
import shlex
import os


def parse_options(user_options=None):
    parser = argparse.ArgumentParser(prog='iTesting', description="iTesting
        framework demo")
    parser.add_argument("-t", action="store", default="." + os.sep + 'tests',
        dest="test_targets", metavar='test \
```

```
    targets, should be either folder or .py file, this should be the root folder
        of your test cases or .py file of your test classes.',
                        help="Specify the file path of testing targets, either
                            folder path or *.py file path")

    if not user_options:
        args = sys.argv[1:]

    else:
        args = shlex.split(user_options)
    options, un_known = parser.parse_known_args(args)

    return os.path.abspath(options.test_targets)


def main(args=None):
    return parse_options(args)


if __name__ == "__main__":
    print(main())
```

在 main.py 文件中，笔者按照 argparse 的用法添加了一个 -t 参数，而这个参数在自动化测试框架中的作用是指定测试用例所在的文件夹，在 -t 参数不提供的情况下，将给它一个默认值 ./tests。

我们可以通过如代码清单 6-17 所示的方式运行这个项目。

代码清单 6-17　运行 DemoProject 项目

```
# 切换到项目根目录 DemoProject 下，执行下列代码
python main.py -t ./tests
```

读者不妨自行运行这段代码，观察输出结果。通过这种方式，我们就可以通过交互式命令来设置自动化测试框架运行所需的各种参数了。

6.4　测试框架集成交互式命令

现在我们知道，通过交互式命令，可以自定义测试框架运行所需的参数。那么，对于一个自动化测试框架来说，哪些交互式命令是必备的呢？在此笔者列出常用的几个交互式命令。

1）-i，运行指定标签的测试用例（任意匹配）。如果一个测试用例 A 有两个标签，分别为 smoke 和 sanity，那么在运行时无论交互式命令传入的是 -i smoke 还是 -i sanity，测试用例 A 都会被执行。

2）-ai，运行指定标签的测试用例（完全匹配）。如果一个测试用例 A 有两个标签，分

别为 smoke 和 sanity，那么在运行时只有当交互式命令传入的值是 -ai smoke,sanity 时，测试用例 A 才会被执行。

3）-I，运行指定标签测试类下面的所有用例（任意匹配）。如果一个测试类 A 有两个标签，分别为 smoke 和 sanity，那么在运行时无论交互式命令传入的是 -I smoke 还是 -I sanity，只要没有其他标签控制，测试类 A 下面的所有测试用例都会被执行。

4）-e，剔除指定标签的测试用例（任意匹配）。原理同上。

5）-ae，剔除指定标签的测试用例（完全匹配）。原理同上。

6）-E，剔除指定标签的测试类下面的所有用例（任意匹配）。原理同上。

下面挑选几个自定义参数并实现，更改后的 main.py 文件如代码清单 6-18 所示。

代码清单 6-18　更改后的 main.py 文件内容

```
# main.py
import argparse
import sys
import shlex
import os


def parse_options(user_options=None):
    parser = argparse.ArgumentParser(prog='iTesting', description="iTesting
        framework demo")
    parser.add_argument("-t", action="store", default="." + os.sep + 'tests',
        dest="test_targets", metavar='target run path/file',
                        help="Specify run path/file")
    include_tag = parser.add_mutually_exclusive_group()
    include_tag.add_argument("-i", action="store", default=None, dest="include_
        tags_any_match", metavar="user provided tags(Any)",
                        help="Specify tags to run")
    include_tag.add_argument("-ai", action="store", default=None, dest="include_
        tags_full_match", metavar="user provided tags(Full Match)",
                        help="Specify tags to run, full match")

    exclude_tags = parser.add_mutually_exclusive_group()
    exclude_tags.add_argument("-e", action="store", default=None, dest="exclude_
        tags_any_match", metavar="user exclude tags(Any)",
                         help="Exclude tags to run")

    exclude_tags.add_argument("-ae", action="store", default=None,
        dest="exclude_tags_full_match", metavar="user exclude tags(Full Match)",
                         help="Exclude tags to run, full match")

    all_include_tag = parser.add_mutually_exclusive_group()
    all_include_tag.add_argument("-I", action="store", default=None,
        dest="include_groups_any_match", metavar="user provided class
        tags(Any)",
                         help="Specify class to run")
```

```
    all_exclude_tag = parser.add_mutually_exclusive_group()
    all_exclude_tag.add_argument("-E", action="store", default=None,
        dest="exclude_groups_any_match", metavar="user exclude class tags(Any)",

                                help="Exclude class to run")

    if not user_options:
        args = sys.argv[1:]

    else:

        args = shlex.split(user_options)
    options, un_known = parser.parse_known_args(args)

    return os.path.abspath(options.test_targets)


def main(args=None):
    return parse_options(args)


if __name__ == "__main__":
    print(main())
```

我们通过这种方式使用交互式命令给自动化测试框架提供运行所需的参数。在实际工作中，根据测试需要的不同，可能会有其他的自定义交互式命令，读者根据需要自行添加即可。

注意　本章仅介绍了如何获取交互式命令，关于交互式命令如何跟测试运行交互，笔者将会在后续多个章节中分别介绍。

6.5　本章小结

本章主要介绍了交互式命令的含义、作用以及使用指南。通过交互式命令自定义测试框架的行为是当前比较流行的测试框架实践。使用交互式命令可以根据测试需要动态调整待运行的测试用例集，这个功能在回归测试中非常有用，可以在代码更改后精准运行受影响的测试用例，节省测试时间。

Chapter 7 第7章

自动化测试框架与数据驱动

第5章详细介绍了在pytest中如何使用数据驱动功能。在使用过程中，你可能会有如下疑问。

1）数据驱动是如何工作的？

2）数据驱动与测试框架是如何交互的？

3）测试框架是如何根据数据多次运行同一个测试代码的？

本章将逐一解决上述问题，让你彻底掌握数据驱动。

7.1 数据驱动原理概述

数据驱动在自动化测试框架中是至关重要的，我们有必要深入了解其工作原理和实现步骤。不同的测试框架接收数据、处理数据的逻辑各有不同，从通用角度来说，数据驱动的工作原理类似于图7-1所示。

从图7-1中我们可以看到，数据驱动的原理如下。

1）测试用例（集）运行时首先获取测试所需的数据源。数据源分为外部数据源和内部数据源。在数据获取方式上，数据可以从代码文件、外部文件（Excel、TXT、JSON、YAML）以及数据库中获取。

2）将获取到的数据源解析后传入实例化的测试用例（集）。在一次测试运行中，通常有多个测试用例，测试框架会将所有测试用例组合为一个测试用例集统一调度。测试用例可能需要测试数据，也可能不需要，当需要测试数据时，测试数据须根据测试用例的参数数量进行解析。

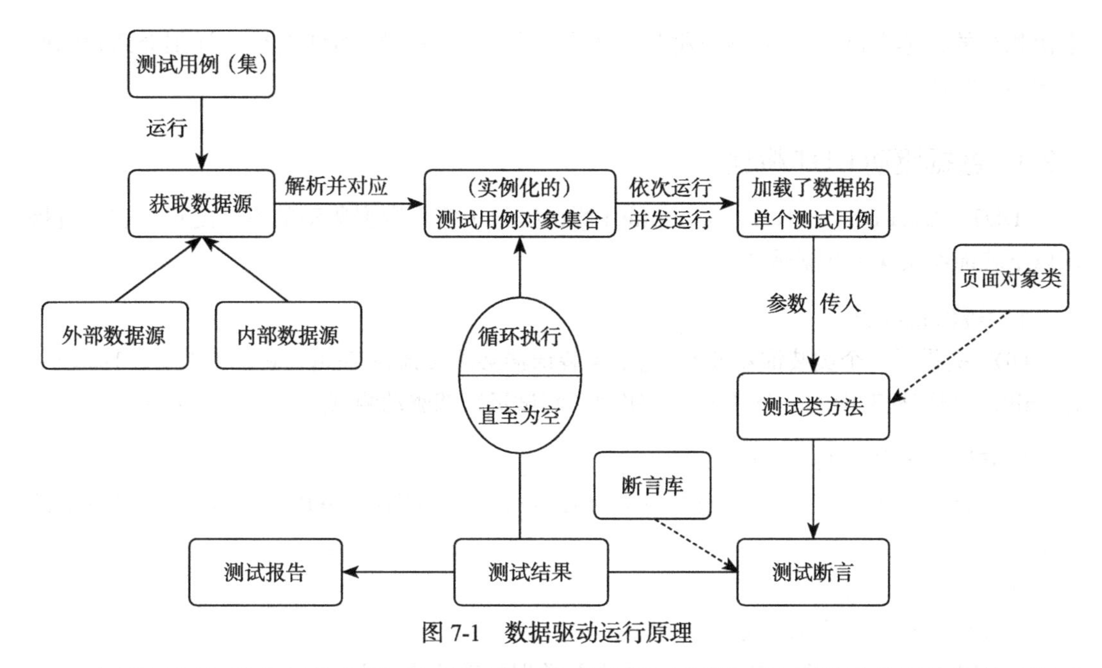

图 7-1　数据驱动运行原理

3）测试框架从实例化的测试用例（集）中获取测试用例，加载测试数据并执行。测试用例实例化后，加载测试数据并执行。根据用户调度的需要，测试框架会逐个执行测试用例或者并发执行测试用例。测试框架会根据测试数据的数量来匹配执行测试用例的次数。此时，实例化的测试用例会存在多个，每一个测试用例加载不同的测试数据。

4）测试用例执行并返回测试结果。测试在进行中会与页面对象类交互，调用页面对象类的方法来执行测试用例，并在测试执行后断言测试的正确性（断言的方法来自断言库）。

5）循环执行直至测试用例（集）都被执行。测试用例在执行的过程中，大都采取“出栈”的方式。测试框架不断检查最初的测试用例（集），如果不为空，则根据调度需要，采用顺序或者并发的方式弹出测试用例并执行，直至所有的测试用例执行完毕。

可以看到，在数据驱动执行测试用例的整个过程中，如下 3 个细节特别重要。

1）测试用例如何实例化。

2）测试用例实例化后如何加载测试数据。

3）当存在多个测试数据时，如何多次执行测试用例。

这 3 个细节就是自动化测试框架调度执行的精髓，我们可以看到，测试驱动参与了后面两个过程。

7.2　深入数据驱动原理

为了使读者能更加深入地理解测试用例实例化后是如何加载数据，如何根据数据条数多次执行的，笔者以 unittest 测试框架中著名的数据驱动框架 DDT 为例，详细介绍数据驱动的实现原理。

7.2.1 数据驱动 DDT 概述

DDT（Data-Driven Tests）是 unittest 测试框架中实现数据驱动的不二之选。它通过提供以下装饰器实现了数据驱动。

1. 类装饰器 ddt

DDT 提供了一个类装饰器 ddt。这个类装饰器必须装饰在 TestCase 的子类上，TestCase 是 unittest 测试框架中的一个基类，它实现了测试运行期驱动测试运行所需的接口。

2. 方法装饰器 data 和 file_data

方法装饰器 data 直接提供测试数据；file_data 装饰器则从 JSON 或 YAML 文件中加载测试数据。

DDT 的使用步骤如下。

1）使用 @ddt 装饰测试类。

2）使用 @data 或者 @file_data 装饰需要数据驱动的测试方法。

3）如果一组测试数据有多个参数，则应进行 unpack 操作，使用 @unpack 装饰测试方法。

因为 DDT 不是 unittest 的标准类，所以在使用时需要先行安装，安装命令如下。

```
pip install ddt
```

DDT 支持两种不同类型的数据驱动方式，下面进行详细介绍。

1. DDT 直接提供测试数据

代码清单 7-1 所示为 DDT 直接提供测试数据的示例。

代码清单 7-1 DDT 直接提供测试数据

```
# coding=utf-8
from ddt import ddt, data, file_data, unpack
from selenium import webdriver
import unittest
import time

# ddt 一定装饰在 TestCase 的子类上
@ddt
class Baidu(unittest.TestCase):
    def setUp(self):
        self.driver = webdriver.Chrome()
        self.driver.implicitly_wait(30)
        self.base_url = "http://www.baidu.com/"

    # data 表示测试数据是直接提供的
```

```
    # unpack 表示对于每一组数据，如果它的值是 list 或者 tuple，那么拆分成独立的参数
    @data(['iTesting', 'iTesting'], ['helloqa.com', 'iTesting'])
    @unpack
    def test_baidu_search(self, search_string, expect_string):
        driver = self.driver
        driver.get(self.base_url + "/")
        driver.find_element_by_id("kw").send_keys(search_string)
        driver.find_element_by_id("su").click()
        time.sleep(2)
        search_results = driver.find_element_by_xpath('//*[@id="1"]/h3/a').get_
            attribute('innerHTML')
        print(search_results)
        self.assertEqual(expect_string in search_results, True)

    def tearDown(self):
        self.driver.quit()


if __name__ == "__main__":
    unittest.main(verbosity=2)
```

在这个例子中，笔者直接使用了 @data 装饰器提供数据。在 @data 装饰器中，给出了测试的两组数据，分别是 ['iTesting', 'iTesting'] 和 ['helloqa.com', 'iTesting']。然后，使用 @unpack 装饰器把每一组数据通过 unpack 操作转换成一个个参数，传递给函数 test_baidu_search 使用。直接运行这个文件，结果如图 7-2 所示。

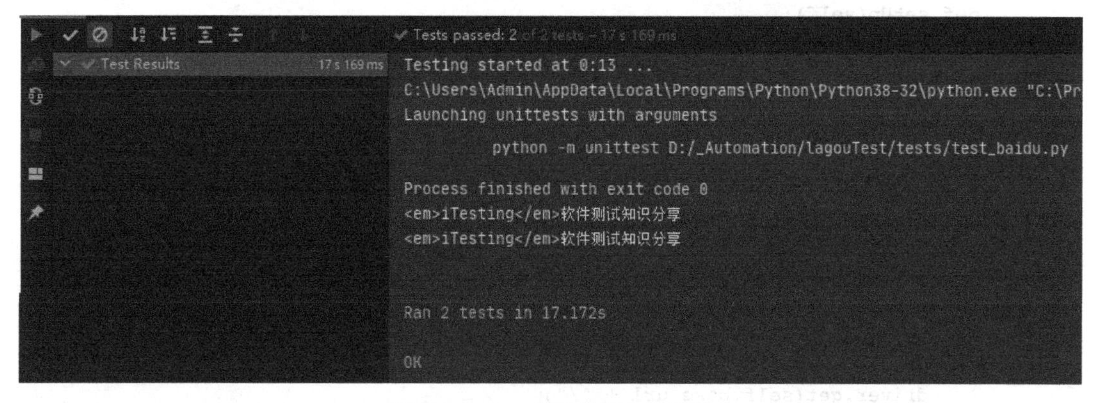

图 7-2　DDT 直接提供数据运行

注意，虽然在代码中只有一个测试用例 test_baidu_search，但在生成的测试报告里，显示了“Run 2 tests in 17.172s”，也就是 test_baidu_search 这个测试用例运行了 2 次，这就是数据驱动 DDT 在起作用。

在代码清单 7-1 中，展示的是多组参数，每组参数多个数据的情况。如果只有一组数据，则无须使用 @unpack 装饰器，按照如代码清单 7-2 所示的格式修改代码即可。

代码清单 7-2 DDT 单组数据的使用

```
# 如仅有一个参数，那么直接在 data 里写参数即可
# 在仅有一个参数的情况下，无须再用 @unpack 装饰测试方法
@data('data1', 'data2')
```

DDT 直接提供数据时，除了上述直接把数据写在 @data() 的参数中，还有一个情况是数据先从函数中获取，然后再写入 @data() 的参数，代码清单 7-3 所示是一个完整示例。

代码清单 7-3 DDT 从函数中获取数据并写入

```
# coding=utf-8
from ddt import ddt, data, file_data, unpack
from selenium import webdriver
import unittest
import time

def get_test_data():
    # 这里写获取测试数据的业务逻辑
    # 获取数据后，把数据返回
    # 注意，如果是多组数据，需要返回类似 ([ 数据 1- 参数 1, 数据 1- 参数 2], [ 数据 2- 参数 1, 数
        据 2- 参数 2]) 的格式，方便 ddt.data() 解析
    results = ['iTesting', 'iTesting'], ['helloqa.com', 'iTesting']
    return results

# ddt 一定是装饰在 TestCase 的子类上
@ddt
class Baidu(unittest.TestCase):
    def setUp(self):
        self.driver = webdriver.Chrome()
        self.driver.implicitly_wait(30)
        self.base_url = "http://www.baidu.com/"


    # data 表示测试数据是直接提供的，注意 data 里的参数写了函数 get_test_data() 的返回值，并
        且以 * 为前缀，代表返回的是可变参数
    # unpack 表示对于每一组数据，如果它的值是 list 或者 tuple，那么拆分成独立的参数
    @data(*get_test_data())
    @unpack
    def test_baidu_search(self, search_string, expect_string):
        driver = self.driver
        driver.get(self.base_url + "/")
        driver.find_element_by_id("kw").send_keys(search_string)
        driver.find_element_by_id("su").click()
        time.sleep(2)
        search_results = driver.find_element_by_xpath('//*[@id="1"]/h3/a').get_
          attribute('innerHTML')
        print(search_results)
        self.assertEqual(expect_string in search_results, True)

    def tearDown(self):
```

```
        self.driver.quit()

if __name__ == "__main__":
    unittest.main()
```

在本例中，笔者创建了一个函数 get_test_data() 用于获取测试数据。这个函数可以带参数，也可以不带参数，具体需要根据业务逻辑来定。

> **注意** get_test_data() 函数的返回值一定要遵守 ddt.data() 可接受的数据格式，即一组数据，每个数据为单个的值；多组数据，每组数据为一个列表或者一个字典。

2. DDT 通过 data_file 提供测试数据

默认情况下，DDT 支持来自 JSON 或者 YAML 格式的外部文件。代码清单 7-4 展示了如何使用来自 JSON 或者 YAML 文件的数据。

代码清单 7-4　使用 JSON 文件来提供数据

```
# -*- coding: utf-8 -*-

from ddt import ddt, data, file_data, unpack
from selenium import webdriver
import unittest
import time


@ddt
class Baidu(unittest.TestCase):
    def setUp(self):
        self.driver = webdriver.Chrome()
        self.driver.implicitly_wait(30)
        self.base_url = "http://www.baidu.com/"

    # 此处测试数据从文件读取，使用 @file_data 装饰器
    # 文件路径是 Baidu 这个测试类的相对路径
    # 使用外部文件方式加载数据无须进行 unpack 操作
    @file_data('test_baidu.json')
    def test_baidu_search(self, search_string, expect_string):
        driver = self.driver
        driver.get(self.base_url + "/")
        driver.find_element_by_id("kw").send_keys(search_string)
        driver.find_element_by_id("su").click()
        time.sleep(2)
        search_results = driver.find_element_by_xpath('//*[@id="1"]/h3/a').get_
            attribute('innerHTML')
        print(search_results)
        self.assertEqual(expect_string in search_results, True)

    def tearDown(self):
```

```
        self.driver.quit()


if __name__ == "__main__":
    unittest.main(verbosity=2)
```

可以看到，在本段代码中，测试数据的来源是JSON文件。

```
@file_data('test_baidu.json')
```

如果想使用YAML文件提供数据，可以参考代码清单7-5。

代码清单7-5　通过YAML文件提供数据

```
# -*- coding: utf-8 -*-

from ddt import ddt, data, file_data, unpack
from selenium import webdriver
import unittest
import time

# 使用YAML文件前先尝试导入，如导入失败则跳过使用YAML数据驱动的测试用例
try:
    import yaml
except ImportError:
    have_yaml_support = False
else:
    have_yaml_support = True

needs_yaml = unittest.skipUnless(
    have_yaml_support, "Need YAML to run this test"
)


@ddt
class Baidu(unittest.TestCase):
    def setUp(self):
        self.driver = webdriver.Chrome()
        self.driver.implicitly_wait(30)
        self.base_url = "http://www.baidu.com/"

    # 使用YAML文件必须使用@needs_yaml装饰
    @needs_yaml
    @file_data('test_baidu.yaml')
    def test_baidu_search(self, search_string, expect_string):
        driver = self.driver
        driver.get(self.base_url + "/")
        driver.find_element_by_id("kw").send_keys(search_string)
        driver.find_element_by_id("su").click()
        time.sleep(2)
        search_results = driver.find_element_by_xpath('//*[@id="1"]/h3/a').get_
```

```
            attribute('innerHTML')
        print(search_results)
        self.assertEqual(expect_string in search_results, True)

    def tearDown(self):
        self.driver.quit()


if __name__ == "__main__":
    unittest.main(verbosity=2)
```

注意 JSON 格式和 YAML 格式的文件在数据存储格式上略有不同，在使用时，务必参考 JSON 文件规范以及 YAML 文件规范。在代码中使用 YAML 文件必须先安装 PyYaml 测试库（安装命令为 pip install pyyaml）。在本例中，为了防止 YAML 导入失败，笔者定义了 needs_yaml 装饰器，用来给程序加一个安全判断。如果 YAML 导入失败，则所有以 needs_yaml 装饰的测试用例将不会执行。

可以看到，使用 @file_data 装饰器，与使用 @data 装饰器有如下不同。

1）在 @file_data 装饰器里，文件的路径是相对于这个测试类本身的。在本例中，文件路径为 Baidu 测试类所处的文件的相对位置。

2）使用 @file_data 无须进行 unpack 操作，即使同一组数据的参数有多个。

7.2.2 数据驱动 DDT 源码解析

了解了 DDT 的使用后，不知你有没有想过如下问题。

1）DDT 是如何把测试数据传递给测试用例的？

2）当一组数据有多个参数时，DDT 是如何进行 unpack 操作的？

3）当有多组数据时，DDT 拆分测试用例是如何命名的？

要回答上面的问题，就需要深入了解 DDT 的源码实现。如果仔细研读 DDT 的源码，你会发现，其实 DDT 实现核心就是 @ddt(cls) 装饰器。而 @ddt(cls) 的核心代码是 wrapper 这个内函数。内函数 wrapper 的源码如代码清单 7-6 所示。

代码清单 7-6 DDT 核心之 wrapper 源码

```
def wrapper(cls):
    # 先遍历被装饰类的 name 和 func 参数
    # 对于 func 参数，先看被装饰的是 DATA_ATTR 还是 FILE_ATTR
    for name, func in list(cls.__dict__.items()):
        # 如果被装饰的是 DATA_ATTR
        if hasattr(func, DATA_ATTR):
            #获取 @data 提供数据的索引和内容并遍历
            for i, v in enumerate(getattr(func, DATA_ATTR)):
                # 重新生成测试函数名，这个函数名会展示在测试报告中
```

```
                test_name = mk_test_name(
                    name,
                    getattr(v, "__name__", v),
                    i,
                    fmt_test_name
                )
                test_data_docstring = _get_test_data_docstring(func, v)
                # 如果类函数被@unpack装饰
                if hasattr(func, UNPACK_ATTR):
                    # 如果提供的数据是tuple或者list类型
                    if isinstance(v, tuple) or isinstance(v, list):
                        # 则添加一个测试用例到测试类中
                        # list或tuple传不定数目的值，用*v表示即可
                        add_test(
                            cls,
                            test_name,
                            test_data_docstring,
                            func,
                            *v
                        )
                    else:
                        # 对字典进行unpack操作
                        # 添加一个测试用例到测试类中
                        # dict中传不定数目的值，用**v
                        add_test(
                            cls,
                            test_name,
                            test_data_docstring,
                            func,
                            **v
                        )
                else:
                    # 如不需要进行unpack操作，则直接添加一个测试用例到测试类
                    add_test(cls, test_name, test_data_docstring, func, v)
            # 删除原来的测试类
            delattr(cls, name)
        # 如果被装饰的是file_data
        elif hasattr(func, FILE_ATTR):
            # 获取文件的名称
            file_attr = getattr(func, FILE_ATTR)
            # 根据process_file_data解析这个文件
            # 在解析的最后，会调用mk_test_name生成多个测试用例
            process_file_data(cls, name, func, file_attr)
            # 测试用例生成后，会删除原来的测试用例
            delattr(cls, name)
    return cls
```

为了方便读者理解，笔者给整段代码加了注释，下面再逐句讲解其中重点部分。

首先，对于每一个被@ddt装饰的测试类，DDT首先遍历测试类的自有属性，从而得

出这个测试类有哪些测试方法，这部分是通过代码清单 7-7 所示的方法实现的。

代码清单 7-7　查询测试类支持的测试方法

```
# wrapper 源码第 4 行
for name, func in list(cls.__dict__.items()):
```

然后，判断所有的类函数里有没有装饰器 @data 或者 @file_data 是通过代码清单 7-8 所示的方法实现的。

代码清单 7-8　判断类装饰器

```
# 被 @data 装饰，wrapper 源码第 6 行
if hasattr(func, DATA_ATTR):

# 被 @file_data 装饰，wrapper 源码第 47 行
elif hasattr(func, FILE_ATTR):
```

接着，程序会根据判断结果分别进入两条分支：被 @data 装饰，即数据由 DDT 直接提供；被 @file_data 装饰，即数据由外部文件提供。

下面分别介绍这两条分支。

1. 被 @data 装饰，即数据由 DDT 直接提供

如果数据是直接通过装饰器 @data 提供的，那么为每一组数据生成一个测试用例名称，如代码清单 7-9 所示。

代码清单 7-9　DDT 根据数据生成测试用例名称

```
# 在本例中，i、v 进行第一次循环，值为
# i: 0
# v: ['iTesting', 'iTesting']
# wrapper 源码第 8 行
for i, v in enumerate(getattr(func, DATA_ATTR)):
    test_name = mk_test_name(
        name,
        getattr(v, "__name__", v),
        i,
        fmt_test_name
    )
```

其中生成 test_name 使用的是函数 mk_test_name。

> **注意**　DDT 在此时实现了把测试数据转给测试用例。从运行表现上看，测试数据是通过传递给到测试用例的。在内部实现上，其实是通过把测试数据拆分并生成新测试用例的方式实现的。

在函数 mk_test_name 中，DDT 更是把原来的测试函数通过如下所示特定的规则，拆分成不同的测试函数。

```
test_name = mk_test_name(name,getattr(v, "__name__", v),i,fmt_test_name)
```

在函数 mk_test_name 的参数里：name 是原测试函数的名字；v 表示一组测试数据；i 表示这组数据的索引；fmt_test_name 用来指定新生成的测试函数名的名称。新测试函数名按照“原来测试函数名 _index_ 第一个测试数据 _ 第二个测试数据”这样的格式生成。

例如，我们的测试数据 ['iTesting', 'iTesting'] 会被转换成 test_baidu_search_1_[\'iTesting\', \'iTesting\']'，因为符号 '['、'\' 以及 ',' 是不合法的字符，会被 '_' 替换，所以最终新生成的测试用例名为 test_baidu_search_1___iTesting____iTesting__。这部分逻辑在函数 mk_test_name 的最后两行，如代码清单 7-10 所示。

代码清单 7-10　函数名生成规则

```
# 处理逻辑如下
test_name = "{0}_{1}_{2}".format(name, index, value)
return re.sub(r'\W|^(?=\d)', '_', test_name)
```

紧接着，DDT 又去查找测试类函数，看它有没有被 @unpack 装饰。如果有，就意味着我们的测试类函数有多个参数，这时就需要对测试数据进行 unpack 操作了，这样我们的测试类函数的各个参数才能接收到传入的值。

这样，DDT 把上一步生成的新的测试用例名和刚刚经过 unpack 操作的测试数据的值（数据格式是列表、元组，还是字典，决定了进行 unpack 操作时是采用 *v 还是 **v 来解析），通过函数 add_test 生成一个测试用例并注册到目标测试类下，所有这些动作是在代码清单 7-11 所示的代码里完成的。

代码清单 7-11　新测试函数及测试数据 unpack 操作

```
# wrapper 源码第 18 行
if hasattr(func, UNPACK_ATTR):
    if isinstance(v, tuple) or isinstance(v, list):
        add_test(
            cls,
            test_name,
            test_data_docstring,
            func,
            *v
        )
    else:
        # unpack dictionary
        add_test(
            cls,
            test_name,
            test_data_docstring,
            func,
            **v
        )
else:
    add_test(cls, test_name, test_data_docstring, func, v)
```

需要注意的是，此时，测试类中多了测试函数，具体多了多少个，取决于DDT提供了多少组测试数据，有几组就生成几个测试用例，并且都注册到原测试类中。另外，进行unpack操作其实就是为了把一个测试用例的多个测试数据全部传入新生成的测试函数，让这些测试数据和测试函数的参数一一对应。

最后，DDT会删除最初的那个原始测试类方法（因为原测试函数已经根据各组数据变成了新的测试函数），其源码如下。

```
# wrapper 源码第 45 行
delattr(cls, name)
```

通过以上流程，DDT根据测试数据的组数，通过函数mk_test_name生成了多组测试用例，并利用add_test函数把新生成的测试函数注册到unittest的TestSuite中，从而实现了数据驱动。

2. 被@file_data装饰，即数据由外部文件提供

如果测试函数被@file_data装饰，DDT会先获取file_data中数据文件的名称，然后通过函数process_file_data进行下一步处理。

```
# wrapper 源码第 49 行
file_attr = getattr(func, FILE_ATTR)
process_file_data(cls, name, func, file_attr)
```

看起来只有短短的两行代码，其实DDT在函数process_file_data内部做了很多操作。

首先，DDT获取我们提供的数据文件的绝对地址，并通过后缀名判断它是YAML文件还是JSON文件。然后分别调用YAML或者JSON的load方法获取文件里提供的数据。接着，通过mk_test_name函数和add_test函数，生成多条测试用例，并且把新生成的函数注册到unittest的TestSuite中。最后，一样是删除原来的测试函数，代码如下所示。

```
# wrapper 源码第 45 行
delattr(cls, name)
```

注意　DDT的源码非常经典，代码行数又不多，值得我们深读。仔细琢磨并研究透DDT的源码，你的测试开发技术将会突飞猛进。

7.3　自主实现数据驱动

通过对DDT源码进行学习，我们了解到DDT的实现步骤如下。

1）根据测试数据的数量生成新的测试函数。

2）把测试数据传入新生成的测试函数。

3）删除原先的测试函数。

根据以上3个步骤，加上对DDT源码的理解，我们可以非常方便地实现一个自己的数据驱动库。首先，创建一个测试项目，名为DemoProject，文件结构如代码清单7-12所示。

代码清单7-12 DemoProject文件结构

```
├──── DemoProject
|     └──── tests
|     |     ├──── test_demo.py
|     |     └──── __init__.py
|     └──── common
|     |     ├──── __init__.py
|     |     ├──── data_provider.py
|     |     └──── test_case_finder.py
|     └──── main.py
```

在这个项目中，tests文件夹下面存放测试用例。common文件夹下存放了两个文件：data_provider.py文件存放我们自主实现的数据驱动；test_case_finder.py文件存放经过数据驱动处理的测试用例。下面分别列出这些文件中的代码并做简单讲解。测试用例存在于test_demo.py文件中，如代码清单7-13所示。

代码清单7-13 测试用例test_demo.py代码

```
from common.data_provider import data_provider

class DemoTest():
    @data_provider(['iTesting', 'kevin'])
    def test_demo_data_driven(self, data):
        """Demo 演示 """
        assert 1 == 1
```

如代码清单7-14所示，定义了一个永远运行的测试用例test_demo_data_driven，它有一个装饰器@data_provider，这个装饰器用来把测试数据提供给测试用例，这里有两组数据分别是iTesting和kevin。

接下来我们看一下装饰器@data_provider是如何把测试数据提供给测试用例的，文件data_provider.py的内容如代码清单7-14所示。

代码清单7-14 data_provider.py文件

```
import re


def data_provider(test_data):
    def wrapper(func):
        # 给测试用例添加__data_Provider__属性
        setattr(func, "__data_Provider__", test_data)
        # 计算测试数据的组数，在生成新测试用例的时候使用
        global index_len
```

```
            index_len = len(str(len(test_data)))
            return func
        return wrapper


def mk_test_name(name, value, index=0):
    # 通过 index_len 的长度使测试用例名称保持一致风格
    index = "{0:0{1}d}".format(index + 1, index_len)
    test_name = "{0}_{1}_{2}".format(name, index, str(value))
    # 替换测试数据中的非法字符，以生成新的测试用例名
    return re.sub(r'\W|^(?=\d)', '_', test_name)
```

在 data_provider.py 中，我们定义了两个方法——data_provider 和 mk_test_name。其中 data_provider 给测试用例加上 "__data_Provider__" 属性，供测试用例查找时调用（在本例中，装饰在 test_demo_data_driven 测试方法上）。而 mk_test_name 用于根据测试数据的组数生成新的测试用例名，那么 mk_test_name 是如何被调用的呢？我们来看一下 test_case_finder.py 文件的内容，如代码清单 7-15 所示。

代码清单 7-15　test_case_finder.py 文件

```
import importlib
from importlib import util

import inspect
import sys
from common.data_provider import mk_test_name


class DiscoverTestCases:
    def __init__(self, test_file=None):
        self.test_file = test_file

    def find_test_module(self):
        """ 根据指定文件查找测试用模块并导入 """
        mod_ref = []
        module_name_list = [inspect.getmodulename(self.test_file)]
        module_file_paths = [self.test_file]
        for module_name, module_file_path in zip(module_name_list, module_file_
            paths):
            try:
                module_spec = importlib.util.spec_from_file_location(module_
                    name, module_file_path)
                module = importlib.util.module_from_spec(module_spec)

                module_spec.loader.exec_module(module)
                sys.modules[module_name] = module
                mod_ref.append(module)
            except ImportError:
                raise ImportError('Module: {} can not imported'.format(self.
```

```
                target_file_or_path))
        return mod_ref


    def find_tests(self, mod_ref):
        """ 遍历上一步查找到的测试模块，过滤出符合条件的测试用例 """
        test_cases = []
        for module in mod_ref:
            cls_members = inspect.getmembers(module, inspect.isfunction(module))
            for cls in cls_members:
                cls_name, cls_code_object = cls
                for func_name in dir(cls_code_object):
                    # 仅查找以"test"开头的测试用例
                    if func_name.startswith('test'):
                        # 获取测试类的所有方法，并且查看是否有"__data_Provider__"属性
                        tests_suspect = getattr(cls_code_object, func_name)
                        if hasattr(tests_suspect, "__data_Provider__"):
                            for i, v in enumerate(getattr(tests_suspect, "__
                                data_Provider__")):
                                # 根据测试数据的组数调用mk_test_name生成新的测试用例名
                                new_test_name = mk_test_name(tests_suspect.__
                                    name__, getattr(v, "__name__", v), i)
                                # 将测试类、原始的测试用例名、新生成的测试用例名、测试数
                                    据组成一条测试用例供测试框架后续调用
                                test_cases.append((cls_name, tests_suspect.__
                                    name__, new_test_name, v))
                        else:
                            # 当没有"__data_Provider__"属性时，直接返回原测试用例
                            test_cases.append((cls_name, func_name, func_name,
                                None))
        return test_cases
```

上面这段代码比较复杂，笔者加了部分注释方便大家理解，需要注意以下几点。

1）所有的测试用例通过类DiscoverTestCases及其类方法获取。

2）类函数find_test_module用于从.py格式的Python文件中获取测试模块并将其导入。

3）针对每一个导入的测试模块，通过find_tests类方法获取这个模块下的所有测试方法，然后通过@data_provider装饰器及mk_test_name方法把原测试用例按照提供的测试数据组数拆解成多个测试用例并返回。

有了.py文件，我们就可以通过它了解哪些测试用例需要执行。那么.py文件从哪里获取呢？这就是main.py主函数的功能了，如代码清单7-16所示。

代码清单7-16　main.py代码

```
# -*- coding: utf-8 -*-

from common.test_case_finder import DiscoverTestCases
```

```
if __name__ == "__main__":
    # 测试文件笔者暂时硬编码
    # 在后续的章节中笔者将演示如何自动化获取测试文件
    test_file_path = r"D:\pythonProject\Chapter6\tests\test_demo.py"

    # 生成 DiscoverTestCases 类实例
    case_finder = DiscoverTestCases(test_file_path)
    # 查找测试模块并导入
    test_module = case_finder.find_test_module()
    # 查找测试用例
    test_cases = case_finder.find_tests(test_module)
    for i in test_cases:
        print(i)
```

主函数 main.py 负责通过指定文件查找测试用例并返回。下面我们直接运行一下 main.py 文件，输出结果如图 7-3 所示。

```
test_demo_data_driven_1_iTesting
test_demo_data_driven_2_Kevin
('TestDemo', 'test_demo_data_driven', 'test_demo_data_driven_1_iTesting', 'iTesting')
('TestDemo', 'test_demo_data_driven', 'test_demo_data_driven_2_Kevin', 'Kevin')
```

图 7-3　数据驱动运行结果示例

可以看到，因为原测试方法 test_demo_data_driven 有两组数据，数据驱动代码将之拆解为两个测试用例并返回（新生成的测试用例名称分别为 test_demo_data_driven_1_iTesting 和 test_demo_data_driven_2_Kevin）。至此，我们的测试框架就支持数据驱动了。

7.4　本章小结

数据驱动是自动化测试框架必备的功能。本章详细介绍了 DDT 测试框架及其原理，并据此自主开发了测试驱动。虽然数据驱动的实现各有不同，但最重要的两个部分大体相同：如何将测试数据传递给测试函数以及如何根据测试数据组数生成新的测试用例。

读者可以结合自身业务特点，参考本章所讲的内容，开发出符合自己需要的测试数据框架。本章并未实现测试用例的自动查找、测试用例的动态挑选，笔者将在第 9 章详细介绍相关内容。

Chapter 8 第 8 章

自动化测试框架与测试环境

随着质量意识逐渐深入人心，在当前的软件开发流程中，大到一个软件产品的更新换代，小到一个页面的功能改进，都需要经过严格的测试流程。这就给自动化测试框架带来了很多挑战。

8.1 测试环境给自动化测试框架带来的挑战

在软件开发模式普遍从单体架构转向微服务架构后，测试环境也从一台台虚拟机转变成一个个 Docker 镜像，而自动化测试框架也需要做必要的变更来适应测试环境的变化。

8.1.1 测试环境的普遍问题

无论是存放在本地的实体操作系统，还是通过远程访问的虚拟机镜像，抑或云化的测试环境。在实际测试中，都会遇到如下场景。

1）测试人员说："这个功能在 QA 环境测试过的，为什么到预生产环境就不工作了？"

2）开发人员说："这个功能在我的机器上是运行正常的！"

3）运维人员说："我没有更改任何配置啊！"

同样地，在自动化测试中，测试环境还会带来如下问题。

1）自动化测试代码只有一套，如何让一套代码应用在不同的测试环境中？

2）每套测试环境所用的测试数据可能不一样，如何确保测试数据能正确绑定到不同测试环境中？

3）在持续发布平台 /DevOps 流水线里，如何指定测试环境运行的测试脚本？

对于这些问题，即使进行环境治理，也不能完全解决。同时，为了便于测试和尽量真实模拟线上生产环境，测试环境也不能减少，因此测试人员必须在各种测试环境下进行测试。

8.1.2　自动化测试框架如何应对测试环境变化

对于自动化测试框架来说，显然不可能针对每套测试环境都开发一套测试代码。那么，自动化测试框架应该如何面对测试环境的变化呢？目前业界通常采用如下两种方法。

1. 预定义测试环境

预定义测试环境是比较通用的做法。通过事先配置的方式，决定测试环境使用哪种操作系统、安装哪些依赖软件，或者使用哪种镜像。在进行自动化测试时，测试环境通过对外暴露 IP 或者域名的方式供自动化测试框架访问。

预定义测试环境的优点如下。

1）通常有专业的团队维护。在实践中，各个公司通常有运维团队负责测试环境的搭建和维护。测试团队无须参与。

2）测试团队可以直接开始测试，无须关心测试环境细节。测试团队在测试时，可以直接在预定义测试环境中安装被测试软件。

预定义测试环境的缺点如下。

1）预定义测试环境的配置容易被破坏。出于成本考虑，预定义测试环境通常是多个团队共用的。如果测试环境的配置信息被更改，则会影响所有团队。

2）预定义测试环境无法支持多任务并行测试。因为预定义测试环境是公用的，所以只能安装一个版本的软件。如果有多项任务同时测试的需求，特别是遇到微服务架构下的分支测试时，往往难以支持。

3）预定义测试环境的测试结果一致性难以保证。因为所有的测试都在同一个测试环境中，所以在运行多次测试后（特别是发生某些不期望的错误时），测试环境的各项配置包括应用的各个依赖、配置信息，甚至数据信息均有可能发生变化。在这种情况下，测试结果可能会出现不一致。

2. 自动生成测试环境

为了解决预定义环境存在的问题，可以采用新颖开发架构，例如微服务的开发团队，常常使用自动生成测试环境的方式。在实践中，普遍采用 Docker 镜像的方式。自动生成测试环境有如下优点。

1）测试环境是动态生成的，环境配置永远不会被破坏。由于测试环境是在测试启动时才动态生成的，因此无论经过多少轮测试，测试环境都是崭新的，其配置信息也永远保持一致，避免了因为测试环境不同引起的测试结果不一致。

2）测试环境无须维护。同样的，采用自动生成测试环境的方式，在每次测试开始前，使用 Docker 镜像初始化测试环境。在测试结束后，测试环境即被销毁，无须维护。

3）支持多任务并发测试。自动化测试生成的测试环境在测试实践上，通常伴随着任务部署，即生成测试环境后，在测试环境上部署需要的各种服务，接着开始测试。如果需要支持多任务并发，那么生成多个不同的测试环境即可。

4）成本低廉。自动化生成测试环境通常会采用容器化技术或者云解决方案。相对于使用物理机或者安装有操作系统的虚拟机来说，节省了硬件资源。

当然，使用动态测试环境并不是没有代价的，从技术角度来看，通常情况下容器化技术、云解决方法对团队的技术要求比较高，而且对于自动化测试框架来说，也需要增加创建容器、销毁容器的代码支持。从运行角度来看，如果每一个测试用例都启用一个新的容器实例，那么容器的创建和销毁会占用大量计算资源，且自动化测试的总执行时间会延长。从部署角度看，如果每一个测试环境包含测试所需的一切配置，则大量公用的资源又会被重复创建，造成资源浪费。

那么，自动化测试框架如何应对测试环境的变化呢？针对预定义测试环境，仅需添加环境切换的能力。针对自动生成的测试环境，通常使用Docker镜像模板，在运行时通过dockerfile配置来生成容器实例，并且为了最大化重用公共资源，会把一些通用的服务单独部署，供多个测试环境调用。

注意 在微服务架构下，可以把用户注册、读写数据库这些功能单独部署为微服务，这些微服务作为公用微服务供其他测试环境调用。在测试时，测试环境单独部署除公共微服务之外的微服务，同时，通过引用公用微服务的方式来组成一个完整的测试环境并对外提供服务，这种方式在一定程度上避免了资源过度浪费。

8.2 测试环境切换原理

本节以预定义测试环境为例，讲解自动化测试环境如何实现测试环境切换。

注意 自动生成测试环境，需要运用容器技术、微服务编排等大量与测试框架无关的技术。在实践中，常常是以运维团队和测试团队共同开发的方式来提供，笔者不再演示其用法。

8.2.1 测试环境切换原理概述

在预定义测试环境下，如果要实现自动化测试框架动态支持环境切换，命令行参数是关键，图8-1展示了测试环境切换的原理。

由图8-1可知，测试环境切换的原理如下。

1）事先在交互式命令中定义环境信息。

2）测试启动时判断环境信息。

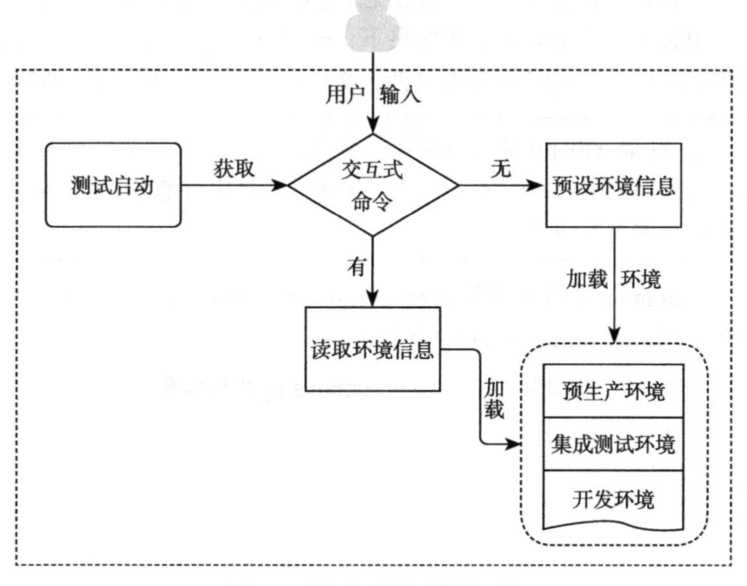

图 8-1　测试环境切换原理图

3）如果用户提供环境信息，则直接保存环境信息。

4）如果用户没有提供环境信息，则预设环境信息。

5）测试框架根据环境信息匹配并加载相应的测试环境。

8.2.2　测试环境切换核心代码实践

笔者在第 5 章介绍了交互式命令的使用，我们知道交互式命令一般使用标准库 argparse 进行处理。我们重写这部分代码，以更改框架中的用户交互部分，并加入环境切换信息，更改后的项目结构如代码清单 8-1 所示。

代码清单 8-1　项目结构

```
├── DemoProject
|   └────common
|   |   └──── user_options.py
|   |   └──── __init__.py
|   └────configs
|   |   └──── test_env
|   |   |   ├──── prod_env.py
|   |   |   ├──── qa_env.py
|   |   |   └──── __init__.py
|   |   └──── __init__.py
|   └────__init__.py
└── └────main.py
```

在上述 DemoProject 项目中，笔者定义了文件夹 configs，用于存放项目所有的配置信息。其子文件test_env用于存放测试环境信息，global_config.py文件用来定义全局变量，以便在整个项目中共用。在test_env文件夹下，prod_env.py和qa_env.py文件分别代表测试环境prod和测试环境qa，用户可以在这两个文件中定义测试环境对应的测试数据。

注意 prod_env.py和qa_env.py也叫作环境变量文件。环境变量文件中存放执行测试需要的环境相关配置数据（例如域名、账户信息、数据库信息等）。环境变量文件是自动化测试框架的常用实践之一。

在本项目中，common文件夹下的user_options.py文件展示了用户输入的命令是如何跟测试框架交互的，文件内容如代码清单8-2所示。

代码清单8-2 user_options.py文件内容

```
import argparse
import importlib.util
import sys
import shlex
import os


def parse_options(user_options=None):
    parser = argparse.ArgumentParser(prog='iTesting', description='iTesting
        framework demo')
    # 定义参数env，用于交互式提供测试环境
    parser.add_argument('-env', action='store', default='qa', dest='default_
        env', metavar='target environment',
                        choices=['qa', 'prod'], help='Specify test environment')
    # 定义测试文件夹，默认查找./tests文件夹下的所有测试用例
    parser.add_argument('-t', action='store', default='.' + os.sep + 'tests',
        dest='test_targets',
                        metavar='target run path/file',
                        help='Specify run path/file')

    if not user_options:
        args = sys.argv[1:]
    else:
        args = shlex.split(user_options)

    options, un_known = parser.parse_known_args(args)

    # 获取测试目标文件的绝对目录
    if options.test_targets:
        if not os.path.isdir(options.test_targets) and not os.path.
            isfile(options.test_targets):
            parser.error("Test targets must either be a folder path or a file
                path, it either be absolute path \
                      or relative path, if it is relative , it must relative
                          to tests folder under your root folder")
        if not os.path.isabs(options.test_targets):
```

```
            options.test_targets = os.path.abspath(options.test_targets)
        else:
            options.test_targets = options.test_targets

    # 根据用户提供的 env 参数值，动态加载对应的环境变量文件
    if options.default_env:
        try:
            module_package = '.' + os.sep + 'configs' + os.sep + 'test_env'
            module_name = module_package + os.sep + '{}_env'.format(options.
                default_env)
            module_file = '{}.py'.format(module_name)
            module_spec = importlib.util.spec_from_file_location(module_name,
                module_file)
            env = importlib.util.module_from_spec(module_spec)
            module_spec.loader.exec_module(env)
            options.config = {item: getattr(env, item, None) for item in
                dir(env) if not item.startswith("__")}
        except ImportError:
            raise ImportError('Module: {} can not imported'.format(module_name))

    return options
```

需要注意的是，在上述文件的 parse_options 函数中，笔者定义了测试用例的查找路径('-t')，此参数用于接收用户指定的文件或者文件目录，并将其作为测试用例查找的根文件或者根目录。除此之外，笔者还定义了环境变量 -env，其可选的输入值是指定的一个环境变量列表（choices=['qa', 'prod']），当测试运行时，如若用户给出的环境变量信息不在给定的列表中，则测试将直接报错。

在测试运行时，当测试框架接收到用户给定的环境变量后，将自动根据环境变量的名称，动态地导入环境变量所对应的配置文件。采用这种方式，使测试框架实现了根据用户输入内容切换环境变量。

prod_env.py 和 qa_env.py 文件展示了在环境变量文件中，应该保存哪些信息。prod_env.py 文件的内容如代码清单 8-3 所示。

代码清单 8-3　prod_env.py 文件内容

```
# prod_env.py
DOMAIN = "https://www.baidu.com"
Account = {"username": "kevin", "password": "iTesting"}
```

环境变量里必不可少的是环境对应的域名信息以及登录本环境所需的账户信息。通常情况下，还包括连接数据库的各项信息。我们再来看另外一个环境文件 qa_env.py 的代码，如代码清单 8-4 所示。

代码清单 8-4　qa_env.py 文件内容

```
# qa_env.py
```

```
DOMAIN = "https://www.qa.baidu.com"
Account = {"username": "qa_kevin", "password": "iTesting"}
```

在本例中，各个环境下的配置信息完全独立（例如，两个环境变量文件中，DOMAIN 的 URL 是完整的）。在具体实践中，也有将环境公用信息再次剥离的用法。例如，定义一个公用的环境变量文件 base_env.py，在其中存放各个环境可以重用的部分，下面展示 base_env.py 的写法，如代码清单 8-5 所示。

代码清单 8-5　base_env.py 文件内容

```
# base_env.py
DOMAIN= "https://www.{}.baidu.com".format(env)
```

在 base_env.py 文件中，DOMAIN 这个硬编码的 URL 不见了，取而代之的是根据用户的输入进行动态计算。如果采用代码清单 8-5 所示的写法，在测试执行时，测试框架会根据用户传入的环境变量，自动计算出 DOMAIN 的值。

注意　采用动态环境变量有利有弊。好处是一旦共有变量发生改变，仅需要更改一处代码，坏处是共有变量需要动态计算。读者可以结合项目需要，自行选择。

最后，我们来一下 main.py 文件的内容，如代码清单 8-6 所示。

代码清单 8-6　main.py 文件内容

```
# main.py
from common.user_options import parse_options

if __name__ == "__main__":
    config = parse_options("-t ./tests -env prod")
    print("测试环境为：{}".format(config.default_env))
    print("测试变量为：{}".format(config.config))
```

在主函数 main.py 中，笔者通过 -t 以及 -env 参数，分别指定了本次测试默认使用 ./tests 文件夹作为测试文件夹，默认的运行环境是 prod。直接运行 main.py 文件，运行结果如图 8-2 所示。

```
测试环境为:prod
测试变量为:{'Account': {'username': 'kevin', 'password': 'iTesting'}, 'DOMAIN': 'https://www.baidu.com'}

Process finished with exit code 0
```

图 8-2　环境切换运行结果展示——prod 环境

由图 8-2 可见，测试环境为用户指定的 prod。更改 -env 参数的值为 qa，再次执行，结果如图 8-3 所示。

由图 8-3 可见，测试环境更改为用户指定的 qa 时，测试变量也相应改变了。通过这种方式，我们就自主实现了自动化测试框架动态切换环境变量。

```
测试环境为:qa
测试变量为:{'Account': {'username': 'qa_kevin', 'password': 'iTesting'}, 'DOMAIN': 'https://www.qa.baidu.com'}

Process finished with exit code 0
```

图 8-3　环境切换运行结果展示——qa 环境

8.3 测试框架集成测试环境动态切换

至此，我们已经掌握了测试环境动态切换的原理和开发，是时候把测试环境切换的能力和测试框架进行集成了。假设我们的测试框架目录如代码清单 8-7 所示。

代码清单 8-7　测试框架 DemoProject 文件目录

```
├─── DemoProject
|    └─────common
|    |    └─── user_options.py
|    |    └─── data_provider.py
|    |    └─── __init__.py
|    └─────configs
|    |    └─── test_env
|    |    |    ├─── prod_env.py
|    |    |    ├─── qa_env.py
|    |    |    └─── __init__.py
|    |    └─── __init__.py
|    |    └─── global_config.py
|    └─────tests
|    |    └─── __init__.py
|    |    └─── test_demo.py
|    └─────__init__.py
└──   └─────main.py
```

在此框架中，分别存在如下文件夹和文件。

1. common 文件夹

common 文件夹用于存放公用的文件，包括用于数据驱动的 data_provider.py 文件、用于查找带运行测试用例的 test_case_finder.py 文件，以及用于处理交互式命令的 user_options.py 文件。

2. configs 文件夹

configs 文件夹用于存放各种配置文件，包括所有跟环境变量有关的配置信息 test_env（test_env 下可以存放不同环境的配置信息），以及用于跨模块共享的全局数据变量。

3. tests 文件夹

tests 文件夹及其子文件（夹）用于存放所有的测试用例。测试用例通过 test_case_finder.py 查找并返回。需要注意的是，并不是所有的测试用例均会执行。用户在运行测试时可以动态挑选哪些测试用例需要执行，哪些不需要。

4. main文件

main文件即测试框架的主文件，通常也是测试框架的入口文件。指定测试用例默认文件夹、挑选测试用例，以及选择测试用例的运行方式（顺序运行、并发运行）均可在main文件中进行。

下面依次展示测试框架中各文件的代码。

user_options.py文件的内容如代码清单8-8所示。

代码清单8-8 user_options.py文件内容

```
import argparse
import importlib.util
import sys
import shlex
import os


def parse_options(user_options=None):
    parser = argparse.ArgumentParser(prog='iTesting', description='iTesting
        framework demo')
    # 定义参数env，用于交互式提供测试环境
    parser.add_argument('-env', action='store', default='qa', dest='default_
        env', metavar='target environment',
                        choices=['qa', 'prod'], help='Specify test environment')
    # 定义测试文件夹，默认查找./tests文件夹下的所有测试用例
    parser.add_argument('-t', action='store', default='.' + os.sep + 'tests',
        dest='test_targets',
                        metavar='target run path/file',
                        help='Specify run path/file')

    if not user_options:
        args = sys.argv[1:]
    else:
        args = shlex.split(user_options)

    options, un_known = parser.parse_known_args(args)

    # 获取测试目标文件的绝对目录
    if options.test_targets:
        if not os.path.isdir(options.test_targets) and not os.path.
            isfile(options.test_targets):
            parser.error("Test targets must either be a folder path or a file
                path, it either be absolute path \
                         or relative path, if it is relative , it must relative
                             to tests folder under your root folder”)
        if not os.path.isabs(options.test_targets):
            options.test_targets = os.path.abspath(options.test_targets)
        else:
```

```
        options.test_targets = options.test_targets

    # 根据用户提供的env参数，动态加载对应的环境变量文件
    if options.default_env:
        try:
            module_package = '.' + os.sep + 'configs' + os.sep + 'test_env'
            module_name = module_package + os.sep + '{}_env'.format(options.
                default_env)
            module_file = '{}.py'.format(module_name)
            module_spec = importlib.util.spec_from_file_location(module_name,
                module_file)
            env = importlib.util.module_from_spec(module_spec)
            module_spec.loader.exec_module(env)
            options.config = {item: getattr(env, item, None) for item in
                dir(env) if not item.startswith("__")}
        except ImportError:
            raise ImportError('Module: {} can not imported'.format(module_name))

    return options
```

为了方便大家理解，笔者在代码中添加了相应注释。在代码清单 8-8 中，动态加载环境变量的代码尤其重要。那么，为什么要采用动态加载而不是预先加载呢？这是由于环境变量是用户动态传入的，只有在测试运行时，测试框架才能识别当前需要的运行环境。

> 注意　在代码清单 8-8 中，options.config 语句用于在测试环境文件被动态加载后，解析并获取所有的环境变量信息。

data_provider.py 文件的内容如代码清单 8-9 所示。

代码清单 8-9　data_provider.py 文件内容

```
import re


def data_provider(test_data):
    # 装饰器，给被测函数添加__data_Provider__属性并赋值
    def wrapper(func):
        setattr(func, "__data_Provider__", test_data)
        global index_len
        index_len = len(str(len(test_data)))
        return func
    return wrapper


# 根据测试数据的条数生成多条测试方法
def mk_test_name(name, value, index=0):
    index = "{0:0{1}d}".format(index + 1, index_len)
    test_name = "{0}_{1}_{2}".format(name, index, str(value))
    return re.sub(r'\W|^(?=\d)', '_', test_name)
```

data_provider.py文件的代码就非常直观了，它用于给测试函数定义装饰器，并根据测试数据的条数生成多条测试用例。笔者在第7章对此有过详细介绍，此处不再赘述。

在configs文件夹下，prod_env.py和qa_env.py文件分别存储prod环境和qa环境的配置信息，如代码清单8-10所示。

代码清单8-10　prod_env.py文件和qa_env.py文件的内容

```
# prod_env.py文件
DOMAIN = "https://www.baidu.com"
Account = {"username": "kevin", "password": "iTesting"}


# qa_env.py文件
DOMAIN = "https://www.qa.baidu.com"
Account = {"username": "qa_kevin", "password": "iTesting"}
```

需要注意的是，configs文件夹还包含一个名为global_config.py的文件。变量是有作用域的，通常情况下，一个变量的作用域最多只能限制在它被定义时所在的模块中（即.py文件）。但用户通过交互式命令输入的环境变量是全局的，我们希望它可以在多个测试模块中被访问使用（举例来说，在给定的环境下，无论当前测试在哪个模块中运行，DOMAIN的值都是固定的）。那么，如果需要跨模块使用变量，就需要定义全局变量了。全局变量文件global_config.py的定义如代码清单8-11所示。

代码清单8-11　全局变量文件global_config.py

```
def config_init():
    # global关键字，用作全局变量
    global _config
    _config = {}


# 获取全局变量
def get_config(k):
    try:
        return _config[k]
    except KeyError:
        return None

# 设置全局变量
def set_config(k, v):
    try:
        _config[k] = v
    except KeyError:
        return None
```

为什么不能直接用global参数，而是把全局变量放到一个单独的文件中。这是因为变量作用域的限制，即使在一个模块（.py文件）中采用关键字global定义了一个变量为全局变量，在另外一个模块中是也无法直接访问的，所以需要将全局变量固定在一个模块中。

那么，全局变量是在哪里定义，又是在哪里使用呢？ main.py 文件负责环境变量的设置，如代码清单 8-12 所示。

代码清单 8-12　main.py 代码

```
from common.user_options import parse_options
from configs.global_config import config_init, set_config
from tests.test_demo import DemoTest


def main(args=None):
    # 命令行参数获取配置信息
    options = parse_options(args)
    # 设置 global 变量
    config_init()
    # 加载环境变量
    set_config('config', options.config)

    # 直接运行测试，检查环境变量被正确加载
    demo = DemoTest()
    demo.test_demo_data_driven(('iTesting',))


if __name__ == "__main__":
    main('-t ./tests -env prod')
```

在代码清单 8-12 中，通过 parse_options 函数获取运行测试所需的默认测试文件和测试环境后，将测试环境所属的所有配置信息通过 config_init() 和 set_config() 函数设置为全局变量。

加载全局变量后，测试函数就可以对其进行访问和修改了。tests 文件夹下的 test_demo.py 文件内容如代码清单 8-13 所示。

代码清单 8-13　test_demo.py 文件内容

```
from common.data_provider import data_provider
from configs.global_config import get_config


class DemoTest:

    @data_provider([('iTesting',), ('kevin',)])
    def test_demo_data_driven(self, data):
        """Demo 演示 """
        print(" 测试数据为 :{}".format(data))
        print(" 测试环境各变量为 :{}".format(get_config('config')))
```

在代码清单 8-13 中，笔者采用了数据驱动 @data_provider 提供测试数据，并且打印全局变量 config 的值。那么，测试代码应该如何调用全局环境变量。如代码清单 8-14 所示，

我们来看一下 main.py 文件中的语句。

代码清单 8-14 直接运行测试代码

```
# 直接运行测试，检查环境变量被正确加载
demo = DemoTest()
demo.test_demo_data_driven(('iTesting',))
```

为了演示测试代码能够正确获取全局环境变量，笔者采用直接运行测试的方式导入测试类 DemoTest，并运行其测试用例 test_demo_data_driven()。

> **注意** 在实践中，测试运行哪条测试用例是通过动态筛选测试用例来实现的。笔者将在第9章详细介绍。

直接运行 main.py 文件，结果如图 8-4 所示。

```
Connected to pydev debugger (build 203.7717.81)
测试数据为:('iTesting',)
测试环境各变量为:{'Account': {'username': 'kevin', 'password': 'iTesting'}, 'DOMAIN': 'https://www.baidu.com'}

Process finished with exit code 0
```

图 8-4 测试用例调用全局环境变量

从打印结果来看，在测试用例中调用全局变量成功，且全局变量对应的测试环境为用户指定的测试环境 prod。由此，我们的自动化测试框架具备了数据驱动和环境切换的能力。

8.4 本章小结

本章着重介绍了自动化测试如何应对测试环境动态变化。在实际工作中，测试人员常常需要在多个环境中进行测试，以确保产品功能正确。通过实现环境切换功能，可以将同一份自动化测试代码应用于不同的测试环境，从而提高测试效率。

本章实践性较强，实现测试环境动态变化不仅依赖于本章展示的代码，更依赖于读者对交互式命令的掌握程度。读者除按照本章代码进行实践外，还可通过如下链接进一步了解标准库 argparse 的用法（https://docs.python.org/zh-cn/3/library/argparse.html）。

第9章 Chapter 9

自动化测试框架与测试用例

编写测试用例是软件开发过程中必不可少的测试活动。围绕具体的测试目标，测试用例通过一行行测试代码来验证程序或应用是否达到预期效果。测试用例通常包含测试目的、测试执行环境、测试重要程度、测试步骤等信息。可以说，测试用例是检验软件质量的试金石。在自动化测试中，测试用例同样重要，除了用来检验软件的表现外，测试用例在自动化测试中，还必须具备灵活组织、按需运行的特性。由于测试框架的实现和测试用例本身是解耦的，在保持测试框架功能完备的情形下，有机结合测试用例，使得测试用例能既方便运行又方便维护变得很重要。本章主要讨论自动化测试框架如何有效融合测试用例。

9.1 自动化测试用例详解

在手工测试中，测试用例的定义是“一系列输入、执行条件、测试过程和预期结果的规范”。换句话说，测试用例是为了验证某个功能而必须要执行的一系列操作的集合。那么，在自动化测试中，测试用例的定义又是什么呢？它与手工执行的测试用例有哪些区别呢？

顾名思义，自动化测试用例是为测试用例实现自动化而生的。在测试用例定义上，手工执行的测试用例和自动化执行的测试用例没有差别，都是为了验证某个或某些功能。而在测试用例编写、执行和组织上，还是有一些差别的。

从用例编写的角度来说，手工测试用例虽然不会重点强调测试所用的数据是从哪里来的，但在自动化测试用例中，必须指定测试数据的来源。从用例执行的角度来说，如果测试用例执行有前置条件或者外部依赖，则标明前置条件即可，测试执行人员自然知道这些测试数据从何处获取。而在自动化测试用例里，前置条件和外部依赖必须主动导入才可以执行。在测试用例组织上，手工测试用例是以文档形式存在和归类的，自动化测试用例是以代码形式归类的。相较于文档形式，代码形式的测试用例必须分类清晰、完全独立和方便维护。

一个好的自动化测试用例具备如下特点。

1）测试用例容易理解，便于执行。测试用例容易理解是指测试用例要从用户角度而非代码角度出发，通过运用设计模式实现代码即用例。便于执行是指测试用例入口函数描述清晰，参数定义符合代码规范且顾及业务语义。

2）测试用例必须完全独立，无依赖。任何一个测试用例必须是完全独立且可以单独执行的，不依赖于任何其他测试用例。

3）测试数据来源清晰，测试期望结果明确。测试用例对外部数据源的引用应有标准规范，包括数据源格式固定、数据源存放位置统一，数据源处理逻辑完整。测试期望结果亦应明确，断言最好有说明，当下的目标是验证什么，其期望结果是什么。

4）测试用例对应需求，分类明确。测试用例一定是为了一个测试目的而存在的。测试用例须紧紧围绕测试需求进行，不做无关的操作。测试用例自身需要有标志位来说明测试用例属于哪个微服务，其存在是为了测试哪个功能。当代码改动需要回归测试时，测试用例分类有助于快速挑选待执行测试用例。

5）测试用例可重用。在自动化测试中，代码重用尤为重要。一个测试用例即为一个或多个代码函数。在整个测试框架中，代码函数最好做到有且仅有一次定义。这就需要我们具备很强的抽象能力，能够把公用代码、基础功能封装并抽离到公用类中。

除此之外，测试用例必须常检查、勤维护。测试用例并不是编写完成就结束了，它是动态变化的，当需求变更或者页面元素变化时，要及时更新测试用例，以确保测试用例依旧能够达成既定测试目标。

注意 在本章中，如无特别说明，测试用例指代自动化的测试用例。

9.2 测试用例在测试框架中的组织形式

为了满足代码重用、框架维护的需要，往往采用模块化组织测试用例。在实践上，有如下两种常见组织方式。

9.2.1 从功能出发进行模块化组织

以微服务架构开发为例，从功能出发，模块化组织测试用例的主要流程如图9-1所示。

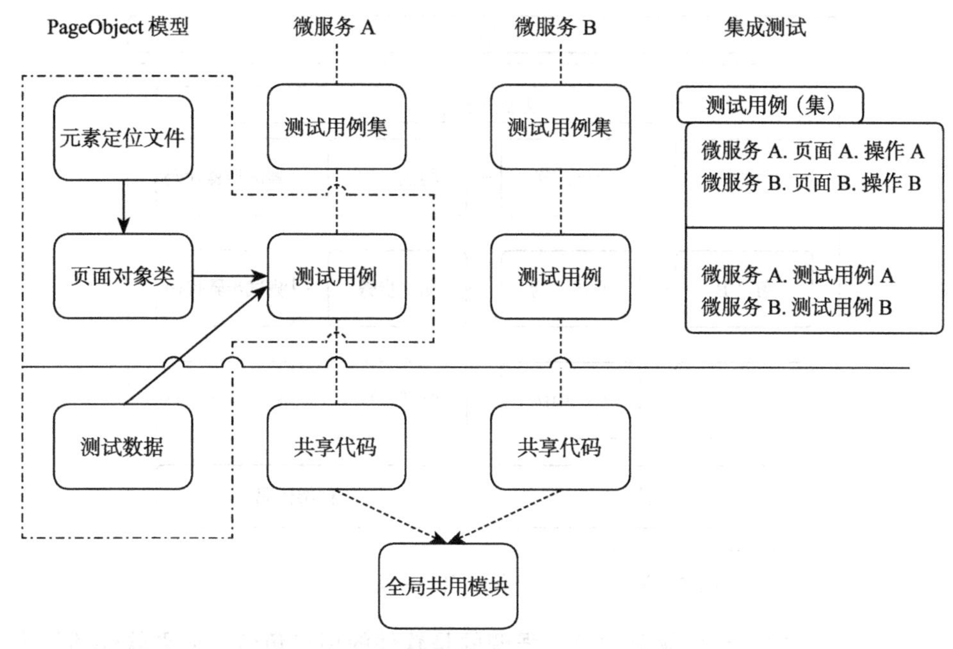

图 9-1　测试用例模块化组织——从功能出发

从功能出发，一般会根据微服务进行模块化划分。通常情况下，将同一个微服务的所有测试用例集合到一个文件夹下。一个测试用例集中可以包括多个测试用例，针对每一个测试用例，又会根据 PageObject 模型来分离元素定位及页面操作。在实现上，由测试用例去调用其对应的元素定位文件、页面对象类以及测试数据文件，它们共同组成了一个可工作的测试用例。

测试用例中包含多个测试步骤，如果某些步骤包括一些共用的操作（比如连接微服务对应的数据库），则会将这些共用的操作剥离出来，放入微服务的共享代码中。对于更加通用的操作（比如登录），则进行更进一步的剥离，创建整个项目共用的共享变量文件（即全局共用模块）。

需要注意的是，各个微服务的测试用例是互相独立的，如果有集成测试的需求，则会单独创建一个文件夹，用于存放需要集成的测试用例，在集成的测试用例中，包括对不同微服务页面对象类的调用。

因为大型分布式系统的开发通常采用微服务架构，所以从功能出发以微服务进行模块化划分，不仅软件的功能都能得到测试覆盖，也减少了测试人员的学习成本（由于每个微服务通常由固定的开发测试团队负责，因此在实践中，团队仅需要关注自身的微服务，而不必了解整体框架）。从功能出发进行模块化划分，在微服务、大型分布式系统中较为常用。

9.2.2　从用户角色出发进行模块化组织

第二种方式是从用户角色出发进行模块化组织，其主要流程如图 9-2 所示。

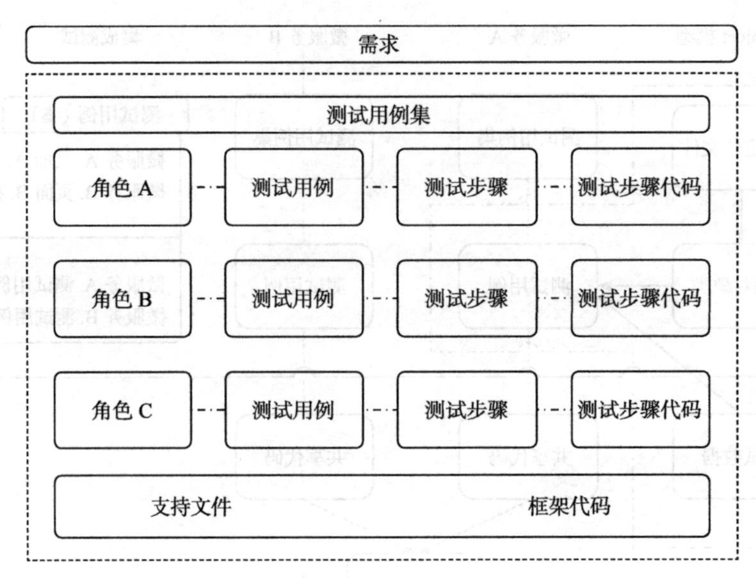

图9-2　测试用例模块化组织——从用户角色出发

从用户角色出发进行模块化划分，强调的是软件的用户角色，如果软件的行为和表现随着登入用户角色的不同有比较显著的变化，则比较适宜采用此方式（例如财务审批流软件）。

测试用例通常采用端到端的方式，根据用户角色及其关键路径进行组织，这其中典型的模式是行为驱动开发。在此模型下，首先根据既定的规范（由Given、When、Then等固定格式的关键字组成）来描写需求场景或者用户操作，即测试框架中的特性文件，然后将用户操作提炼成关键字，转换成测试框架中的测试步骤，最后编写代码实现关键字。

从功能出发进行测试用例组织，测试用例主要由测试人员编写。从用户角色出发进行测试用例组织，测试用例的编写需要每一个角色的参与，它考虑到了软件的实际应用场景，并以自然语言描述系统的行为，从而保证了系统实现功能和系统需求的统一。因为feature文件和测试用例的实现步骤是由不同角色共同完成的，所以要求项目人员紧密合作。同时，因为测试用例是自然语言描述的特性，所以当测试出现问题时，代码也比较难以调试。

测试用例的组织应遵守代码即用例的原则，在覆盖系统功能的基础上，通过优化测试用例的文件结构，使测试框架使用者快速上手测试用例编写，减少测试框架的使用成本。

9.3　自主实现按需执行测试用例

测试用例经过模块化组织后，在集成至自动化测试框架之前，还需要做必要的配置，以便测试框架能更好地执行，这其中，数据驱动、挑选测试用例执行是比较常见的配置。本节将详细讲解如何自主实现测试用例挑选。

注意　笔者在第 7 章介绍过如何自主实现数据驱动，在第 4 章详细介绍过如何在 pytest 中按需执行测试用例，本章不再赘述。

9.3.1　测试用例挑选的场景

下面介绍在每一次测试执行时，如何根据测试目的动态地选择符合条件的测试用例。

先解释一下为什么需要挑选测试用例。我们知道，随着软件产品需求的积累，测试用例的数量很容易就达到上万条。全量执行这么多测试用例是非常耗时的，再加上当前有很多工具可以辅助检测代码改动影响的范围，可以根据代码改动挑选受到影响的测试用例执行，这样既验证了代码改动，又节省了测试执行时间。

笔者列出了 4 个需要动态挑选测试用例的常见场景。

1）明确地知晓当前代码改动的影响范围时，就比较适合动态挑选测试用例。

2）开发人员合并代码到 develop 分支时，标记了冒烟测试标签的测试用例需要被触发。

3）在生产环境执行测试时，敏感的测试用例（例如涉及金钱）需要被忽略执行。

4）当测试框架需要对有特定标签的测试用例执行额外的操作时。

9.3.2　挑选测试用例的原理

要实现挑选测试用例，首先要看测试用例挑选的方式有哪些。较为常见的测试用例挑选方式如下。

1. 解析测试用例名称，根据名称来挑选

在实现上，解析测试用例名称，根据名称来挑选是最简单的方法，其原理如代码清单 9-1 所示。

代码清单 9-1　根据测试用例名称挑选测试用例

```
def find_tests(self, mod_ref):
    """ 根据查找到的测试模块，过滤出符合条件的测试用例 """
    test_cases = []
    for module in mod_ref:
        cls_members = inspect.getmembers(module, inspect.isfunction(module))
        for cls in cls_members:
            cls_name, cls_code_object = cls
            for func_name in dir(cls_code_object):
                # 仅查找以 test 开头的测试用例
                # 此处解析测试类所属的测试函数名称
                # 如果以 test 开头，则认为其是测试用例
                if func_name.startswith('test'):
                    # 获取测试类中的所有方法，并查看是否有 "__data_Provider__" 属性
                    tests_suspect = getattr(cls_code_object, func_name)
                    if hasattr(tests_suspect, "__data_Provider__"):
                        for i, v in enumerate(getattr(tests_suspect, "__data_
```

```
                          Provider__")):
                          # 根据测试数据的组数调用 mk_test_name，生成新的测试用例名
                          new_test_name = mk_test_name(tests_suspect.__name__,
                              getattr(v, "__name__", v), i)
                          # 将测试类、原始的测试用例名、新生成的测试用例名和测试数据组成
                            一条测试用例供测试框架后续调用
                          test_cases.append((cls_name, tests_suspect, tests_
                              suspect.__name__, new_test_name, v))
                      else:
                          # 当没有"__data_Provider__"属性时，直接返回原测试用例
                          test_cases.append((cls_name, tests_suspect, func_
                              name, func_name, None))

    return test_cases
```

根据测试用例名称挑选的原理核心在于以下代码。

```
if func_name.startswith('test'):
```

当我们拿到测试类类函数所属的类方法时，判断其是否以 test 开头，如果是，则认定其为测试用例。

注意 在实际开发中，也可以用 in 方法或者 endswith() 方法来指定，包含某个字符串或者以某个字符串结尾的，都视为测试用例。

---

2. 给测试用例打标签，根据标签来挑选

以测试类方法名称来判断测试用例的方式虽然简单，但是非常不灵活，测试用例的名称无法随意更改。于是，更高阶的方式出现了，那就是给测试用例打标签，原理如代码清单 9-2 所示。

代码清单 9-2　根据标签挑选测试用例

```
from functools import wraps

# 创建类装饰器 Test
class Test(object):
    # enabled 决定使用标签挑选测试用例是否启用
    # 默认启用，如为 False，则不启用
    def __init__(self, enabled=True):
        self.enabled = enabled

    def __call__(self, func):
        @wraps(func)
        def wrapper(*args, **kwargs):
            return func(*args, **kwargs)
        # 给原测试函数添加属性，以方便测试框架判断当前测试函数是否为测试用例
        setattr(wrapper, "__test_case_type__", "__TestCase__")
```

```
        setattr(wrapper, "__test_case_enabled__", self.enabled)
        return wrapper
```

这段代码比较直观，笔者创建了一个类装饰器，用于给被装饰的函数打标签。当一个函数被 @Test() 这个类装饰器装饰时，就多了两个属性，分别为 "__test_case_type__" 和 "__test_case_enabled__"，当测试框架查找测试用例时，测试框架首先判断函数是否有属性 "__test_case_type__" 且值为 "__TestCase__"，如果符合条件，则继续判断其有没有 "__test_case_enabled__" 属性且值为 enabled。如果这两个条件都符合，测试框架将把此函数视为测试函数。

下面介绍测试框架在执行时如何读取并判断这些属性。

首先，测试用例需要应用 @Test() 这个装饰类，示例如代码清单 9-3 所示。

代码清单 9-3　测试用例应用 @Test() 装饰类

```
class DemoTest:

    @data_provider([('iTesting',)])
    @Test()
    def test_demo_data_driven(self, data):
        """Demo 演示 """
        pass
```

其次，在测试框架查找测试用例的方法中，需要判断被 @Test() 装饰的函数的两个属性值 "__test_case_type__" 和 "__test_case_enabled__" 是否存在且正确，核心代码如代码清单 9-4 所示。

代码清单 9-4　查找测试用例

```
def find_tests(self, mod_ref):
    for func_name in dir(cls_code_object):
    tests_suspect = getattr(cls_code_object, func_name)
    # 检查测试函数有无 " __TestCase__" 属性
    if getattr(tests_suspect, "__test_case_type__", None) == "__TestCase__":
        # 检查 "__test_case_enabled__" 属性是否为 True
        if getattr(tests_suspect, "__test_case_enabled__", None):
            # 其他步骤

    return test_cases
```

由此可见，通过在查找用例的方法 find_tests 里添加针对测试用例进行属性判断的操作，我们就实现了挑选测试用例。

至此，虽然 @Test() 这个类装饰器实现了给测试用例打标签，但是还存在一个问题，这个标签只能判定指定的函数是否为被测函数，却不能继续细分。针对一个应用程序，我们通常有几十甚至上百条测试用例，这些测试用例通常会按照功能实现或者重要程度进行划分。例如，用于测试登录功能的登录测试用例集、用于检测应用核心功能的“冒烟测试”

集等。如果我们想要根据不同的测试目的继续挑选测试用例，又该怎么办呢？

解决上述问题的办法是给测试用例人为添加一些自定义标签，例如Login、Smoke。然后在查找测试用例时，追加判断这个测试用例有无Login或Smoke标签，这样不仅能够实现测试用例挑选，还可以实现根据测试目的进行测试。

给测试用例人为添加自定义标签，如代码清单9-5所示。

代码清单9-5 增强型测试用例挑选

```
from functools import wraps


class Test(object):
    # enabled 决定使用标签挑选测试用例是否启用
    # 默认启用，如为 False，则不启用
    # tag 为用户自定义标签
    def __init__(self, tag=None, enabled=True):
        self.enabled = enabled
        self.tag = tag

    def __call__(self, func):
        @wraps(func)
        def wrapper(*args, **kwargs):
            return func(*args, **kwargs)
        # 给原测试函数添加属性，以方便测试框架判断当前测试函数是否为测试用例
        setattr(wrapper, "__test_tag__", self.tag)
        setattr(wrapper, "__test_case_type__", "__TestCase__")
        setattr(wrapper, "__test_case_enabled__", self.enabled)
        return wrapper
```

在代码清单9-5中，笔者给类装饰器@Test()添加了一个新的自定义标签tag。在定义测试用例时，可以使用tag标签来给测试用例添加不同的标签，如代码清单9-6所示。

代码清单9-6 给测试用例添加自定义标签

```
from common.data_provider import data_provider
from common.test_decorator import Test
from configs.global_config import get_config


class DemoTest:

    @data_provider([('iTesting', ), ('123',)])
    # 给测试方法添加 tag 标签，指定其 tag 值为 smoke
    @Test(tag='smoke')
    def test_demo_data_driven(self, data):
        """Demo 演示 """
        print(data)
        print(get_config('config'))
```

代码清单 9-6 实现了添加自定义标签 smoke 到测试类 DemoTest 的类函数 test_demo_data_driven。这样，在测试运行时，测试框架首先会查找指定文件夹下的所有测试用例，并且统计它们的 __test_tag__ 属性值，如代码清单 9-7 所示。

代码清单 9-7　用例查找时获取自定义标签

```
def find_tests(self, mod_ref):
    """ 遍历上一步查找到的测试模块，过滤出符合条件的测试用例 """
    test_cases = []
    for module in mod_ref:
        cls_members = inspect.getmembers(module, inspect.isfunction(module))
        for cls in cls_members:
            cls_name, cls_code_object = cls
            for func_name in dir(cls_code_object):
                tests_suspect = getattr(cls_code_object, func_name)
                if getattr(tests_suspect, "__test_case_type__", None) == "__
                    TestCase__":
                    if getattr(tests_suspect, "__test_case_enabled__", None):
                        # 获取测试函数 __test_tag__ 属性的值
                        tag_filter = getattr(tests_suspect, "__test_tag__",
                            None)
                        # 获取测试类中的所有方法，并且查看是否有 __data_Provider__ 属性。
                        if hasattr(tests_suspect, "__data_Provider__"):
                            for i, v in enumerate(getattr(tests_suspect, "__
                                data_Provider__")):
                                # 根据测试数据的组数调用 mk_test_name 生成新的测试用例名
                                new_test_name = mk_test_name(tests_suspect.__
                                    name__, getattr(v, "__name__", v), i)
                                # 将测试函数的标签、测试类、新生成的测试用例名、测试数据
                                    组成一条测试用例供测试框架后续调用
                                test_cases.append((tag_filter, cls_code_object,
                                    new_test_name, tests_suspect, v))
                        else:
                            # 当没有 __data_Provider__ 属性时，直接返回原测试用例
                            test_cases.append((tag_filter, cls_code_object,
                                func_name, tests_suspect, None))

    return test_cases
```

注意，在代码清单 9-7 中，针对每个测试函数，均统计其属性 __test_tag__，并且将其属性值 tag_filter 作为返回值。测试框架在获得返回的测试用例后，进行如下判断。

获取用户自定义标签如代码清单 9-8 所示。

代码清单 9-8　交互式命令获取用户输入的标签

```
import argparse


def parse_options(user_options=None):
    parser = argparse.ArgumentParser(prog='iTesting', description='iTesting
```

```
        framework demo')

    # 定义用于测试用例筛选的参数 -i
    # 在测试中，根据用户的输入判断执行哪些测试用例
    parser.add_argument("-i", action="store", default=None, dest="include_tags_
        any_match", metavar="user provided tags, \
        string only, separate by comma without an spacing among all tags. if any
            user provided \
        tags are defined in test class, the test class will be considered to
            run.",
            help="Select test cases to run by tags, separated by comma, no blank
                space among tag values.")

    def split(option_value):
        return None if option_value is None else re.split(r'[,]\s*', option_
            value)

    # 如果用户输入的标签是多个，则将它们分割后以列表形式返回
    options.include_tags_any_match = split(options.include_tags_any_match)

    return options
```

代码清单 9-8 的重点：1）定义交互式命令参数 -i；2）获取 -i 的值，分割后（如果输入的参数有多个）以列表形式返回。

测试框架会将获取到的用户输入的标签，与测试用例里的 __test_tag__ 标签进行对比，如果相同，则测试框架将判断其为测试用例。这部分核心代码如代码清单 9-9 所示。

代码清单 9-9 挑选测试用例

```
from common.test_filter import TestFilter

raw_test_suites = TestFilter(original_test_cases).tag_filter_run(options.
    include_tags_any_match)
```

在代码清单 9-9 中，笔者导入了 TestFilter 模块。这个模块包括对自定义标签的筛选函数 tag_filter_run。由此实现按标签挑选测试用例。

注意 TestFilter 模块及标签筛选函数 tag_filter_run 的详细代码请参考 9.4 节。

9.4 测试用例挑选与测试框架的集成

掌握了测试用例的挑选原理后，我们将其集成到测试框架中，并做必要的更改，使测试框架能完整地具备测试用例查找、测试用例挑选的功能。

9.4.1　测试框架文件结构

调整后的测试框架文件结构如代码清单 9-10 所示。

代码清单 9-10　测试框架文件结构

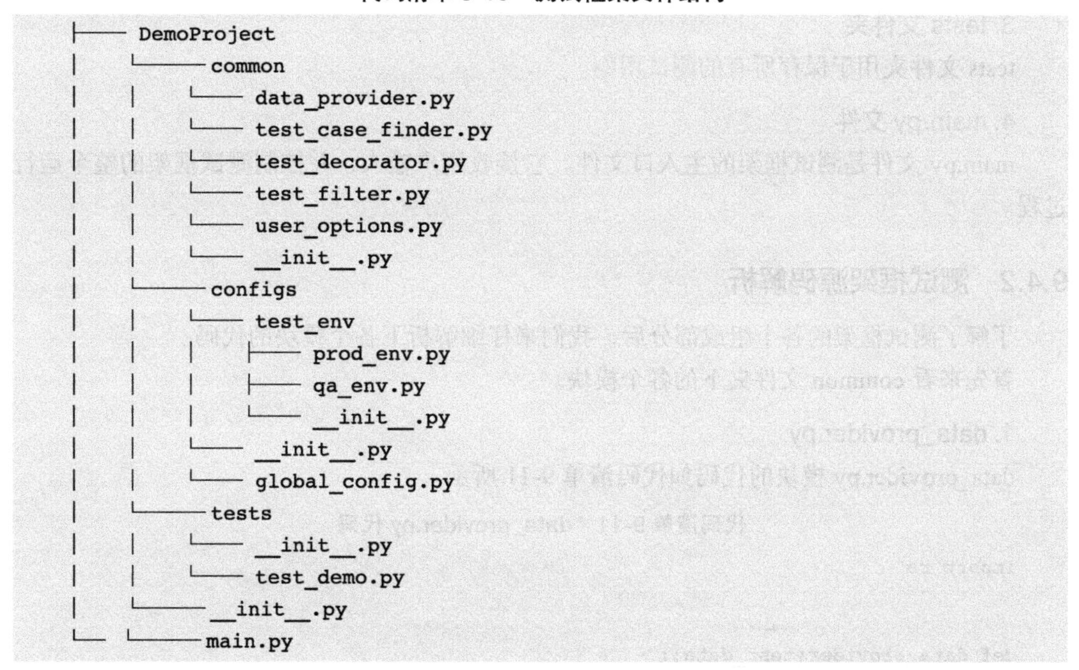

```
├── DemoProject
|    └──── common
|    |    └─── data_provider.py
|    |    └─── test_case_finder.py
|    |    └─── test_decorator.py
|    |    └─── test_filter.py
|    |    └─── user_options.py
|    |    └─── __init__.py
|    └──── configs
|    |    └─── test_env
|    |    |    ├─── prod_env.py
|    |    |    ├─── qa_env.py
|    |    |    └─── __init__.py
|    |    └─── __init__.py
|    |    └─── global_config.py
|    └──── tests
|    |    └─── __init__.py
|    |    └─── test_demo.py
|    └──── __init__.py
└──  └──── main.py
```

由上述结构可见，测试框架主要分为如下部分。

1. common 文件夹

common 文件夹存放测试框架本身的一些功能实现。

1）data_provider.py 模块赋予了测试框架数据驱动能力。测试框架通过 data_provider.py 模块，根据提供的数据生成多个测试用例，并根据每组数据生成测试用例名。

2）test_case_finder.py 模块用于根据指定的文件夹查找并返回可执行的测试用例。查找测试用例支持自定义标签。

3）test_decorator.py 模块用于给测试用例打标签。通过类装饰器，测试用例可以根据测试需要，拥有多个测试标签。打过标签后，静态的测试用例可以根据测试目的动态运行。

4）test_filter.py 模块用于对比静态的测试用例标签和动态的用户输入标签，并根据结果筛选出将被执行的测试用例。根据测试的需要和项目的复杂度，test_filter.py 模块支持"包含某标签即运行""完全匹配某标签才运行""包括某标签，即排除运行"等多种筛选方式。

5）user_options.py 模块用于定义并接收用户输入。用户输入扩展了测试框架的功能，通过用户输入，测试框架查找用户指定的文件（夹）、筛选用户指定的测试用例以及运行在用户指定的测试环境等自定义需求。

2. configs 文件夹

configs 文件夹用于保存测试框架和测试项目的各项配置信息。根据需要可包括测试环境信息、测试数据、元素定义等。

3. tests 文件夹

tests 文件夹用于保存所有的测试用例。

4. main.py 文件

main.py 文件是测试框架的主入口文件。它接收用户输入，并控制测试框架的整个运行过程。

9.4.2 测试框架源码解析

了解了测试框架的各个组成部分后，我们来仔细解析下各个模块的代码。

首先来看 common 文件夹下的各个模块。

1. data_provider.py

data_provider.py 模块的代码如代码清单 9-11 所示。

代码清单 9-11 data_provider.py 代码

```
import re


def data_provider(test_data):
    def wrapper(func):
        setattr(func, "__data_Provider__", test_data)
        global index_len
        index_len = len(str(len(test_data)))
        return func
    return wrapper


def mk_test_name(name, value, index=0):
    index = "{0:0{1}d}".format(index + 1, index_len)
    test_name = "{0}_{1}_{2}".format(name, index, str(value))
    return re.sub(r'\W|^(?=\d)', '_', test_name)
```

在上述代码中，函数 data_provider 用于给测试用例添加 __data_Provider__ 属性，函数 mk_test_name 用于生成新测试用例名。如果一个测试用例包括多组测试数据，则调用此方法可根据测试数据组数生成多个测试用例名，这些测试用例名将用于后续的测试报告展示，避免了多条测试数据运行结果使用同一个测试用例名。

2. test_case_finder.py

test_case_finder.py 模块包含了查找测试用例、挑选测试用例的关键代码。为了方便理解，笔者列出模块 test_case_finder.py 包括的类方法，如代码清单 9-12 所示。

代码清单 9-12　test_case_finder.py 包含的类方法代码

```
class DiscoverTestCases:
    def __init__(self, target_file_or_path=None):
        """ 指定测试用例开始查找目录，如果没有指定，则分配固定目录 """

    def find_test_module(self):
        """ 根据指定文件查找测试用模块并导入 """

    def find_tests(self, mod_ref):
        """ 遍历上一步查找到的测试模块，过滤出符合条件的测试用例 """
```

可以看出，整个模块定义了一个类 DiscoverTestCases，用于查找符合条件的测试用例，包括如下 3 个测试方法。

（1）__init__() 方法

__init__() 方法用于指定测试框架应该从哪个目录开始查找测试用例，如果没有指定测试目录，则指定默认目录，完整代码如代码清单 9-13 所示。

代码清单 9-13　test_case_finder.py 包含的类方法 __init__()

```
def __init__(self, target_file_or_path=None):
    if not target_file_or_path:
        self.target_file_or_path = os.path.join(os.path.dirname(os.path.
            dirname(__file__)), 'tests')
    else:
        self.target_file_or_path = target_file_or_path
```

注意　笔者指定了项目根目录下的 tests 文件夹为测试用例查找的默认文件夹，读者也可以自定义默认文件夹。

（2）find_test_module() 方法

find_test_module() 方法根据用户交互式输入的 -t 参数的值，查找并导入所有的模块。find_test_module() 方法的代码如代码清单 9-14 所示。

代码清单 9-14　test_case_finder.py 包含的类方法 find_test_module()

```
def find_test_module(self):
    """ 根据指定文件（夹）查找测试用模块并导入 """
    mod_ref = []
    file_lists = []
    # 判断用户给定的 -t 参数的值是否为文件夹，如是，则将其中的所有模块递归解析出来，并放入列表
    if os.path.isdir(self.target_file_or_path):
        def recursive_file_parser(file_path):
            files = os.listdir(file_path)
            for f in files:
                f_p = os.path.join(file_path, f)
                if os.path.isdir(f_p):
                    recursive_file_parser(f_p)
```

```
                else:
                    if f_p.endswith('.py'):
                        file_lists.append(os.path.join(file_path, f_p))
            return file_lists

        all_files = recursive_file_parser(self.target_file_or_path)

        module_name_list = []
        module_file_paths = []
        for item in all_files:
            # 根据文件路径查找模块
            module_name_list.append(inspect.getmodulename(item))
            module_file_paths.append(item)
    elif os.path.isfile(self.target_file_or_path):
        module_name_list = [inspect.getmodulename(self.target_file_or_path)]
        module_file_paths = [self.target_file_or_path]

    # 动态导入查找到的每个模块
    for module_name, module_file_path in zip(module_name_list, module_file_
        paths):
        try:
            module_spec = importlib.util.spec_from_file_location(
                module_name, module_file_path)
            module = importlib.util.module_from_spec(module_spec)

            module_spec.loader.exec_module(module)
            sys.modules[module_name] = module
            mod_ref.append(module)
        except ImportError:
            raise ImportError('Module: {} can not imported'.format(self.target_
                file_or_path))

    return mod_ref
```

在find_test_module()方法中，先判断用户给定的是文件夹还是文件，如果是文件夹，则通过函数recursive_file_parser()做递归处理，最终得到一个包括所有模块的列表。接着，利用标准库importlib的spec_from_file_location()、module_from_spec()和exec_module()方法，将查找到的各个模块动态导入进来，供find_tests()方法调用。

（3）find_tests方法

find_tests()方法用于根据各种装饰器查找并返回符合条件、经过数据驱动解析、能够直接运行的测试用例，并以一定的格式输出。find_tests()方法是测试框架的核心方法，当前它实现了判断测试用例、获取测试用例标签、根据数据驱动拆分函数名等一系列功能。在实践中，读者也可以根据需要，进一步扩展使其支持根据测试用例集标签挑选测试用例。find_tests()方法的源码如代码清单9-15所示。

代码清单 9-15 test_case_finder.py 包含的类方法 find_tests()

```
def find_tests(self, mod_ref):
    """遍历上一步查找到的测试模块，过滤出符合条件的测试用例"""
    test_cases = []
    for module in mod_ref:
        cls_members = inspect.getmembers(module, inspect.isfunction(module))
        for cls in cls_members:
            cls_name, cls_code_object = cls
            for func_name in dir(cls_code_object):
                tests_suspect = getattr(cls_code_object, func_name)
                if getattr(tests_suspect, "__test_case_type__", None) == "__
                    TestCase__":
                    if getattr(tests_suspect, "__test_case_enabled__", None):
                        # 获取测试函数__test_tag__属性的值
                        tag_filter = getattr(tests_suspect, "__test_tag__", None)
                        # 获取测试类中的所有方法，查看是否有"__data_Provider__"属性
                        if hasattr(tests_suspect, "__data_Provider__"):
                            for i, v in enumerate(getattr(tests_suspect, "__
                                data_Provider__")):
                                # 根据测试数据的组数调用mk_test_name生成新的测试用例名
                                new_test_name = mk_test_name(tests_suspect.__
                                    name__, getattr(v, "__name__", v), i)
                                # 将测试函数的Tag、测试类、新生成的测试用例名、测试数据
                                    组成一条测试用例供测试框架后续调用
                                test_cases.append((tag_filter, cls_code_object,
                                    new_test_name, tests_suspect, v))
                        else:
                            # 当没有"__data_Provider__"属性时，直接返回原测试用例
                            test_cases.append((tag_filter, cls_code_object,
                                func_name, tests_suspect, None))

    return test_cases
```

find_tests() 方法里的各个判断条件的属性值，例如 __test_case_type__、__test_case_enabled__ 以及 __test_tag__，来自函数 test_decorator.py，用于给测试用例添加标签，以便测试框架甄别当前的函数是否为测试用例、是否是启用的、是否包括特定标签。通过这些标签，find_tests() 方法实现了对测试用例的挑选。而 __data_Provider__ 则帮助测试框架将那些有数据驱动需求的测试用例分解成一个个新的测试函数（加载不同的测试数据）。

3. test_decorator.py

test_decorator.py 模块包含了一个类装饰器 Test，将它装饰在测试函数上，通过其属性 tag 和 enabled 来给测试用例打标签以及启用、禁止某些测试用例运行。test_decorator.py 模块的代码如代码清单 9-16 所示。

代码清单 9-16 模块 test_decorator.py 代码

```
from functools import wraps
```

```
class Test(object):
    # enabled 决定使用标签挑选测试用例是否启用
    # 默认启用，如为 False，则不启用
    # tag 为用户自定义标签
    def __init__(self, tag=None, enabled=True):
        self.enabled = enabled
        self.tag = tag

    def __call__(self, func):
        @wraps(func)
        def wrapper(*args, **kwargs):
            return func(*args, **kwargs)
        # 给原测试函数添加属性，以便测试框架判断当前测试函数是否为测试用例
        setattr(wrapper, "__test_tag__", self.tag)
        setattr(wrapper, "__test_case_type__", "__TestCase__")
        setattr(wrapper, "__test_case_enabled__", self.enabled)
        return wrapper
```

需要注意的是，__call__() 是 Python 中的内置函数，实现了将类实例转变成可调用的对象，通过 __call__() 函数，可像调用普通函数那样直接以“对象名 ()”的形式运行类实例对象。

4. test_filter.py

test_filter.py 模块用于根据用户的交互式命令和测试需要进一步筛选出当前符合执行条件的测试用例。现在测试框架实现了根据 -i 标签筛选测试用例执行，在实践中，可以扩展其包括“只要包括某标签，即运行”“只有包括全部标签，才运行”“只要包括某标签，即不运行”以及“只有包括全部标签，才不运行”在内的诸多功能。模块 test_filter.py 的代码如代码清单 9-17 所示。

代码清单 9-17　模块 test_filter.py 代码

```
import re


class TestFilter:
    def __init__(self, test_suites):
        self.suites = test_suites

    # 标签筛选策略，只要包括即运行
    def filter_tags_in_any(self, user_option_tags):
        """ 只要包括某个标签，即运行 """

        included_cls = []
        remain_cases = []

        for i in self.suites:
            tags_in_class = i[0]
            tags = []

            def recursion(raw_tag):
```

```
                if raw_tag:
                    if isinstance(raw_tag, (list, tuple)):
                        for item in raw_tag:
                            if isinstance(item, (list, tuple)):
                                recursion(item)
                            else:
                                tags.append(item)
                    else:
                        return re.split(r'[;,\s]\s*', raw_tag)
                return tags

            after_parse = recursion(tags_in_class)

            if any(map(lambda x: True if x in after_parse else False, user_
                option_tags)):
                included_cls.append(i[0])

        for s in self.suites:
            if s[0] in set(included_cls):
                remain_cases.append(s)

        self.suites = remain_cases


    # 根据标签，依据不同的标签筛选策略进行测试用例筛选
    def tag_filter_run(self, in_any_tags):
        if in_any_tags:
            self.filter_tags_in_any(in_any_tags)

        return self.suites
```

test_filter.py 模块包括一个筛选类 TestFilter，其构造函数用于接收查找到的测试用例集。在运行时，由测试框架主动调用其类方法 tag_filter_run()，根据传入的标签（例如 -i）相应地加载不同的标签筛选策略（例如 filter_tags_in_any），最终返回符合运行条件的测试用例集。

5. user_options.py

user_options.py 模块即为交互式命令，通过接收用户输入并做相应处理的方式来实现测试框架的诸多功能，如指定测试运行环境、指定测试用例查找的起始文件夹、动态挑选测试用例等。user_options.py 模块的代码如代码清单 9-18 所示。

代码清单 9-18　user_options.py 模块代码

```
import argparse
import importlib.util
import re
import sys
import shlex
```

```
import os


def parse_options(user_options=None):
    parser = argparse.ArgumentParser(prog='iTesting', description='iTesting
        framework demo')
    parser.add_argument('-env', action='store', default='qa', dest='default_
        env', metavar='target environment',
                        choices=['qa', 'prod'], help='Specify test environment')
    parser.add_argument('-t', action='store', default='.' + os.sep + 'tests',
        dest='test_targets',
                        metavar='target run path/file',
                        help='Specify run path/file')
    parser.add_argument("-i", action="store", default=None, dest="include_tags_
        any_match", metavar="user provided tags, \
        string only, separate by comma without an spacing among all tags. if any
            user provided \
        tags are defined in test class, the test class will be considered to
            run.",
                  help="Select test cases to run by tags, separated by comma, no
                      blank space among tag values.")
    if not user_options:
        args = sys.argv[1:]
    else:
        args = shlex.split(user_options)

    options, un_known = parser.parse_known_args(args)

    def split(option_value):
        return None if option_value is None else re.split(r'[,]\s*', option_
            value)

    options.include_tags_any_match = split(options.include_tags_any_match)

    if options.test_targets:
        if not os.path.isdir(options.test_targets) and not os.path.
            isfile(options.test_targets):
            parser.error("Test targets must either be a folder path or a file
                path, it either be absolute path \
                      or relative path, if it is relative , it must relative
                          to tests folder under your root folder")
        if not os.path.isabs(options.test_targets):
            options.test_targets = os.path.abspath(options.test_targets)
        else:
            options.test_targets = options.test_targets

    if options.default_env:
        try:
            module_package = '.' + os.sep + 'configs' + os.sep + 'test_env'
            module_name = module_package + os.sep + '{}_env'.format(options.
```

```
                default_env)
            module_file = '{}.py'.format(module_name)
            module_spec = importlib.util.spec_from_file_location(module_name,
                module_file)
            env = importlib.util.module_from_spec(module_spec)
            module_spec.loader.exec_module(env)
            options.config = {item: getattr(env, item, None) for item in
                dir(env) if not item.startswith("__")}
        except ImportError:
            raise ImportError('Module: {} can not imported'.format(module_name))

    return options
```

在代码清单 9-18 中，除了接收用户交互式命令外，还有一个根据用户输入的测试环境动态加载相应测试环境变量的操作，如代码清单 9-19 所示。

代码清单 9-19　根据用户输入环境变量动态导入环境变量的值

```
if options.default_env:
    try:
        module_package = '.' + os.sep + 'configs' + os.sep + 'test_env'
        module_name = module_package + os.sep + '{}_env'.format(options.default_
            env)
        module_file = '{}.py'.format(module_name)
        module_spec = importlib.util.spec_from_file_location(module_name,
            module_file)
        env = importlib.util.module_from_spec(module_spec)
        module_spec.loader.exec_module(env)
        options.config = {item: getattr(env, item, None) for item in dir(env) if
            not item.startswith("__")}
    except ImportError:
        raise ImportError('Module: {} can not imported'.format(module_name))
```

需要注意的是，此处根据用户给定的环境变量，动态地查找并导入了当前测试环境对应的环境变量。

> 注意　在实践中，读者可自行配置环境变量所在的文件夹及文件，只是务必保证这些文件存在，否则运行会报错。

下面，我们来分析下 configs 文件夹下的各个模块代码。

1）test_env 子文件夹及其附属环境变量。

test_env 子文件夹用于保存所有测试环境的变量。不同环境的环境变量文件单独存放于 test_env 的子文件夹内，如代码清单 9-20 所示。

代码清单 9-20　不同测试环境的环境变量文件代码

```
# 生产环境 prod_env 的环境变量如下
# prod_env.py
```

```
DOMAIN = "https://www.baidu.com"
Account = {"username": "kevin", "password":"iTesting"}

# 测试环境 qa_env 的环境变量如下
# qa_env.py
DOMAIN = "https://www.qa.baidu.com"
Account = {'username': "kevin_QA", 'password': "iTesting"}
```

注意 在实践中，也有将不同环境下的公用字符串再次抽离出共享环境变量文件的方式（例如将 DOMAIN 的字符串改为 "https://www.{}.baidu.com".format(env) 的方式）。为了便于演示，笔者采用了每个测试的环境变量完全独立的方式，读者可根据需要自行选择合适的配置。

2）global_config.py。

global_config.py 模块用于获取用户输入的环境变量，并将其作为全局变量共享。模块 global_config.py 的代码如代码清单 9-21 所示。

代码清单 9-21 global_config.py 模块代码

```
def init():
    global _config
    _config = {}


def get_config(k):
    try:
        return _config[k]
    except KeyError:
        return None


def set_config(k, v):
    try:
        _config[k] = v
    except KeyError:
        return None
```

在代码清单 9-21 中，init() 方法和 set_config 方法会在测试框架的入口函数 main() 中被显式调用。而 get_config() 方法则可按需使用（在本框架中，用于测试用例 test_demo_data_driven）。

我们再来分析测试文件夹 tests 及其包括的所有测试文件的代码。

6. test_demo.py

为了演示方便，在本测试框架里，笔者仅定义了 test_demo.py 这一个测试文件。在实践中，一般会将测试用例按照 PageObject 模型组织，即 tests 文件夹被拆分为 pages 文件夹、tests 文件夹以及 element_locator 文件夹。将页面对象（也可以是接口对象）、页面操作以及页面元素分离。模块 test_demo.py 的代码如代码清单 9-22 所示。

代码清单 9-22　模块 test_demo.py 代码

```
from common.data_provider import data_provider
from common.test_decorator import Test
from configs.global_config import get_config


class DemoTest:

    @data_provider([('iTesting', ), ('123',)])
    # 给测试方法添加 tag 标签，指定其 tag 值为 smoke
    @Test(tag='smoke')
    def test_demo_data_driven(self, data):
        """Demo 演示 """
        print(data)
        print(get_config('config'))
```

测试用例的代码通常根据业务要求进行组织，需要注意的是，如果要测试框架支持按照标签筛选以及数据驱动，需要按照固定的格式对测试用例进行装饰，即装饰器 @Test 用于给测试用例打标签，装饰器 @data_provider 用于指定测试用例进行数据驱动所需的数据。

我们继续分析测试框架的入口函数。测试框架入口函数 main() 所在的模块 main.py 代码如代码清单 9-23 所示。

代码清单 9-23　main.py 代码

```
from collections import OrderedDict

from common.test_case_finder import DiscoverTestCases
from common.test_filter import TestFilter
from common.user_options import parse_options
from configs.global_config import init, set_config


def group_test_cases_by_class(cases_to_run):
    test_groups_dict = OrderedDict()
    for item in cases_to_run:
        tag_filter, cls, func_name, func, value = item
        test_groups_dict.setdefault(cls, []).append((tag_filter, cls, func_name,
            func, value))
    test_groups = [(x, y) for x, y in zip(test_groups_dict.keys(), test_groups_
        dict.values())]
    return test_groups


def main(args=None):
    # 解析用户输入
    options = parse_options(args)
```

```
    # 初始化全局变量
    init()
    # 设置全局环境变量
    set_config('config', options.config)

    # 从默认文件夹tests开始查找测试用例
    case_finder = DiscoverTestCases()
    # 查找测试模块并导入
    test_module = case_finder.find_test_module()
    # 查找并筛选测试用例
    original_test_cases = case_finder.find_tests(test_module)
    # 根据用户输入参数-i进一步筛选
    raw_test_suites = TestFilter(original_test_cases).tag_filter_run(options.
        include_tags_any_match)
    # 获取最终的测试用例集，并按类名组织
    test_suites = group_test_cases_by_class(raw_test_suites)

    # 运行每一个测试用例
    for test_suite in test_suites:
        test_class, func_run_pack_list = test_suite
        for func_run_pack in func_run_pack_list:
            cls_group__name, cls, func_name, func, value = func_run_pack
            cls_instance = cls()
            if value:
                getattr(cls_instance, func.__name__).__wrapped__(cls_instance,
                    *value)
            else:
                getattr(cls_instance, func.__name__).__wrapped__(cls_instance)


if __name__ == "__main__":
    main()
```

在main.py中，首先获取用户输入（交互式命令定义的参数值），接着初始化并设置、加载测试环境变量，然后根据用户输入的筛选条件查找测试用例，最后获取每一个查找到的测试用例，并根据有无数据驱动分组运行。

9.4.3 执行测试

至此，整个测试框架在功能上已经初具雏形。下面我们根据不同的筛选条件进行实际运行。

1. 不指定任何参数

在不指定任何参数的情况下，测试框架默认使用qa环境，默认查找tests下的所有测试用例，默认执行所有的测试用例（无论其是否定义标签），如代码清单9-24所示。

代码清单 9-24　默认运行 main() 函数

```
if __name__ == "__main__":
    main()
```

运行结果如图 9-3 所示。

```
iTesting
{'Account': {'username': 'kevin_QA', 'password': 'iTesting'}, 'DOMAIN': 'https://www.qa. baidu.com'}
123
{'Account': {'username': 'kevin_QA', 'password': 'iTesting'}, 'DOMAIN': 'https://www.qa. baidu.com'}

Process finished with exit code 0
```

图 9-3　默认运行 main() 函数结果

可以看到，测试环境为 qa，默认测试文件夹为 tests，所有的测试用例都运行了。

2. 指定参数

在指定参数的情况下，测试框架将根据参数指定的设置运行。更改 main() 函数如代码清单 9-25 所示。

代码清单 9-25　指定参数运行 main() 函数

```
if __name__ == "__main__":
    main("-env prod -i smoke -t ./tests")
```

运行入口函数 main.py，结果如图 9-4 所示。

```
iTesting
{'Account': {'username': 'kevin', 'password': 'iTesting'}, 'DOMAIN': 'https://www.baidu.com'}
123
{'Account': {'username': 'kevin', 'password': 'iTesting'}, 'DOMAIN': 'https://www.baidu.com'}

Process finished with exit code 0
```

图 9-4　指定参数运行 main.py 函数

可以看到，测试环境为 prod，测试文件夹为 tests，只有标签为 smoke 的测试用例运行了。

因为我们只有一个测试函数且标签为 smoke，所以此次运行无法验证标签挑选是否生效。更改运行的标签值为 sanity，更改后的 main() 函数如代码清单 9-26 所示。

代码清单 9-26　指定参数运行 main() 函数

```
if __name__ == "__main__":
    main("-env prod -i sanity -t ./tests")
```

运行入口函数 main.py，结果如图 9-5 所示。

```
Process finished with exit code 0
```

图9-5　指定参数但无可匹配的测试用例

由结果可见，没有测试用例运行，这是因为唯一的一条测试用例的标签不包括 sanity。

注意　本章的所有代码均可直接下载运行，请关注笔者微信公众号 iTesting，回复“测开代码”获取本章所有源码。

9.5　本章小结

众多实践证明，合理、清晰的测试用例组织是测试框架易于推广、使用的标志之一。本章从测试用例的角度出发，介绍了测试用例在测试框架中的组织形式，讲解了如何设定测试用例标签，以便在不改变测试用例的情况下，根据测试目的动态地运行不同的测试用例。

本章最后融合了前面介绍过的测试框架的相关内容，并以展示完整代码、分析逐个模块、讲解重点代码的方式，将测试框架源码及测试运行效果呈现出来，读者如果能认真练习本章内容，应该能独立承担实现一个测试框架的开发工作。

注意　为了避免代码过长影响讲解效果，笔者实现的测试框架删减了“定义测试类装饰器”“根据测试类挑选测试用例”等功能。读者可自行扩充 test_decorator.py、test_filter.py 及 test_options.py 模块代码，实现这些功能。

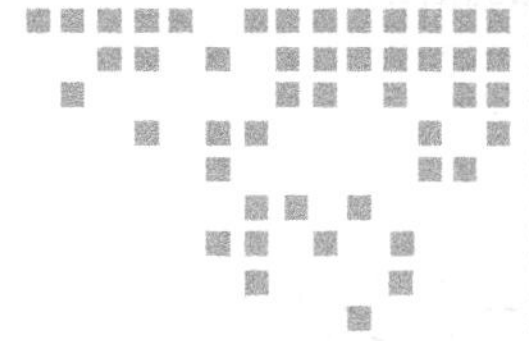

第 10 章 Chapter 10

自动化测试框架与并发运行

随着微服务架构的普及、业务复杂性的增加以及企业对软件交付速度要求的提升，自动化测试的应用场景也变得更加广泛。在当今主流的开发模式下，自动化测试贯穿了整个软件开发生命周期。无论是代码提交还是代码上线，都需要进行自动化回归测试。在绝大多数情况下，企业都会严格控制每次测试的运行时长。那么，如何缩短测试运行时间就变成测试框架不得不面对的问题了。

10.1 并发与全局解释器锁

缩短测试运行时间的方式有两种：缩短单个测试用例执行的时间，在同一时间执行多条测试用例。很显然，后一种方式效率更高，且能节省更多的测试时间。

并行运行即并发运行，是现代编程语言的基本功能。不同的编程语言，并发的实现方式是不同的。以 Python 来说，仅解释器就有 CPython、JPython、IronPython、PyPy 等多种版本。其中，CPython 作为 Python 的标准解释器，最受诟病的就是全局解释器锁（Global Interpreter Lock，GIL）。简单来说，GIL 是一个互斥锁，它只允许一个线程控制 Python 解释器，这就使得在 Python 开发的应用中，任何时间点都只能有一个线程处于执行状态。

由于 GIL 的存在，多线程并发运行不见得比顺序运行快。代码清单 10-1、代码清单 10-2 分别展示了顺序运行和多线程运行同一段代码所花费的时间。

代码清单 10-1 顺序运行

```
import time

counter_number = 50000000
```

```
def countdown(n):
    while n > 0:
        n -= 1


if __name__ == "__main__":
    start = time.time()
    countdown(counter_number)
    end = time.time()
    print('顺序运行500万次，时间消耗为 %s 秒' % (end - start))
```

代码清单 10-1 的执行结果如下。

```
顺序运行500万次，时间消耗为 2.2620580196380615 秒
Process finished with exit code 0
```

可以看到，顺序执行 500 万次简单运算，花费的时间大约是 2.26s。如果使用 2 个线程并发运行，会是什么结果呢？如代码清单 10-2 所示。

代码清单 10-2　多线程并发运行

```
from threading import Thread
import time

counter_number = 50000000

def countdown(n):
    while n > 0:
        n -= 1


if __name__ == "__main__":
    start = time.time()
    t1 = Thread(target=countdown, args=(counter_number // 2,))
    t2 = Thread(target=countdown, args=(counter_number // 2,))
    t1.start()
    t2.start()
    t1.join()
    t2.join()
    end = time.time()
    print('两个线程循环500万次，时间消耗为 %s 秒' % (end - start))
```

代码清单 10-2 的执行结果如下。

```
两个线程循环500万次，时间消耗为 2.3060319423675537 秒
Process finished with exit code 0
```

可以看到，使用 2 个线程并发运行，结果比顺序运行花费的时间还要久，竟然超过了 2.3s。为什么顺序运行反而比多线程并发运行更快呢？这就是 GIL 被广为诟病的地方：GIL

的存在，确保了任何时候都只有一个 Python 线程执行，因此在多线程版本中，GIL 阻止了 CPU 绑定多线程并行执行，采用多线程后，因为对线程锁的获取和释放也会花费时间，所以从结果上看，运行时间更久了。

那么是不是说，使用 Python 编程完全不适合并发执行呢？也不尽然，当你的应用程序大部分时间只会涉及 I/O 操作时（比如网络交互），使用多线程就很合适。因为使用 I/O 交互时，线程大部分时间都在等待 I/O 输入。

注意　在多个 CPU 内核的多线程架构中，GIL 只允许一次执行一个线程。Python 并发并不是真正意义上的并发，也是基于这个原因，Python 仅适合处理 I/O 密集型任务，并不适合处理计算密集型任务。

10.2　自主实现并发

在 Python 中使用并发需要考虑应用程序在运行时是计算密集型任务多还是 I/O 密集型任务多。如果是 I/O 密集型任务多，我们可以正常使用 Python 多线程并发。如果是计算密集型任务多呢？

Python 开发者们已经考虑到了这点，并提供了两种处理方式：一种是使用 C 语言扩展编程技术，例如将解释器换成 Cpython；另一种就是使用多进程并发技术 multiprocessing，让每个 Python 进程都有自己的 Python 解释器和内存空间，GIL 就不会造成干扰了。

现在我们已经了解到，在 Python 中使用并发可以有多线程和多进程两种方案。下面来分别看看它们的用法。

10.2.1　多线程并发

在 Python 中可以使用 threading 标准库启用多线程并发，流程有如下两种。

1. 继承 Thread 类并重写 run() 方法

通过重写 run() 方法来实现多线程并发的方式如代码清单 10-3 所示。

代码清单 10-3　多线程并发——重写 run() 方法

```
# -*- coding: UTF-8 -*-

import threading
import time


# 继承父类 threading.Thread
class MyThread(threading.Thread):
    def __init__(self, thread_name, counter):
        super(MyThread, self).__init__(name=thread_name)
```

```
        self.name = thread_name
        self.counter = counter

    # 重写 run() 方法
    # 线程在创建后，会通过 start() 方法自动调用并执行 run() 函数
    def run(self):
        print("运行开始 - ", self.name)
        self.count_down()
        print("运行结束 - ", self.name)

    def count_down(self):
        while self.counter > 0:
            self.counter -= 1


if __name__ == "__main__":
    # 开始计时
    start = time.time()

    # 创建新线程
    thread1 = MyThread("Thread-1", 5000000 // 2)
    thread2 = MyThread("Thread-2", 5000000 // 2)

    # 开启线程
    thread1.start()
    thread2.start()

    # 等待线程运行结束
    thread1.join()
    thread2.join()

    # 结束计时
    end = time.time()

    print('两个线程共循环500万次，时间消耗为 %s 秒' % (end - start))
```

注意　线程 threading.Thread 的具体用法请参考 Python 标准库自行了解。

当使用重写 run() 方法的方式进行多线程并发时，需要先确保线程类继承自 threading.Thread，然后重写 __init__ 方法和 run() 方法。

2. 实例化线程组时，将要执行的任务函数作为参数传入

多线程并发还可以采用在实例化线程组时直接将要执行的任务函数作为参数传入的方式来实现，如代码清单 10-4 所示。

代码清单 10-4　多线程并发——传入任务函数

```
# -*- coding: UTF-8 -*-
```

```
import threading
import time


# 任务函数类
class Counter:
    def __init__(self, counter_number):
        self.counter = counter_number

    def count_down(self):
        while self.counter > 0:
            self.counter -= 1


if __name__ == "__main__":
    # 开始计时
    start = time.time()

    # 创建新线程
    thread1 = threading.Thread(target=Counter((5000000//2)).count_down)
    thread2 = threading.Thread(target=Counter((5000000//2)).count_down)

    # 开启线程
    thread1.start()
    thread2.start()

    # 等待线程运行结束
    thread1.join()
    thread2.join()

    # 结束计时
    end = time.time()

    print(' 两个线程共循环 500 万次，时间消耗为 %s 秒 ' % (end - start))
```

上述两种方式都可以实现多线程并发。需要注意的是，在执行代码的过程中，如果涉及多个线程共同对某个数据进行修改，可能会出现不可预料的后果。为了保证数据的正确性，必须对多个线程进行同步。

简单的线程同步可采用 Thread 对象的两个方法 Lock() 和 RLock() 实现。下面以重写 run() 方法实现线程并发为例，演示简单的线程同步，如代码清单 10-5 所示。

代码清单 10-5　多线程并发——线程同步

```
# -*- coding: UTF-8 -*-

import threading
from threading import Lock, RLock
import time

# 创建互斥锁
```

```
lock = threading.Lock()
# 将 COUNTER 变成共享变量
COUNTER = 5000000


# 继承父类 threading.Thread
class MyThread(threading.Thread):
    def __init__(self, thread_name):
        super(MyThread, self).__init__(name=thread_name)
        self.name = thread_name

    # 重写 run() 方法
    # 线程在创建后，会通过 start() 方法自动调用并执行 run() 函数
    def run(self):
        print("运行开始 - ", self.name)
        lock.acquire()
        self.count_down()
        lock.release()
        print("运行结束 - ", self.name)

    def count_down(self):
        global COUNTER
        while COUNTER > 0:
            COUNTER -= 1


if __name__ == "__main__":
    # 开始计时
    start = time.time()

    # 创建新线程
    thread1 = MyThread("Thread-1")
    thread2 = MyThread("Thread-2")

    # 开启线程
    thread1.start()
    thread2.start()

    # 等待线程运行结束
    thread1.join()
    thread2.join()

    # 结束计时
    end = time.time()

    print('两个线程共循环500万次，时间消耗为 %s 秒' % (end - start))
```

由上述代码可以看出，要实现线程同步，需要先创建互斥锁，在需要访问共享数据时，调用 acquire() 方法获取锁（如果其他线程已经获得了该锁，则当前线程需等待其被释放），待访问完该共享数据后，调用 release() 方法释放锁。

注意　线程同步是多线程并发时需要重点关注的问题，对于多线程并发时可能出现的多个线程更改同一变量的情况，一定要使用锁来保证操作的原子性。

10.2.2　多进程并发

在 Python 中启用多进程并发，可以使用 multiprocessing 标准库，流程如代码清单 10-6 所示。

代码清单 10-6　多进程并发——使用进程池

```
# -*- coding: UTF-8 -*-

import multiprocessing
import time

COUNTER = 50000000


# 任务函数类
class Counter:
    def count_down(self):
        global COUNTER
        while COUNTER > 0:
            COUNTER -= 1


if __name__ == '__main__':
    # 开始计时
    start = time.time()

    # 创建进程池
    # 设置同时执行的进程总数永远为 2

    # 异步开启进程，非阻塞
    pool = multiprocessing.Pool(processes=4)
    pool.apply_async(Counter().count_down, [COUNTER//2])
    pool.apply_async(Counter().count_down, [COUNTER//2])

    # 阻止后续任务提交到进程池，当所有任务执行完成后，工作进程会退出
    pool.close()

    # 等待工作进程结束
    # 注意：调用 join() 方法前必须先调用 close() 方法
    pool.join()

    # 结束计时
    end = time.time()

    print('循环500万次，时间消耗为 %s 秒' % (end - start))
```

代码清单10-6的运行结果如下。

```
循环500万次，时间消耗为 0.1502692699432373 秒
Process finished with exit code 0
```

由此可见，因为消除了GIL的限制，所以多进程运行比多线程运行更快。

在本例中，多进程并发使用了进程池及其子方法apply_async()。如果子进程数量不多，也可以使用标准的Process()方法及其子方法pool.start()和pool.join()来开启一个进程并等待运行，如代码清单10-7所示。

代码清单10-7 多进程并发——常规方法

```python
# -*- coding: UTF-8 -*-

import multiprocessing
import time

COUNTER = 50000000


# 任务函数类
class Counter:
    def count_down(self):
        global COUNTER
        while COUNTER > 0:
            COUNTER -= 1


if __name__ == '__main__':
    # 开始计时
    start = time.time()

    # 创建新进程
    p1 = multiprocessing.Process(target=Counter().count_down)
    p2 = multiprocessing.Process(target=Counter().count_down)

    # 开启进程
    p1.start()
    p2.start()

    # 等待进程运行结束
    p1.join()
    p2.join()

    # 结束计时
    end = time.time()

    print('循环500万次，时间消耗为 %s 秒' % (end - start))
```

代码清单10-7的运行结果如下。

```
循环500万次，时间消耗为 3.886312961578369 秒
Process finished with exit code 0
```

可以看到，运行时间竟然接近 4s。为什么同样是多进程并发，使用进程池和 Process() 方法的运行结果相差这么多？

这是因为进程池和 Process() 方法的实现原理不同。进程池的工作原理类似于 map-reduce 架构。进程池采用先进先出（FIFO）的调度策略，先将任务分配给可用的处理器，然后将输入映射到不同的处理器并收集所有处理器的输出。在代码执行时，正在执行的进程存储在内存中，其他非执行进程存储在内存外。进程池会等待所有任务完成，最后以列表或数组的形式输出。而 Process() 方法是将所有进程放入内存并使用先进先出的调度策略执行。在代码运行时，如果进程被挂起，它会抢占并调度一个新进程来继续执行。

那么，使用 multiprocessing 实现多进程并发，应该什么时候使用进程池，什么时候使用 Process() 方法呢？因为进程池只分配正在内存中执行的进程，而 Process() 方法会分配内存中的所有任务，所以当任务量大时，我们应该使用进程池，当任务量小时，我们应该使用 Process() 方法。

> **注意**　多进程并发时，需要根据任务量来确定使用哪种并发方式，因为进程池本身的创建也是有开销的，所以进程池并不总是最好的选择。如果任务量较小时使用进程池，并发性能会受到影响。

最后需要说明一点，根据平台的不同，multiprocessing 支持如下 3 种启动进程的方式。

1）spawn 方式。父进程会启动一个全新的 Python 解释器进程，子进程将只继承运行进程对象的 run() 方法所需的资源，来自父进程的非必需文件描述符和句柄将不会被继承。使用此方法启动进程，相比使用 fork 方式和 forkserver 方式要慢许多。（spawn 方式是 Mac 和 Windows 系统中的默认设置，也可以在 Unix 系统中使用。

2）fork 方式。父进程使用 os.fork() 方法产生 Python 解释器 fork。子进程在开始时实际上与父进程相同，父进程的所有资源都由子进程继承。（fork 方式只存在于 Unix 中，是 Unix 的默认设置。）

3）forkserver 方式。当程序启动并选择 forkserver 作为启动方式时，将会启动一个服务器进程。从这时起，每当需要一个新进程时，父进程就会连接到服务器并请求执行一个 fork 操作，以创建一个新进程。这个方式可在 Unix 平台上使用，支持通过 Unix 管道传递文件描述符。

正常情况下，我们不需要指定使用哪种进程启动方式，但有时程序会出现子进程无法退出的情况。我们可以通过指定进程启动的方式来避免这种情况，如代码清单 10-8 所示。

代码清单 10-8　指定多进程并发启动方式

```
# 在主函数起始位置添加进程启动方式
if __name__=='__main__':
```

```
    multiprocessing.set_start_method('spawn')
```

注意 set_start_method 函数的调用位置必须位于所有与多进程有关的代码之前。

10.2.3 多进程下线程池并发

虽然进程池可以解除 GIL 的限制，但是它并不是没有代价的，它带来了另外一个问题：如果你的代码中大量使用了类及类方法，就可能无法执行 Pickle 操作。

注意 Pickle 是 Python 中将对象结构序列化（或者反序列化）为字节流的库。当你需要将 Python 对象转换为字节流以便存储在文件 / 数据库中，需要跨 Session 维护程序状态，或者需要通过网络传输数据时，就需要进行 Pickle 操作。

下面列出一个无法执行 Pickle 操作的示例，如代码清单 10-9 所示。

代码清单 10-9 多进程无法执行 Pickle 操作的示例

```
from multiprocessing import Pool


class DO(object):
    def run(self):
        def f(x):
            return "欢迎 %s" % x

        p = Pool()
        return p.map(f, ["Kevin", "Emily", "Ray"])


if __name__ == "__main__":
    d = DO()
    d.run()
```

直接运行代码清单 10-9，就会发现如下错误。

```
Can't pickle local object 'DO.run.<locals>.f'
```

发生这样的错误怎么办呢？在编写测试代码时，我们常常大量使用类及类方法。这时，我们可以使用多进程下的线程池（multiprocessing.pool.ThreadPool）来避免这个问题。使用多进程的线程池时，仅需将 Pool 换成 ThreadPool，代码清单 10-10 为替换 Pool 为 ThreadPool 的示例。

代码清单 10-10 多进程 ThreadPool 示例

```
# -*- coding: UTF-8 -*-
```

```
from multiprocessing.pool import ThreadPool
import time

COUNTER = 50000000


# 任务函数类
class Counter:
    def count_down(self):
        global COUNTER
        while COUNTER > 0:
            COUNTER -= 1


if __name__ == '__main__':
    # 开始计时
    start = time.time()

    # 创建进程池
    # 设置同时执行的进程总数永远为 2
    # 异步开启进程，非阻塞
    pool = ThreadPool(processes=4)
    pool.apply_async(Counter().count_down, [COUNTER//2])
    pool.apply_async(Counter().count_down, [COUNTER//2])

    # 阻止后续任务提交到进程池，当所有任务执行完成后，工作进程会退出
    pool.close()

    # 等待工作进程结束
    # 注意：调用 join() 方法前必须先调用 close() 方法
    pool.join()

    # 结束计时
    end = time.time()

    print('循环 500 万次，时间消耗为 %s 秒' % (end - start))
```

代码清单 10-10 的运行结果如下。

```
循环 500 万次，时间消耗为 0.007979631423950195 秒
Process finished with exit code 0
```

由上述运行结果可以看出，线程池的运行速度更快。但这不意味着结果一定如此。线程池的行为和进程池的行为完全相同，区别在于一个是多进程实现，一个是多线程实现（多线程实现可共享主线程变量）。

> 注意　线程池比多线程 Threading 快得多，但仍然受制于 GIL。在日常并发的大多数情况下，我们都可以使用线程池。

10.3 自主实现分布式并发

现在，我们已经学习了多线程并发和多进程并发两种并发方式。在测试实践中，特别是有兼容性测试的需求时，常常需要在有不同软硬件配置的测试环境中执行测试用例。在同一台机器上并发运行上百条甚至上千条测试用例时，单台机器的CPU和内存通常会成为并发的瓶颈。基于此，我们需要开发出支持分布式并发的测试框架。

在Python中，分布式并发可以通过分布式框架Ray来实现。Ray是一个分布式执行引擎，开发者通过一个运行在笔记本电脑上的原型算法，仅需添加数行代码，就能轻松地将应用转为适合于计算机集群运行的（或单个多核心计算机的）高性能分布式应用。

> 注意 限于篇幅，笔者不在此介绍分布式框架Ray，有兴趣的读者可以通过其官方网站（https://github.com/ray-project/ray）了解具体用法。

如果端到端的自动化测试需求较多，我们也可以借助Selenium Grid实现分布式并发测试。

10.3.1 利用Selenium Grid实现分布式并发

Selenium Grid通过多台机器并行运行测试用例来加速测试的执行过程。Selenium Grid的最新版本架构图如图10-1所示。

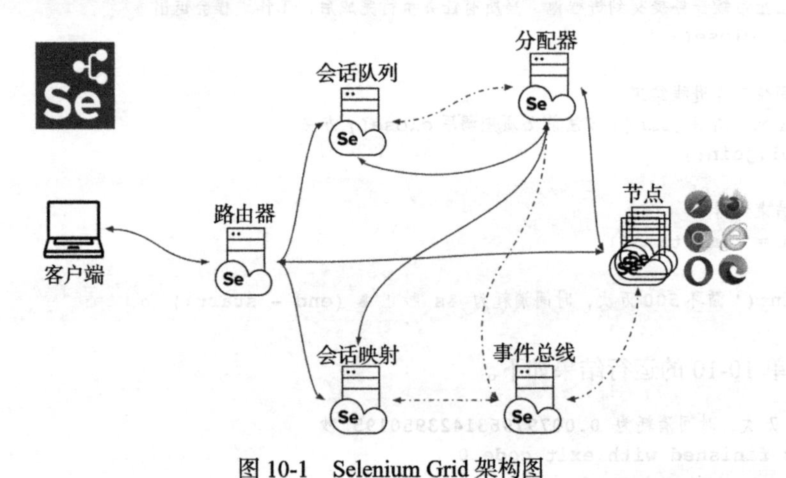

图10-1　Selenium Grid架构图

> 注意 Selenium Grid的最新版本是4.0，其工作原理与Selenium Grid 3.0不同。由于我们仅利用其实现测试框架的并发执行，因此不再展开介绍其工作原理，对原理感兴趣的读者可以自行查看Selenium官方网站。

Selenium Grid支持4种运行模式，本节选用主节点和分支节点的模式，并列出其实现并发的步骤。

第一步：从网站 https://www.selenium.dev/downloads/ 下载最新版的 Selenium Server。

第二步：进入文件所在的目录，启动主节点，命令如下。

```
java -jar selenium-server-4.0.0-beta-4.jar hub
```

第三步：分支节点可以和主节点在同一台机器上，也可以在不同机器上。如果分支节点和主节点运行在同一台机器上，启动分支节点的命令如下。

```
java -jar selenium-server-4.0.0-beta-4.jar node --detect-drivers true
```

如果分支节点和主节点运行在不同机器上，启动分支节点的命令如下。

```
java -jar selenium-server-4.0.0-beta-4.jar node --detect-drivers true
    --publish-events 'tcp://192.168.0.109:4442' --subscribe-events
    tcp://192.168.0.109:4443
```

注意 在上述命令中，192.168.0.109 是主节点的 IP 地址。这个地址可以从启动主节点命令的结果中获取。

第四步：注册分支节点后，可以在主节点上通过 URL（http://192.168.0.109:4444/ui/index.html#/）来查看节点的注册情况，如图 10-2 所示。

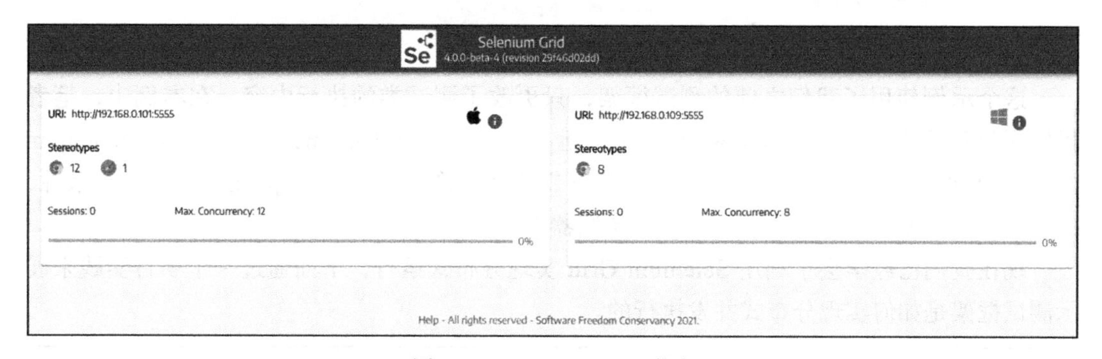

图 10-2 Selenium Grid 节点

图 10-2 中分别注册了两个节点，一个为 Mac 系统上的 Chrome，另一个为 Windows 上的 Chrome。注册节点成功后，就可以根据需要将测试分发到不同的机器上执行了。

10.3.2 分布式并发代码实践

Selenium Grid 搭建完毕后，我们可以根据测试需要将不同的测试用例分发到不同的机器上执行。

下面列出采用 Selenium Grid 后，分发测试执行的一个代码示例，如代码清单 10-11 所示。

代码清单 10-11　Selenium Grid 代码示例

```
# test_baidu.py
from selenium import webdriver

from common.data_provider import data_provider
from common.test_decorator import Test
from pages.baidu import Baidu


class DemoTest:

    @data_provider([('iTesting',), ('123',)])
    # 给测试方法添加 tag 标签，指定 tag 值为 smoke
    @Test(tag='smoke')
    def test_demo_data_driven(self, data):
        # 启动浏览器，指定运行的操作系统为 Win10，浏览器为 Chrome
        self.browser = webdriver.Remote(
            command_executor='http://192.168.0.109:4444/wd/hub',
            desired_capabilities={'browserName': 'chrome', 'javascriptEnabled':
                True, 'platformName': 'WIN10'})
        # 初始化 Page 对象 Baidu
        baidu = Baidu(self.browser)
        # 执行 Baidu 的类方法 baidu_search
        baidu.baidu_search(data)
        # 关闭浏览器
        self.browser.close()
```

这个示例使用了我们之前的测试框架，只更改了测试类的执行内容。在本例中，笔者指定了测试需要运行在 Windows 系统上，运行的浏览器为 Chrome。如此一来，Selenium Grid 会自动寻找已注册的分支节点，并检查节点是否符合 desired_capabilities 的限定条件，即只能运行在 Windows 系统的 Chrome 浏览器上。

现在我们已经学会了利用 Selenium Grid 实现分布式运行，下面通过一个项目实践来展示测试框架是如何实现分布式并发执行的。

注意　为了尽可能精简地展示 Selenium Grid 的分布式运行方式，代码清单 10-11 中仅列出了 Baidu 的测试类代码，Page 类代码并未展示。另外，驱动分布式并发的代码将在 10.4 节展示。

10.4　测试框架集成实践

至此，我们已经学习了多线程、多进程并发，并且掌握了如何使用 Selenium Grid 实现分布式运行。下面我们将分布式并发执行集成到测试框架中。

10.4.1　集成 PageObject 模型

5.2 节介绍过 PageObject 模型，现在是时候将它集成到我们的测试框架中了。假设项目结构如代码清单 10-12 所示。

代码清单 10-12　测试框架项目的文件结构

```
├─── DemoProject
│    └─────common
│    │    └─── data_provider.py
│    │    └─── test_case_finder.py
│    │    └─── test_decorator.py
│    │    └─── test_filter.py
│    │    └─── user_options.py
│    │    └─── __init__.py
│    └─────configs
│    │    └─── element_locator
│    │    │    ├─── baidu.yaml
│    │    │    ├─── __init__.py
│    │    └─── test_env
│    │    │    ├─── prod_env.py
│    │    │    ├─── qa_env.py
│    │    │    └─── __init__.py
│    │    └─── __init__.py
│    │    └─── global_config.py
│    └─────pages
│    │    └─── __init__.py
│    │    └─── baidu.py
│    │    └─── base_page.py
│    └─────tests
│    │    └─── __init__.py
│    │    └─── test_baidu.py
│    └─────utilities
│    │    └─── __init__.py
│    │    └─── yaml_helper.py
│    └─────__init__.py
└──  └─────main.py
```

在当前的架构下，整个测试文件夹 tests 下仅包含一个测试文件，即 test_baidu.py。由于应用了 PageObject 模型，因此测试文件 test_baidu.py 必须有对应的页面对象类，即 pages 文件夹下的 baidu.py 文件。为了重用某些公用的页面对象方法，我们创建了一个页面对象基类 base_page.py。根据 PageObject 模型的实践指导，我们将元素定位也单独剥离开来，并存放在 configs 文件夹下的 element_locator 子文件夹内，通过 utilities 文件夹下的 yaml_helper 模块进行元素的读取。于是，从上到下，整个测试框架文件结构与之前相比，多了如下文件夹。

1. element_locator 文件夹

element_locator 文件夹存放所有页面对象类的元素定位。在本例中，包含文件 baidu.

yaml，其内容如代码清单10-13所示。

代码清单 10-13 页面元素 baidu.yaml

```
KEY_WORLD_LOCATOR: kw
SEARCH_BUTTON_LOCATOR: su
FIRST_RESULT_LOCATOR: //*[@id="1"]/h3/a
```

注意 在页面元素所属的文件baidu.yaml中，仅包含页面元素的定位符。当页面元素定位发生改变时，更改此文件即可。

在实践中，如果需要测试多个页面，或者测试多个微服务，通常会在element_locator文件夹下建立子文件夹。

2. pages文件夹

pages文件夹存放所有的页面对象类。为了方便代码重用，通常会建立一个页面对象基类，本例中为base_page.py所在的模块，如代码清单10-14所示。

代码清单 10-14 页面对象基类

```
from selenium import webdriver


class BasePage:
    def __init__(self, driver):
        if driver:
            self.driver = driver
        else:
            self.driver = webdriver.Chrome()

    def open_page(self, url):
        self.driver.get(url)

    def close(self):
        self.driver.close()
```

在页面对象基类中存放的是所有页面对象类都会用到的公用代码。有了页面对象基类，所有的页面对象类就都可以创建了。本例中为baidu.py文件，如代码清单10-15所示。

代码清单 10-15 页面对象类 baidu.py

```
import time

from selenium.webdriver.common.by import By

from pages.base_page import BasePage
from utilities.yaml_helper import YamlHelper
from configs.global_config import get_config
```

```
class Baidu(BasePage):
    # 从全局变量中获取 DOMAIN
    DOMAIN = get_config('config')["DOMAIN"]

    # YAML 文件相对于本文件的路径
    element_locator_yaml = './configs/element_locator/baidu.yaml'
    element = YamlHelper.read_yaml(element_locator_yaml)

    # 获取所有的页面对象
    input_box = (By.ID, element["KEY_WORLD_LOCATOR"])
    search_btn = (By.ID, element["SEARCH_BUTTON_LOCATOR"])
    first_result = (By.XPATH, element["FIRST_RESULT_LOCATOR"])

    def __init__(self, driver=None):
        super().__init__(driver)

    # 定义类方法
    def baidu_search(self, search_string):
        self.driver.get(self.DOMAIN)
        self.driver.find_element(*self.input_box).clear()
        self.driver.find_element(*self.input_box).send_keys(search_string)
        self.driver.find_element(*self.search_btn).click()
        time.sleep(2)
        search_results = self.driver.find_element(*self.first_result).get_
            attribute('innerHTML')
        return search_results
```

每个页面对象类必须继承自页面对象基类。在页面对象类中，如果需要访问环境变量，直接通过全局变量 get_config('config') 获取即可（在本例中，获取对应的测试环境下 DOMAIN 的值）。

在页面对象类中，需要指定页面对象对应的元素定位路径（本例中为 baidu.yaml 文件路径），在查找页面对象时，这一步通过解析页面元素所在的 YAML 文件来实现。

最后，根据业务需要，定义页面上的功能函数。

3. tests 文件夹

由于使用 PageObject 模型改造了页面对象类，页面对象类对应的测试类也需要更改，本例中为 test_baidu.py，如代码清单 10-16 所示。

代码清单 10-16　测试类 test_baidu.py 代码

```
from common.test_decorator import Test
from pages.baidu import Baidu


class BaiduTest:

    @data_provider(
        [('iTesting', 'iTesting'), ('helloqa.com', 'iTesting')])
```

```
    # 给测试方法添加tag标签，指定tag值为smoke
    @Test(tag='smoke')
    def test_baidu_search(self, *data):
        # 启动浏览器，指定运行的操作系统为Win10，浏览器为Chrome
        self.driver = webdriver.Remote(
            command_executor='http://192.168.0.109:4444/wd/hub',
            desired_capabilities={'browserName': 'chrome', 'javascriptEnabled':
                True, 'platformName': 'Win10'})

        # 初始化Page对象Baidu
        baidu = Baidu(self.driver)
        # 如果要本地运行，可以注释掉上面的代码
        # 并打开下面一行的注释
        # baidu = Baidu()

        # 测试用例中调用类方法并断言
        search_string, expect_string = data
        results = baidu.baidu_search(search_string)
        assert expect_string in results

        # 关闭浏览器
        baidu.close()
```

测试类中包含了测试所需的一切内容，例如浏览器的初始化、测试的断言等。在本例中，还包括使用Selenium Grid启用分布式运行的代码。当然，你也可以使用本地浏览器运行，更改远程浏览器驱动为本地浏览器驱动。

4. utilities文件夹

utilities文件夹中包含测试框架用到的所有工具类。在本例中，是读取页面对象的YAML文件yaml_helper.py，如代码清单10-17所示。

代码清单10-17　yaml_helper.py代码

```
import yaml


class YamlHelper:
    @staticmethod
    def read_yaml(yaml_file_path):
        with open(yaml_file_path, 'r') as stream:
            try:
                return yaml.safe_load(stream)
            except yaml.YAMLError as exc:
                print(exc)
```

至此，我们已经将PageObject模型应用到了测试框架中。当前的运行方式是顺序运行，我们需要将其改为并发运行。

10.4.2　集成并发运行

10.2 节介绍了多种并发方式，下面我们介绍多进程下的线程池并发方式，并将其集成进测试框架。

如果要并发运行，就要指定并发数目。指定并发数目可以通过更改交互式命令实现。查看当前的测试框架，更改交互式命令所在的文件 common/ user_options.py，如代码清单 10-18 所示。

代码清单 10-18　交互式命令增加并发数目

```
import argparse
import importlib.util
import re
import sys
import shlex
import os
from multiprocessing import cpu_count


def parse_options(user_options=None):
    parser = argparse.ArgumentParser(prog='iTesting', description='iTesting
        framework demo')
    parser.add_argument('-env', action='store', default='qa', dest='default_
        env', metavar='target environment',
                        choices=['qa', 'prod'], help='Specify test environment')
    parser.add_argument('-t', action='store', default='.' + os.sep + 'tests',
        dest='test_targets',
                        metavar='target run path/file',
                        help='Specify run path/file')
    parser.add_argument("-i", action="store", default=None, dest="include_tags_
        any_match", metavar="user provided tags, \
        string only, separate by comma without an spacing among all tags. if any
            user provided \
        tags are defined in test class, the test class will be considered to run.",
                  help="Select test cases to run by tags, separated by comma, no
                      blank space among tag values.")

    # 添加并发数目，默认为可用的 CPU 个数
    parser.add_argument("-n", action="store", type=int, default=cpu_count(),
        dest="test_thread_number",
                        metavar="int number", help="Specify the number of
                            testing thread run in parallel, \
                        default are the cpu number.")
    if not user_options:
        args = sys.argv[1:]
    else:
        args = shlex.split(user_options)

    options, un_known = parser.parse_known_args(args)
```

```
    def split(option_value):
        return None if option_value is None else re.split(r'[,]\s*', option_value)

    options.include_tags_any_match = split(options.include_tags_any_match)

    # 指定并发数目，默认为可用 CPU 个数
    options.test_thread_number = options.test_thread_number

    if options.test_targets:
        if not os.path.isdir(options.test_targets) and not os.path.
            isfile(options.test_targets):
            parser.error("Test targets must either be a folder path or a file
                path, it either be absolute path \
                    or relative path, if it is relative , it must relative
                        to tests folder under your root folder")
        if not os.path.isabs(options.test_targets):
            options.test_targets = os.path.abspath(options.test_targets)
        else:
            options.test_targets = options.test_targets

    if options.default_env:
        try:
            module_package = '.' + os.sep + 'configs' + os.sep + 'test_env'
            module_name = module_package + os.sep + '{}_env'.format(options.
                default_env)
            module_file = '{}.py'.format(module_name)
            module_spec = importlib.util.spec_from_file_location(module_name,
                module_file)
            env = importlib.util.module_from_spec(module_spec)
            module_spec.loader.exec_module(env)
            options.config = {item: getattr(env, item, None) for item in
                dir(env) if not item.startswith("__")}
        except ImportError:
            raise ImportError('Module: {} can not imported'.format(module_name))

return options
```

在此文件中，笔者通过添加 -n 参数及相关代码，实现了运行时通过用户输入控制并发数目的功能。如果用户未指定并发数，则默认使用可用的 CPU 个数作为并发数目。

获取并发数目后，测试框架应该使用多进程的线程池（ThreadPool）并发执行。查看测试框架的主文件 main.py 并更改，如代码清单 10-19 所示。

代码清单 10-19　使用 ThreadPool 改造 main.py 文件

```
import functools
from collections import OrderedDict
from multiprocessing.pool import ThreadPool
from time import time

from common.test_case_finder import DiscoverTestCases
```

```
from common.test_filter import TestFilter
from common.user_options import parse_options
from configs.global_config import init, set_config


def group_test_cases_by_class(cases_to_run):
    test_groups_dict = OrderedDict()
    for item in cases_to_run:
        tag_filter, cls, func_name, func, value = item
        test_groups_dict.setdefault(cls, []).append((tag_filter, cls, func_name,
            func, value))
    test_groups = [(x, y) for x, y in zip(test_groups_dict.keys(), test_groups_
        dict.values())]
    return test_groups


def class_run(case, test_thread_number):
    print(case)
    cls, func_pack = case
    p = ThreadPool(test_thread_number)
    p.map(func_run, func_pack)
    p.close()
    p.join()


def func_run(case):
    cls_group__name, cls, func_name, func, value = case
    cls_instance = cls()
    if value:
        getattr(cls_instance, func.__name__).__wrapped__(cls_instance, *value)
    else:
        getattr(cls_instance, func.__name__).__wrapped__(cls_instance)


def main(args=None):
    start = time()
    # 解析用户输入的参数
    options = parse_options(args)
    # 初始化全局变量
    init()
    # 设置全局环境变量
    set_config('config', options.config)

    # 从默认文件夹tests开始，查找测试用例
    case_finder = DiscoverTestCases()
    # 查找测试模块并导入
    test_module = case_finder.find_test_module()
    # 查找并筛选测试用例
    original_test_cases = case_finder.find_tests(test_module)
    # 根据用户输入参数-i进一步筛选
```

```
    raw_test_suites = TestFilter(original_test_cases).tag_filter_run(options.
        include_tags_any_match)
    # 获取最终的测试用例集，并按class名进行组织
    test_suites = group_test_cases_by_class(raw_test_suites)

    print("运行线程数为：%s" % options.test_thread_number)
    # 传入并发数目
    p = ThreadPool(options.test_thread_number)
    # 使用偏函数固定并发数目
    # 使用map()函数将test_suites列表中的测试用例逐一传入class_run运行
    p.map(functools.partial(class_run, test_thread_number=options.test_thread_
        number), test_suites)
    p.close()
    p.join()
    end = time()
    print('本次总运行时间 %s s' % (end - start))


if __name__ == "__main__":
    main("-env prod -i smoke -t ./tests -n 8")
```

代码清单10-19中，实现并发的关键代码如下。

```
p.map(functools.partial(class_run, test_thread_number=options.test_thread_
    number), test_suites)
```

test_suites这个列表中存储的是所有查询到的测试类。我们通过偏函数functools.partial固定并发数目，并利用map()函数将test_suites包括的测试类逐一传入class_run运行，在这里实现了测试类的并发。接下来查看class_run()函数的定义，如代码清单10-20所示。

代码清单10-20 class_run()函数的定义

```
def class_run(case, test_thread_number):
    cls, func_pack = case
    p = ThreadPool(test_thread_number)
    p.map(func_run, func_pack)
    p.close()
    p.join()
```

在代码清单10-20中，同样利用p.map()方法实现了将某个测试类下包括的所有测试方法并发执行。

在Pycharm中执行main.py文件，结果如下。

```
运行线程数为：8
本次总运行时间 7.356234550476074 s
```

为了验证并发的效果，更改并发执行数目如下。

```
# 更改main.py函数的入口函数main的参数
```

```
if __name__ == "__main__":
    main("-env prod -i smoke -t ./tests -n 1")
```

通过更改 main.py 文件，将并发数目改为 1（传入的参数为 -n，并发数目为 1），再次运行，结果如下。

```
运行线程数为：1
本次总运行时间 17.356234550476074 s
```

由此可见，并发运行极大地节省了运行总时间，提升了测试效率。至此，我们的测试框架已具备多进程并发执行、分布式并发执行的能力。

注意　由于 CPU 核数的不同，代码清单 10-19 在不同机器上的运行时间可能不尽相同，不过采用 ThreadPool 并发执行一定会比顺序执行快得多。

10.5　本章小结

测试框架并发运行可以提升测试运行速度，尽快发现问题。本章详细介绍了如何在 Python 编程中使用并发方式，将多进程并发、分布式并发集成到测试框架中。

在实现并发的过程中，笔者摒弃了传统的使用 Threading.Thread 实现并发的方式，转而采用运行速度更快、线程安全的 multiprocessing.pool.ThreadPool 来实现并发，此种实现方式不仅提升了运行速度，还减少了代码行数量。

本章的知识点较多，需要读者具备一定的编码基础，特别是需要对 Python 的标准库 multiprocessing 有深入的了解。关于 multiprocessing 的详细用法，读者可自行查看 Python 标准库文档。

Chapter 11 第 11 章

自动化测试框架与错误处理

基于大型软件的复杂性、运行环境的多样性以及网络传输的不确定性，大型软件在运行过程中常常会发生错误或者异常。同时，因为大型软件受众甚广，一旦发生运行错误或者无法响应，必然会引起非常大的社会反应，所以软件产品必须满足高可用性。同样地，自动化测试也是如此，自动化测试脚本、特别是集成在 CICD 系统中的冒烟测试脚本，如果常常发生运行错误，轻则影响相关测试人员的绩效考核，重则可能引发公司层面对整个测试部门技术能力的不信任。自动化测试必须具备高可用性和一定的自我恢复能力，这就要求测试框架要具备一定的错误处理机制。

11.1 错误处理核心原理

如果软件总能按照人们的期望运行，那么所有的软件一旦发布，根本无须维护。事实上，让软件在遇到意外情况时仍然能够提供核心服务，才是最具挑战的工作。

11.1.1 常见的错误处理类型

在实际工作中，Python 编程常见的错误类型如下。

1. 语法错误

语法错误也称为解析错误，是最常见的错误类型。例如编写函数时没有声明、少了冒号或者操作不同类型的操作数等。语法错误在编程时就应该尽力避免，代码清单 11-1 所示是语法错误的常见场景。

代码清单 11-1　语法错误示例

```
# 定义函数没有声明
a():
    print("iTesting")
print(a())

# 操作不同类型
a = 1
b = "iTesting"

print(a+b)
```

2. 内存错误

内存不足的错误通常与操作系统和应用程序的实现有关。比如一个计算程序在内存中创建了大型对象或者引用对象（例如直接读取 10GB 的文件到内存中），就会出现内存错误。

内存错误可以通过人为修正程序的方式解决（例如读取文件时，指定读取到内存中的块的大小）。

3. 递归错误

递归错误通常是程序人员人为找出的，例如不小心将程序写成了无限递归，如代码清单 11-2 所示。

代码清单 11-2　递归错误

```
# 递归错误
def recursion():
    return recursion()

recursion()
```

运行上面的代码就会出现诸如“maximum recursion depth exceeded”之类的错误。

4. 逻辑错误

逻辑错误也是比较常见的错误类型，通常指在程序计算中编写了不符合逻辑的代码。例如除数为零的情况，如代码清单 11-3 所示。

代码清单 11-3　除数为零的逻辑错误

```
# 递归错误
def division():
    return 1/0

division()
```

5. 运行错误

即使应用程序的逻辑没有问题，运行时仍然可能发生错误，这类错误统称为运行错误。

运行错误五花八门，是非常常见的错误类型。例如，当应用程序调用的公共库忽然不可访问或程序要操作没有权限的文件目录时，就会发生运行错误。

无论是哪种错误类型，只要在运行时报错，就会被统一称为异常。异常虽然不一定能引发严重的后果，但是异常的出现，一定是由错误引起的。异常可以被捕获，也可以被处理。捕获、处理异常的机制被称为错误处理机制。

11.1.2 错误处理机制核心讲解

程序在运行时发生了错误，错误处理机制需要做什么工作呢？换句话说，如何实现错误处理机制呢？在正式阐述之前，我们先来看看针对运行错误的处理方式。

1. 抛出错误

任由错误抛出显然是最省心的办法，但是满足不了我们对系统运行健壮性的要求。那么，出现运行错误时，是不是不能抛出错误呢？也不尽然，例如语法错误、内存错误、递归错误，这类当达到某些条件时一定会发生的错误，我们应该任由系统抛出，以快速更正。遗憾的是，除了语法错误，绝大多数错误类型无法在运行前知晓，在实践中，除了语法错误，我们不会任由错误抛出。

2. 捕获错误，分类处理

捕获错误并进行处理是当前最常用的处理方式。在 Python 中，一般由 try...except...finally 语句组成，如代码清单 11-4 所示。

代码清单 11-4　捕获并处理异常

```
# 捕获并处理异常的一般步骤

try:
    你的应用程序操作
except [ 错误类型 ]:
    错误发生后要做的事
finally:
    无论错误是否发生，都会做的事，通常是抛出异常
```

以上是错误处理的一般方式，其中，错误类型有很多种，例如断言失败错误（AssertionError）、属性赋值错误（AttributeError）、模块加载错误（ImportError）、内存错误（MemoryError）以及被除数为零错误（ZeroDivisionError）等。由于 Python 中，所有异常都派生自 BaseException 的类实例，因此在具体实践中，一些人为了方便，不加区分地对异常进行捕获，如代码清单 11-5 所示。

代码清单 11-5　捕获所有异常

```
# 捕获所有异常

try:
```

```
    你的应用程序操作
# 注意，这里的 except 没有加任何类型
except:
    错误发生后要做的事
finally:
    无论错误是否发生，都会做的事，通常是抛出异常
```

一股脑地捕获所有的异常是不可取的，因为这样隐藏了错误的细节，会给错误调试和更改带来困难。除了已知的错误类型，我们还可以自定义错误类型，如代码清单 11-6 所示。

代码清单 11-6　自定义错误类型

```
class CustomError(Exception):
    def __init__(self, value):
        self.value = value

    def __str__(self):
        return "Error: %s" % self.value


if __name__ == "__main__":
    try:
        # 通常先判断在什么情况下应该抛出自定义异常
        # 为了演示，这里永远抛出
        if 1 == 1:
            raise CustomError('我是自定义异常')
    except CustomError as e:
        print(e)
    finally:
        pass
```

运行上述代码，打印结果为"Error：我是自定义异常"。

了解了错误处理的方式后，我们就可以总结出实现错误处理的核心机制。首先，捕获所有已知的错误类型，然后根据业务需要，创建并捕获自定义错误类型，只有当前的运行错误找不到符合条件的错误归类时，才使用错误基类并抛出。图 11-1 展示了错误处理的核心逻辑。

测试框架应用错误处理机制有如下优点。

1）防止应用发生错误时崩溃：应用程序在运行时发生错误，会引发各种各样的问题，严重的会引起程序崩溃，造成不可挽回的损失。自动化测试框架的错误处理机制可以在自动化测试发生错误时，对测试框架进行必要的干预。例如，当某一个测试用例运行发生错误时，如果没有进行错误处理，后续的测试均不会执行。使用了错误处理机制后，就可以使得测试框架继续运行剩余的测试用例，即便遇到了严重的错误，错误处理机制也可以确保对系统进行必要的干预后再优雅地退出（例如，下单失败，而部分数据已经写入数据库，若不及时清理，可能影响程序功能。错误处理机制可以自动移除这部分数据）。

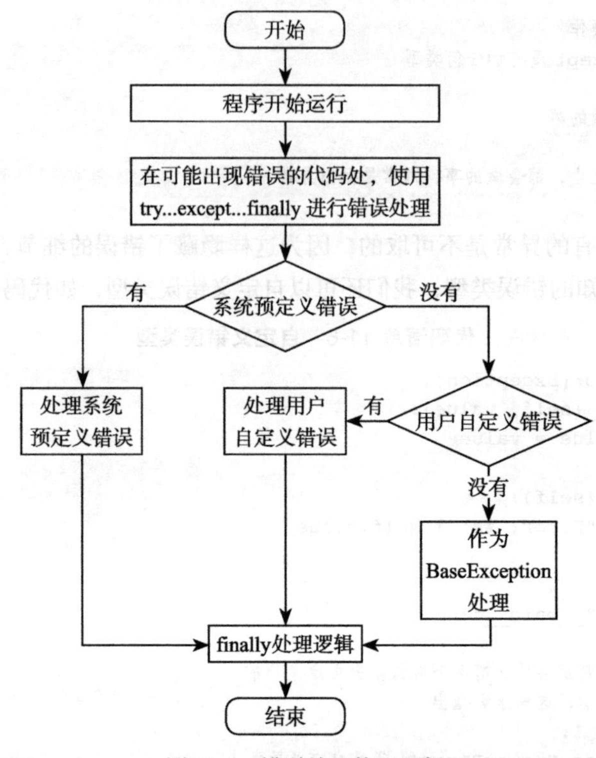

图 11-1 错误处理核心逻辑

2）节省调试错误的时间：当运行发生错误时，错误处理机制可以使自动化测试框架展示错误的信息（例如 trace back 信息），而不是立即退出，这样有利于我们调试错误。

3）有助于编写更健壮的测试框架：错误处理机制有助于我们编写更健壮的测试框架。通过多次运行和调试，可以收集常见的错误类型，并针对此类型的错误，在框架层面有针对性地进行修复。

11.2 自主实现错误处理模块

在了解了错误处理的核心逻辑后，我们就可以着手实现错误处理机制了。

11.2.1 自定义错误处理

从测试结果的角度看，自动化测试会发生如下错误。

1）测试用例断言错误：断言错误属于系统预定义错误，在发生此类错误时，无须人工介入，系统会自动抛出错误。

2）运行时不期望的错误：非断言错误是在运行时抛出的错误，我们可以称之为运行时不期望的错误。这种错误的出现会导致测试代码无法覆盖到测试场景（因为运行发生错误了)，我们需要统计哪些不期望的错误会发生，以方便有针对性地进行改进。对于这类错误，我们可以称之为自定义错误处理。

通常情况下，无论运行时发生哪种错误，我们都希望自动化测试能继续运行，以便我们在测试结束后可以获取一份完整的测试报告。为了让自动化测试不中断，我们并不会直接抛出错误，而是会对错误进行相应的处理，对于测试框架来说，最常做的就是先记录错误的信息，然后进行测试运行环境以及各项配置的清理，最后重置系统为初始运行状态并开启下一个测试用例。

如下两种在运行时出现的错误可以作为自定义错误类型。

1）运行超时错误：当前企业对自动化测试的整体运行时间一般都有要求。我们可以检测每一条测试用例的具体运行时间，当超过期望时间时，可以记录为一个超时错误。

2）业务相关错误：业务相关错误与具体的业务执行强相关。比如在进行接口测试时，如果接口返回的 HTTP Code 是 500，说明服务器内部有问题，就可以记录为一个关于服务器错误的类型。

11.2.2　错误处理模块代码实践

下面以运行时间为例，定义一个运行超时错误，如代码清单 11-7 所示。

代码清单 11-7　自定义运行超时错误

```
class RunTimeTooLong(Exception):
    def __init__(self, case_name, run_time):
        self.name = case_name
        self.value = run_time


    def __str__(self):
        return "Run Time Too Long Error: %s run time - %s s" % (self.name, self.
            value)


if __name__ == "__main__":
    try:
        # 通常先判断在什么情况下应该抛出自定义异常
        # 为了演示，这里永远抛出
        if 1 == 1:
            raise RunTimeTooLong('case1', '12')
    except RunTimeTooLong as e:
        print(e)
    finally:
        pass
```

定义了运行时长的错误类型后，我们需要在运行时计算每个测试用例的执行时长，并在执行结束后判断执行时间。如果执行时间超出预期，则主动抛出错误，示例如代码清单 11-8 所示。

代码清单 11-8　自定义错误示例代码

```
def func_run(case):
    try:
        # 测试开始时间
        s = time()
        cls_group__name, cls, func_name, func, value = case
        cls_instance = cls()
        if value:
            getattr(cls_instance, func.__name__).__wrapped__(cls_instance, *value)
        else:
            getattr(cls_instance, func.__name__).__wrapped__(cls_instance)
        # 测试结束时间
        e = time()
        # 为了演示，直接硬编码，如果测试运行时间大于5s，则超时
        if e-s > 5:
            raise RunTimeTooLong(func_name, e-s)
    except RunTimeTooLong as runtime_err:
        print(runtime_err)
        # 当出现RunTimeTooLong错误时，设置相应的属性
        setattr(func, 'run_status', 'error')
        setattr(func, 'exception_type', 'RunTimeTooLong')
    except AssertionError as assert_err:
        print(assert_err)
    except Exception as e:
        print(e)
    finally:
        # 每次测试运行完清理测试环境（非必须）
        clear_env()
```

上述代码显示了如何使用自定义错误。其中，func_run() 方法是测试框架中测试用例运行的代码，笔者通过运行后和运行前记录的时间差来记录测试运行时间，如果运行时间超出5s，则判断为超时异常。当运行超时后，我们会打印出超时的测试用例名称，还会打印出这个测试用例运行的具体时间。不仅如此，笔者还设置了测试的运行状态run_status为error，其异常类型为RunTimeTooLong。

> **注意**　运行状态run_status及异常类型exception_type，是笔者自定义的两个函数属性。收集这些属性信息，可以为后续提供测试报告使用。

代码的最后，无论本次测试执行成功与否，都会执行一个clear_env()函数。这个函数用来清理运行环境，重置测试环境到最初的状态，使得下一个测试用例的运行不受上一个测试结果的影响，如代码清单11-9所示。

代码清单 11-9　清理环境代码

```
def kill_process_by_name(process_name):
    try:
        if platform.system() == "Windows":
```

```
            subprocess.check_output("taskkill /f /im %s" % process_name,
                shell=True, stderr=subprocess.STDOUT)
        else:
            subprocess.check_output("killall '%s'" % process_name, shell=True,
                stderr=subprocess.STDOUT)
    except BaseException as e:
        print(e)


def clear_env():
    if platform.system() == "Windows":
        kill_process_by_name("chrome.exe")
        kill_process_by_name("chromedriver.exe")
        kill_process_by_name("firefox.exe")
        kill_process_by_name("iexplore.exe")
        kill_process_by_name("IEDriverServer.exe")
    else:
        kill_process_by_name("Google Chrome")
        kill_process_by_name("chromedriver")
```

在上述代码中，笔者调用了 subprocess 库针对测试打开的浏览器做了简单的清理。当自动化测试运行发生错误时，可能导致浏览器或者 WebDriver 没有正常关闭，就可以通过上述代码将它们关闭，这个机制保证了下一个测试用例的运行不受当前测试结果的影响。

11.3　测试框架集成错误处理

了解了错误处理的核心原理和具体实现后，我们将其应用到测试框架中。更新后的测试框架文件结构如代码清单 11-10 所示。

代码清单 11-10　测试框架文件结构

```
├─── DemoProject
│   └───common
│   │   └─── customize_error.py
│   │   └─── data_provider.py
│   │   └─── test_case_finder.py
│   │   └─── test_decorator.py
│   │   └─── test_filter.py
│   │   └─── user_options.py
│   │   └─── __init__.py
│   └────configs
│   │   └─── element_locator
│   │   │   ├─── baidu.yaml
│   │   │   ├─── __init__.py
│   │   └─── test_env
│   │   │   ├─── prod_env.py
│   │   │   ├─── qa_env.py
│   │   │   └─── __init__.py
```

```
│   │   └── __init__.py
│   │   └── global_config.py
│   └──── pages
│   │   └── __init__.py
│   │   └── baidu.py
│   │   └── base_page.py
│   └──── tests
│   │   └── __init__.py
│   │   └── test_baidu.py
│   └──── utilities
│   │   └── __init__.py
│   │   └── yaml_helper.py
│   └──── __init__.py
└── └──── main.py
```

在上述文件结构中，笔者在common文件夹下添加了customize_error.py文件。此文件存放测试框架自定义的错误类型，如代码清单11-11所示。

代码清单 11-11　customize_error.py 文件代码

```
class RunTimeTooLong(Exception):
    def __init__(self, case_name, run_time):
        self.name = case_name
        self.value = run_time

    def __str__(self):
        return "Run Time Too Long Error: %s run time - %s s" % (self.name, self.
          value)
```

注意　在实践中，读者可结合自己的业务需求，创建不同的错误类型。

在11.2.1节中，为了演示方便，将运行超时时间直接硬编码为5s。在实践中，所有跟测试环境有关的变量都会存放在configs/test_env文件夹下对应的不同环境变量文件中，本例为prod_env.py，如代码清单11-12所示。

代码清单 11-12　设置超时变量

```
DOMAIN = "https://www.baidu.com"
Account = {"username": "kevin", "password": "iTesting"}

# 设置运行超时变量
run_time_out = 5
```

在测试执行时，所有的环境变量都将通过global_config模块的get_config方法读取，其用法如代码清单11-13所示。

代码清单 11-13　读取环境变量

```
# 测试框架要做环境的初始化
```

```
# 初始化全局变量
init()
# 设置全局环境变量
set_config('config', options.config)

# 后续可以使用 get_config 获取需要的变量
# 本例的超时时间获取方式如下
if e - s > get_config('config')["run_time_out"]:
    raise RunTimeTooLong(func_name, e - s)
```

在测试框架初始运行时，先通过 init() 方法初始化全局变量，然后根据用户的输入内容确定当前运行的测试环境，最后所有测试环境下的变量均可通过 get_config 方法获取。

应用错误处理机制后，除了新添加的 customize_error.py 文件，还添加了环境清理的代码（clear_env() 方法），并针对每个测试用例应用了 try...except...finally 逻辑。这些文件的改动均在 main.py 文件中进行，故笔者在此贴出最新的 main.py 文件代码，如代码清单 11-14 所示。

注意　本章所示框架，除已列出的文件外，其他文件代码均未变化，不再一一列出。在练习时，读者可以关注公众号 iTesting，回复关键字“测试框架”获取本章所有代码。

代码清单 11-14　应用错误处理——main.py 文件

```
import functools
import platform
import subprocess
from collections import OrderedDict
from multiprocessing.pool import ThreadPool
from time import time

from common.customize_error import RunTimeTooLong
from common.test_case_finder import DiscoverTestCases
from common.test_filter import TestFilter
from common.user_options import parse_options
from configs.global_config import init, set_config, get_config

# 根据进程名字强制退出进程
def kill_process_by_name(process_name):
    try:
        if platform.system() == "Windows":
            subprocess.check_output("taskkill /f /im %s" % process_name,
                shell=True, stderr=subprocess.STDOUT)
        else:
            subprocess.check_output("killall '%s'" % process_name, shell=True,
                stderr=subprocess.STDOUT)
    except BaseException as e:
        print(e)
```

```
# 清理环境
def clear_env():
    if platform.system() == "Windows":
        kill_process_by_name("chrome.exe")
        kill_process_by_name("chromedriver.exe")
        kill_process_by_name("firefox.exe")
        kill_process_by_name("iexplore.exe")
        kill_process_by_name("IEDriverServer.exe")
    else:
        kill_process_by_name("Google Chrome")
        kill_process_by_name("chromedriver")


def group_test_cases_by_class(cases_to_run):
    test_groups_dict = OrderedDict()
    for item in cases_to_run:
        tag_filter, cls, func_name, func, value = item
        test_groups_dict.setdefault(cls, []).append((tag_filter, cls, func_name,
            func, value))
    test_groups = [(x, y) for x, y in zip(test_groups_dict.keys(), test_groups_
        dict.values())]
    return test_groups


def class_run(case, test_thread_number):
    print(case)
    cls, func_pack = case
    p = ThreadPool(test_thread_number)
    p.map(func_run, func_pack)
    p.close()
    p.join()


def func_run(case):
    try:
        # 测试开始时间
        s = time()
        cls_group__name, cls, func_name, func, value = case
        cls_instance = cls()
        if value:
            getattr(cls_instance, func.__name__).__wrapped__(cls_instance, *value)
        else:
            getattr(cls_instance, func.__name__).__wrapped__(cls_instance)
        # 测试结束时间
        e = time()
        # 超出运行时间，通过get_config获取
        if e - s > get_config('config')["run_time_out"]:
            raise RunTimeTooLong(func_name, e - s)
    except RunTimeTooLong as runtime_err:
        print(runtime_err)
```

```
            # 当出现 RunTimeTooLong 错误时，设置相应的属性
            setattr(func, 'run_status', 'error')
            setattr(func, 'exception_type', 'RunTimeTooLong')
        except AssertionError as assert_err:
            print(assert_err)
        except Exception as e:
            print(e)
        finally:
            # 环境清理
            clear_env()


def main(args=None):
    start = time()
    # 解析用户输入
    options = parse_options(args)
    # 初始化全局变量
    init()
    # 设置全局环境变量
    set_config('config', options.config)

    # 从默认文件夹 tests 开始查找测试用例
    case_finder = DiscoverTestCases()
    # 查找测试模块并导入
    test_module = case_finder.find_test_module()
    # 查找并筛选测试用例
    original_test_cases = case_finder.find_tests(test_module)
    # 根据用户输入参数 -i 进一步筛选
    raw_test_suites = TestFilter(original_test_cases).tag_filter_run(options.
        include_tags_any_match)
    # 获取最终的测试用例集，并按 class 名组织
    test_suites = group_test_cases_by_class(raw_test_suites)

    print("运行线程数为：%s" % options.test_thread_number)
    # 传入并发数目
    p = ThreadPool(options.test_thread_number)
    # 使用偏函数固定并发的数目
    # 使用 map 将 test_suites 列表中的测试用例逐一传入 class_run 中运行
    p.map(functools.partial(class_run, test_thread_number=options.test_thread_
        number), test_suites)
    p.close()
    p.join()
    end = time()
    print('本次总运行时间 %s s' % (end - start))



if __name__ == "__main__":
    main("-env prod -i smoke -t ./tests -n 8")
```

为了方便大家理解，在上述代码中，笔者给关键步骤添加了注释。特别需要注意的是，

在测试最后清理测试环境的函数 clear_env() 中，笔者仅清理了浏览器相关的内容。在实际测试中，读者可以根据需要设置清理数据库、测试生成的文件等。如果这部分内容比较多，也可以将其设计为一个单独的模块。

运行上述代码，将会看到详细的运行信息，如果某条测试用例的运行时间超过了 5s，则会打印如下语句。

```
Run Time Too Long Error: test_baidu_search_2___helloqa_com____iTesting__ run
    time - 4.598616361618042 s
Run Time Too Long Error: test_baidu_search_1___iTesting____iTesting__ run time -
    4.693964719772339 s
```

至此，我们的测试框架已经成功集成错误处理机制。

11.4 本章小结

本章详细讲解了错误处理的原理、核心实现逻辑并将具体实现集成到测试框架中。需要注意的是，错误处理绝不意味着捕获所有的错误和异常，捕获所有的错误和异常不仅会将系统级别的错误隐藏起来，还会导致出现错误时无法调试。

错误处理机制比较容易实现，并且是测试框架中不可或缺的部分。在实践中，何时允许系统抛出错误，何时应该对运行中的错误进行处理，需要结合业务逻辑及历史经验进行判断。

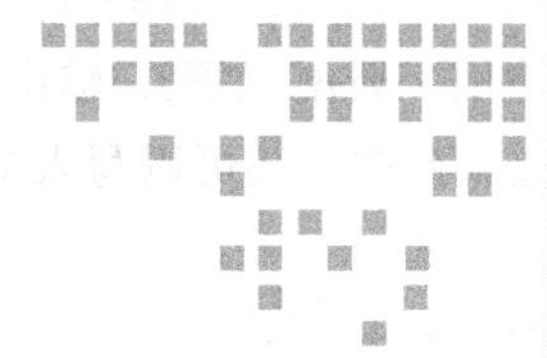

第 12 章 Chapter 12

自动化测试框架与日志系统

当自动化测试框架投入使用后，人们总是希望能了解自动化运行时发生的一切，特别是当软件没有按照期望运行或运行出现错误时，人们需要足够的信息来了解软件在出错的那一刻到底发生了什么。此时，日志系统的重要性就体现了出来。在出现运行错误时，日志系统能够提供比堆栈跟踪更多的信息，这使得调试变得更加容易和便捷。在正常运行时，日志系统可以通过设置日志等级、控制日志输出类型等方式，过滤后输出人们需要的日志内容。不仅如此，与打印语句相比，日志系统还可以将日志同时输出到控制台、文件甚至套接字（Socket）上。可以说，只有配置了日志系统，自动化测试框架才是完整的。

12.1 Logging 精要讲解

在 Python 开发中，通常会使用 Logging 模块来实现日志系统，使用 Logging 模块有如下优点。

1）自动将 Logging 对象全局化，且支持继承：如果在一个模块中定义了 Logging 对象 logger（假设名字为 main），则这个模块下的所有函数都可以直接使用此 logger 对象。不仅如此，还可以在别的模块下通过 logging.getlogger('main.sub') 函数来创建继承这个 logger 对象的子日志模块 sub，并且 main 和 sub 会共享 main 的全部设置信息（一处配置，多处使用）。

2）多线程支持：Logging 模块是线程安全的，当采用多线程并发时，无须关注线程的安全性。

3）可控制消息级别并过滤消息：Logging 模块有 5 种日志等级，可以通过设置不同的输出等级来控制消息日志的输出结果。

4）灵活性和可配置性：Logging模块可以使用格式化配置（支持直接写入代码、使用配置文件以及使用字典配置等），输出当前运行的模块信息、运行时间等，这些信息不仅可以直接输出在控制台中，还可以写入文件，非常灵活。

12.1.1 Logging工作流

使用Logging模块的主要步骤如下。

1. 导入Logging模块

无论是初次导入Logging模块，还是使用reload函数重新导入Logging模块，Logging模块中的代码都将被执行，在这个过程中将生成日志系统的默认配置信息。

2. 自定义配置日志

日志模块支持如下3种配置方式。

1）显式创建：在代码中显式创建loggers、handlers和formatters并分别调用它们的配置函数。最快的方式是通过basicConfig()方法创建具备默认配置的日志。

2）通过配置文件创建：创建一个日志配置文件，然后使用fileConfig()函数读取该文件的内容。文件配置方式分离了日志配置和日志代码，使日志代码的维护和日志的管理变得更容易。

3）通过配置字典创建：创建一个包含配置信息的字典，然后把它传递给dictConfig()函数。

3. 获取Logger对象实例

日志配置好后，可以使用日志模块的getLogger()函数获取一个Logger对象实例，代码如下。

```
logger = logging.getLogger(logger_name)
```

4. 记录日志

获取Logger对象后，即可使用Logger对象中的debug()、info()、warning()、error()和critical()方法来记录日志信息。

基于如上步骤，我们可以列出Logging模块的详细工作流，如图12-1所示。

下面逐步讲解Logging模块的工作流程。

第一步：在客户端/应用程序的代码中，显式调用日志记录语句发出日志请求。

发出日志请求需要显式调用日志记录语句，例如logger.info()、logger.debug()等。通常，我们还会设置日志的等级和日志的展示格式。

第二步：日志对象Logger会检查第一步记录的日志级别是否满足日志记录级别的要求。

需要注意的是，要记录的日志级别须大于或等于日志记录要求的等级。如不满足，则该日志记录会被丢弃，日志流程结束。如果满足，则进行下一步操作。

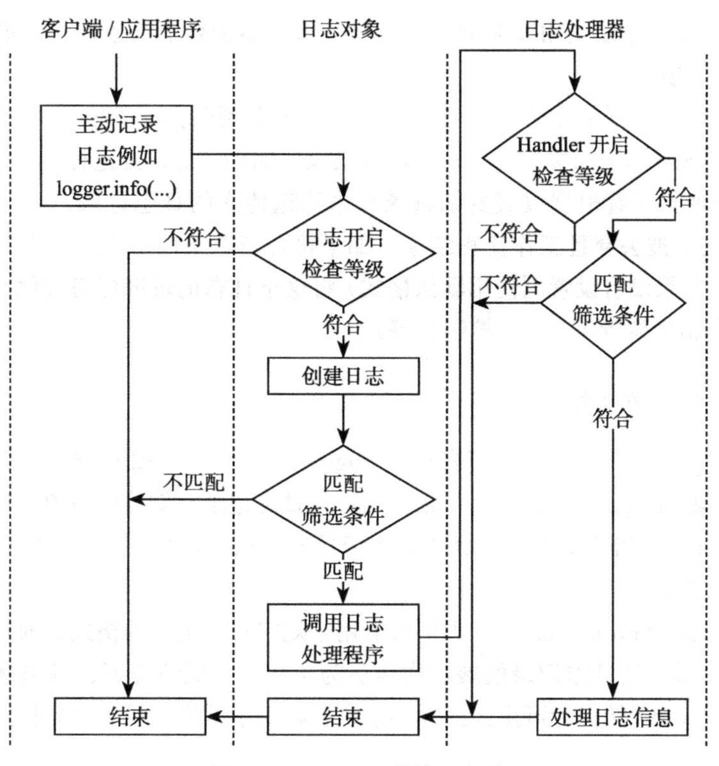

图 12-1　Logging 模块工作流

根据所追踪事件的严重等级进行区分，日志的级别从低到高有 DEBUG、INFO、WARNING、ERROR、CRITICAL，对应的方法分别是 debug()、info()、warning()、error() 和 critical()，每个等级的适用范围如表 12-1 所示。

表 12-1　日志等级

日志级别	何时适用
DEBUG	最详细的日志细节信息，适用于调试问题
INFO	日志详细程度仅次于 DEBUG，通常用于确认程序是否按预期运行
WARNING	警告信息（如磁盘空间不足），程序此时仍按预期运行
ERROR	由于发生严重问题，导致程序的某些功能不能在正常执行时使用
CRITICAL	当发生严重错误，导致程序已不能继续执行时使用

日志默认的级别是 WARNING，意味着默认情况下，Logging 模块只追踪该级别及以上的事件（如果使用 logger.debug() 记录日志消息，则日志消息不显示）。

注意　当指定一个日志等级后，该等级及该等级以上级别的日志消息都会被记录。

1）根据日志记录函数调用时传入的参数，创建一个日志记录（LogRecord 类）对象。

2）根据日志记录器上设置的筛选条件来匹配日志记录，如果符合筛选条件，则继续下一步操作，即将日志记录交由日志处理器处理。如果不符合筛选条件，则该日志记录会被丢弃，工作流程结束。

3）日志处理器收到传递过来的日志记录，首先会判断其是否满足之前设置的日志等级，如不满足则该日志记录被丢弃，日志流程结束。如果满足，则进行下一步操作。

4）日志处理器接着根据设置的筛选条件来筛选传入的日志记录，如果不符合筛选条件，则该日志记录被丢弃且工作流程结束。如果符合筛选条件，日志处理器会根据自身被设置的格式器（如果没有设置则使用默认格式）将这条日志记录进行格式化，最后将格式化后的结果输出到指定位置（文件、控制台等）。

12.1.2 Logging核心组成

了解了Logging工作流后，我们来看看Logging模块的核心组成部分。

1）日志对象（Logger）：日志对象是我们进行日志记录时创建的对象，我们可以调用它的方法传入日志模板和信息，生成一条条日志记录（Log Record），日志对象通常通过logging.getLogger()方法获取。

2）日志格式器（Formatter）：日志格式器用于规定日志记录的格式。通过给日志记录添加上下文信息，可以使日志记录的展示内容更为丰富。一般情况下，日志格式器负责将日志记录（Log Record）转换为可由人或外部系统解释的字符串，设置日志格式的方式如代码清单12-1所示。

代码清单12-1 设置日志格式

```
import logging

# 设置日志格式
logging.basicConfig(level=logging.DEBUG, format='%(asctime)s - %(name)s -
    %(levelname)s - %(message)s')

logger = logging.getLogger(__name__)

logging.debug("请关注微信公众号iTesting")
```

直接执行上述代码，将看到如下日志记录。

```
2021-12-27 16:55:33,349 - root - DEBUG - 请关注微信公众号iTesting
```

在使用日志模块时，我们可以使用logging.basicConfig()方法快速创建一个默认的日志模块。除上述列出的格式，日志格式器还支持如表12-2所示的格式。

表12-2 日志格式器支持的日志格式

参数	释义
%(asctime)s	表示LogRecord何时被创建
%(filename)s	pathname的文件名部分

（续）

参数	释义
%(funcName)s	函数名包括调用日志记录
%(levelname)s	日志记录级别（'DEBUG''INFO''WARNING''ERROR''CRITICAL'）
%(levelno)s	日志记录级别对应的数字（DEBUG、INFO、WARNING、ERROR、CRITICAL）
%(lineno)d	发出日志记录调用所在的源行号（如果可用）
%(module)s	模块（filename 的名称部分）
%(name)s	用于记录调用的日志记录器名称
%(pathname)s	发出日志记录调用的源文件的完整路径名（如果可用）
%(process)d	进程 ID（如果可用）
%(processName)s	进程名（如果可用）
%(thread)d	线程 ID（如果可用）
%(threadName)s	线程名（如果可用）

3）日志处理器（Handler）：日志处理器用于处理日志记录，可以将日志记录以指定形式输出到指定的位置，例如将日志记录显示在控制台中（通过 StreamHandler）、文件中（通过 FileHandler），甚至通过 SMTPHandler 将日志记录通过电子邮件发送给你。

除此之外，日志处理器还可以过滤级别较低的日志（例如 INFO 级别的日志处理器不会处理等级为 DEBUG 的日志记录）。

4）日志过滤器（Filter）：如果想要粒度更细致、更加复杂的过滤功能，可以使用日志过滤器。例如，一个用 'A.B' 初始化的过滤器将允许 'A.B''A.B.C''A.B.C.D''A.B.D' 等日志对象所记录的事件，而 'A.BB''B.A.B' 等则不被允许。如果用空字符串初始化，则所有事件都会通过。

12.2　自主实现日志系统

了解了 Logging 模块的工作流和核心组成后，我们可以据此来创建日志系统。根据运行方式的不同，日志系统的创建方法也稍有不同，下面分别进行介绍。

12.2.1　简单的日志系统

在没有启用多线程或者多进程并发的情况下，我们可以很容易地创建一个日志系统，假设项目结构如代码清单 12-2 所示。

代码清单 12-2　日志系统项目结构示例

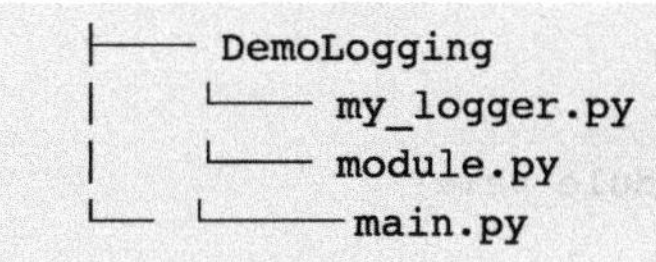

```
├─── DemoLogging
|    └─── my_logger.py
|    └─── module.py
└──  └────main.py
```

其中，my_logging.py文件是我们定义的Logging模块，如代码清单12-3所示。

代码清单12-3 my_logging.py文件内容

```
import logging
import sys
from logging.handlers import TimedRotatingFileHandler

# 设置日志的名称
LOGGER_NAME = 'main'
# 指定日志的等级必须在LOG_LEVEL变量里
LOG_LEVEL = ['CRITICAL', 'ERROR', 'WARNING', 'INFO', 'DEBUG']


# 创建一个日志对象
def setup_logger(logger_name=LOGGER_NAME,
                 log_level: LOG_LEVEL = None,
                 file_name=None,
                 log_format="%(asctime)s - %(name)s - %(levelname)s - %(message)s"):

    logger = logging.getLogger(logger_name)

    # 设置日志等级
    try:
        logger.setLevel(logging.DEBUG if not log_level else log_level)
    except Exception:
        raise ValueError('Log 等级必须属于 LOG_LEVEL 变量 ')
    # 设置日志的格式
    formatter = logging.Formatter(log_format)
    # 创建一个流处理器 handler
    sh = logging.StreamHandler(sys.stdout)
    # 创建一个日志格式器 formatter 并将其添加到处理器 handler 中
    sh.setFormatter(formatter)

    logger.handlers.clear()
    # 为日志对象添加上面创建的处理器 handler
    logger.addHandler(sh)
    # 如果提供文件名，则创建日志文件处理器
    if file_name:
        # TimedRotatingFileHandler 用于创建固定时间间隔的日志
        fh = TimedRotatingFileHandler(file_name, when='midnight')
        fh.setFormatter(formatter)
        logger.addHandler(fh)

    return logger


def get_logger(module_name):
    return logging.getLogger(LOGGER_NAME).getChild(module_name)
```

在上述代码中，笔者通过函数setup_logger()定义了一个同时支持控制台输出和文件输

出的日志对象，并通过函数 get_logger() 创建了对子日志对象的支持（如果想在其他模块中继承并使用日志对象，可以使用此方法）。

文件 module.py 展示了如何在另一个模块中使用已定义好的日志对象，如代码清单 12-4 所示。

代码清单 12-4 module.py 文件内容

```
import my_logger

log = my_logger.get_logger(__name__)


def output():
    log.debug("这是子模块")
    pass
```

在上述代码中，笔者直接引入 my_logging.py 文件里的 get_logger() 函数创建了日志对象以复用 my_logger 的各项配置。

最后，main.py 文件的代码如代码清单 12-5 所示。

代码清单 12-5 main.py 文件内容

```
from my_logger import *
import module

if __name__ == '__main__':
    # 初始化日志对象
    # 指定日志对象存储到 debug_info.log 文件
    log = setup_logger(file_name='debug_info.log')

    log.debug('日志开始')
    # 注意此处打印出的日志信息
    module.output()
    log.debug('日志结束')
```

在 main.py 文件中，笔者初始化了日志对象，并调用了模块函数 module.output()。直接运行此文件，运行结果如下。

```
2021-12-27 23:55:24,145 - main - DEBUG - 日志开始
2021-12-27 23:55:24,145 - main.module - DEBUG - 这是子模块
2021-12-27 23:55:24,146 - main - DEBUG - 日志结束
```

注意 运行后，debug_info.log 日志文件会生成在与 main.py 同级的目录下。

通过上述运行结果可以看出，日志对象一经定义，可用于多个模块，并且在输出的信息中也有相应的体现。

12.2.2 多线程Logging精要

在自动化测试运行时，特别是通过CICD触发的自动化测试运行，通常都是在深夜进行的，且无人值守。此时，如果运行出现错误，我们都会采取将错误信息写入文件供后续调试的做法。如果测试是顺序运行的，这么做当然没有问题。但如果是多线程并发运行，不加锁的情况下写文件，就可能出现多个线程同时写入一个文件，造成日志顺序混乱甚至写入出错的情况。

Logging模块考虑到了这一点，它是线程安全的。也就是说，创建好的日志对象无须做任何改进，可以直接使用。下面列出了如何在多线程并发的方式下使用日志模块。

假设项目文件结构与12.2.1节中的结构完全一致，我们将main.py文件里的顺序运行改成多线程并发即可，如代码清单12-6所示。

代码清单12-6　多线程并发的main.py文件内容

```
import threading

import module
from my_logger import *

if __name__ == '__main__':
    # 初始化日志对象
    # 指定日志对象存储到debug_info.log文件
    log = setup_logger(file_name='debug_info.log')
    t1 = threading.Thread(target=module.output)
    t2 = threading.Thread(target=module.output)
    log.debug('日志开始')
    t1.start()
    t2.start()
    t1.join()
    t2.join()
    log.debug('日志结束')
```

在上述代码中，笔者创建了两个线程运行，为了展示多线程运行与顺序运行的区别，笔者将my_logging.py文件中的日志格式进行修改，添加线程相关信息，如代码清单12-7所示。

代码清单12-7　修改my_logging.py，添加线程信息

```
#更改setup_logger方法的log_format日志格式
# 创建一个日志对象
def setup_logger(logger_name=LOGGER_NAME,
                 log_level: LOG_LEVEL = None,
                 file_name=None,
                 log_format="%(asctime)s - %(name)s - %(levelname)s - %(thread)d
                    - %(threadName)s  - %(message)s"):
```

上述代码中，给日志输出样式log_format添加了线程ID（%(thread)d）和线程名

(%(threadName)s)，添加线程信息后，其他文件保持不变，直接运行 main.py 文件，运行结束如下。

```
2021-12-28 00:33:54,381 - main - DEBUG - 4478168512 - MainThread  - 日志开始
2021-12-28 00:33:54,381 - main.module - DEBUG - 123145403105280 - Thread-1  - 这
    是子模块
2021-12-28 00:33:54,381 - main.module - DEBUG - 123145419894784 - Thread-2  - 这
    是子模块
2021-12-28 00:33:54,382 - main - DEBUG - 4478168512 - MainThread  - 日志结束
```

可以看到，当初始化运行时，主线程 MainThread 开始运行，接着子线程 Thread-1 和 Thread-2 开始并发运行（注意时间戳，它们的运行时刻一致），子线程全部运行结束后，主线程 MainThread 才结束。由此可见，多线程并发使用 Logging 模块，用户正常使用即可，无须做额外的更改。

12.2.3　多进程 Logging 精要

尽管 Logging 模块是线程安全的，并且支持从单个进程中的多个线程中写入单个文件，但不支持从多个进程记录到单个文件，这是因为没有标准方法可以跨进程去序列化地访问单个文件。那么，如果我们想在多进程中使用日志模块，该如何做呢？

当前业界有很多解决方案，比如 multiprocessing-logging、concurrent-log-handler 等。本节介绍 concurrent-log-handle。

注意　multiprocessing-logging 官方下载地址为 https://pypi.org/project/multiprocessing-logging/。concurrent-log-handler 官方下载地址为 https://github.com/Preston-Landers/concurrent-log-handler。

经笔者测试，这两个库在 Mac 系统上均存在不同程度的问题，而且 multiprocessing-logging 还无法处理模块级别的日志记录（继承的 logger 不显示），故笔者选用 concurrent-log-handler 作为多进程日志的解决方案。使用 concurrent-log-handler 模块前需要进行安装，读者自行参考官方文档即可。

假设多进程日志项目结构如代码清单 12-8 所示。

代码清单 12-8　多进程日志系统项目结构示例

```
├─── DemoLogging
│    └─── my_logger.py
│    └─── module.py
└─  └────main.py
```

其中，my_logging.py 文件为我们定义的 Logging 模块，如代码清单 12-9 所示。

代码清单 12-9　多进程日志 my_logging.py 文件内容

```
import logging
```

```
import sys
from concurrent_log_handler import ConcurrentRotatingFileHandler

# 设置日志的名称
LOGGER_NAME = 'main'
# 指定日志的等级必须在LOG_LEVEL变量中
LOG_LEVEL = ['CRITICAL', 'ERROR', 'WARNING', 'INFO', 'DEBUG']


# 创建一个日志对象
def setup_logger(logger_name=LOGGER_NAME,
                 log_level: LOG_LEVEL = None,
                 file_name=None,
                 file_size=512*1024,
    log_format="%(asctime)s - %(name)s - %(levelname)s - %(process)d -
        %(processName)s - %(message)s"):

    logger = logging.getLogger(logger_name)

    # 设置日志等级
    try:
        logger.setLevel(logging.DEBUG if not log_level else log_level)
    except Exception:
        raise ValueError('Log等级必须属于LOG_LEVEL变量')
    # 设置日志的格式
    formatter = logging.Formatter(log_format)
    # 创建一个流处理器handler
    sh = logging.StreamHandler(sys.stdout)
    # 创建一个日志格式器formatter并将其添加到处理器handler中
    sh.setFormatter(formatter)

    logger.handlers.clear()
    # 为日志对象添加上面创建的处理器handler
    logger.addHandler(sh)
    # 如果提供文件名，则创建日志文件处理器
    if file_name:
        # 使用进程安全的方式创建，并指定文件大小
        fh = ConcurrentRotatingFileHandler(file_name, "a", file_size,
            encoding="utf-8")
        fh.setFormatter(formatter)
        logger.addHandler(fh)

    return logger


def get_logger(module_name):
    return logging.getLogger(LOGGER_NAME).getChild(module_name)
```

上述代码中，笔者仍然通过函数setup_logger()和get_logger()创建了对日志对象的支持。不同的是，在函数setup_logger()的初始化语句中，设置了日志格式，包含进程相关信

息——进程 ID（%(process)d）和进程名（%(processName)s），并且在记录日志文件时，采取了进程安全的 ConcurrentRotatingFileHandler 来处理日志文件。

注意　ConcurrentRotatingFileHandler 可以在多进程环境下安全地将日志写入同一个文件，并且可以在日志文件达到特定大小时，按照文件大小分割日志文件，但不支持按时间分割日志文件。

文件 module.py 展示了如何在另一个模块中使用已定义好的日志对象，如代码清单 12-10 所示。

代码清单 12-10　多进程日志 module.py 文件内容

```
import my_logger

log = my_logger.get_logger(__name__)


def output(x):
    log.debug("这是子模块 %s" % x)
    pass
```

在上述代码中，笔者直接引入 my_logging.py 文件里的 get_logger() 方法创建了日志对象以复用 my_logger 的各项配置。另外，为了更好地展示多进程日志，笔者对 output() 函数添加了变量（将被应用于 pool.map() 函数）。

最终 main.py 文件的内容如代码清单 12-11 所示。

代码清单 12-11　多进程日志 main.py 文件内容

```
# -*- coding: UTF-8 -*-

import multiprocessing
import sys
import module

from my_logger import setup_logger


if __name__ == '__main__':

    # 初始化日志
    log = setup_logger(file_name='debug_info.log')

    log.debug('日志开始')

    if sys.platform == "darwin":
        # 在MacOS上，必须使用fork方式产生进程，否则将会出错
        # 笔者指定了processes为4，也可以不制定，默认使用系统最大可用CPU数
        with multiprocessing.get_context('fork').Pool(processes=4) as pool:
```

```
            pool.map(module.output, [i for i in range(1, 5)])
    else:
        with multiprocessing.get_context('spawn').Pool(processes=4) as pool:
            pool.map(module.output, [i for i in range(1, 5)])

    pool.close()

    # 等待工作进程结束
    # 注意：调用 join() 方法前必须先调用 close() 方法
    pool.join()

    log.debug('日志结束')
```

在上述代码中，笔者使用了进程池Pool，为了避免在Mac系统上运行错误，笔者指定了新进程的启动方式为fork。

> **注意** Forking和Spawning是新进程的两种不同的启动方法。fork是Linux上的默认设置（在Windows上不可用），而Windows和Mac系统默认使用spawn。
>
> 当一个进程被执行Forking操作时，子进程继承所有处于与父进程相同状态的变量。然后每个子进程从此时（Forking Point）开始独立运行。
>
> 当一个进程被执行Spawning操作时，首先启动一个新的Python解释器，重新导入当前模块并创建所有变量的新版本。然后在分配给子进程的每个参数上调用plot_function方法。与Forking一样，子进程彼此独立，也独立于父进程。

直接运行main.py，结果如下所示。

```
2021-12-28 14:50:34,911 - main - DEBUG - 28527 - MainProcess  - 日志开始
2021-12-28 14:50:34,923 - main.module - DEBUG - 28528 - ForkPoolWorker-1  - 这是
    子模块 1
2021-12-28 14:50:34,923 - main.module - DEBUG - 28529 - ForkPoolWorker-2  - 这是
    子模块 2
2021-12-28 14:50:34,923 - main.module - DEBUG - 28530 - ForkPoolWorker-3  - 这是
    子模块 3
2021-12-28 14:50:34,923 - main.module - DEBUG - 28531 - ForkPoolWorker-4  - 这是
    子模块 4
2021-12-28 14:50:34,928 - main - DEBUG - 28527 - MainProcess  - 日志结束
```

查看新生成的debug_info.log文件（在main.py同级目录下），你会发现如上日志已被正确地写入文件。多进程Logging解决方案已证明可用。

12.3 测试框架集成日志系统

到目前为止，我们已经学习了在自动化测试框架中如何创建日志系统。现在，我们将日志应用到测试框架中。更新后的测试框架如代码清单12-12所示。

代码清单 12-12　测试框架文件结构

```
├── DemoProject
│   └─────common
│   │   └──── my_logger.py
│   │   └──── customize_error.py
│   │   └──── data_provider.py
│   │   └──── test_case_finder.py
│   │   └──── test_decorator.py
│   │   └──── test_filter.py
│   │   └──── user_options.py
│   │   └──── __init__.py
│   └─────configs
│   │   └──── element_locator
│   │   │   ├──── baidu.yaml
│   │   │   ├──── __init__.py
│   │   └──── test_env
│   │   │   ├──── prod_env.py
│   │   │   ├──── qa_env.py
│   │   │   └──── __init__.py
│   │   └──── __init__.py
│   │   └──── global_config.py
│   └─────pages
│   │   └──── __init__.py
│   │   └──── baidu.py
│   │   └──── base_page.py
│   └─────tests
│   │   └──── __init__.py
│   │   └──── test_baidu.py
│   └─────utilities
│   │   └──── __init__.py
│   │   └──── yaml_helper.py
│   └─────__init__.py
└── └─────main.py
```

相较于之前的版本，本次调整只在 common 文件夹下添加了自定义日志模块 my_logger.py，如代码清单 12-13 所示。

代码清单 12-13　my_logger.py 代码

```
import logging
import sys

from concurrent_log_handler import ConcurrentRotatingFileHandler

# 设置日志的名称
LOGGER_NAME = 'main'
# 指定日志的等级必须在 LOG_LEVEL 变量里
LOG_LEVEL = ['CRITICAL', 'ERROR', 'WARNING', 'INFO', 'DEBUG']
```

```
class MyLogger:
    # 创建一个日志对象
    def __init__(self, logger_name=LOGGER_NAME,
                 log_level: LOG_LEVEL = None,
                 file_name=None,
                 file_size=512 * 1024,
                 log_format="%(asctime)s - %(name)s - %(levelname)s - %(process)
                     d - %(processName)s -%(thread)d -%("
                            "threadName)s - %(message)s"):

        self.log_level = log_level
        # 创建一个格式器
        self.formatter = logging.Formatter(log_format)
        # 指定 log 文件
        self.file_name = file_name
        # 指定 log 文件大小
        self.file_size = file_size
        # 指定 logger 名称
        self.logger_name = LOGGER_NAME

        self.logger = logging.getLogger(logger_name)

        # 设置日志等级
        try:
            self.logger.setLevel(logging.DEBUG if not self.log_level else self.
                log_level)
        except Exception:
            self.logger.error('Log 等级必须属于 LOG_LEVEL 变量 ')
            raise ValueError('Log 等级必须属于 LOG_LEVEL 变量 ')

        # 为日志对象添加流的处理器 handler
        self.logger.addHandler(self.get_console_handler())

        # 为日志对象添加文件处理器 handler
        if file_name:
            self.logger.addHandler(self.get_file_handler())

        self.propagate = False

    def get_logger(self, module_name):
        return logging.getLogger(self.logger_name).getChild(module_name)

    def get_console_handler(self):
        # 创建一个流处理器 handler
        ch = logging.StreamHandler(sys.stdout)
        # 创建一个日志格式器 formatter 并将其添加到处理器 handler
        ch.setFormatter(self.formatter)
        self.logger.handlers.clear()
        return ch

    def get_file_handler(self):
```

```
        # 使用进程安全的方式创建
        # 指定文件写入方式为 append，文件大小为 512KB
        fh = ConcurrentRotatingFileHandler(self.file_name, "a", self.file_size,
            encoding="utf-8")
        fh.setFormatter(self.formatter)
        return fh

    def info(self, msg, extra=None):
        self.logger.info(msg, extra=extra)

    def error(self, msg, extra=None):
        self.logger.error(msg, extra=extra)

    def debug(self, msg, extra=None):
        self.logger.debug(msg, extra=extra)

    def warning(self, msg, extra=None):
        self.logger.warning(msg, extra=extra)
```

在上述代码中，笔者创建了一个日志类，其功能与 12.2.3 节中的日志模块 my_logging.py 文件功能一致。

现在，我们已经拥有了日志系统，接下来就是在各个文件中补充待记录的日志消息。一般情况下，在主函数中初始化日志对象。另外，我们在运行测试类、测试方法前，运行测试方法时，均可以使用日志系统记录日志消息，根据这个思路，更改 main.py 文件如代码清单 12-14 所示。

代码清单 12-14　更改 main.py 文件内容

```
import functools
import platform
import subprocess
from collections import OrderedDict
from multiprocessing.pool import ThreadPool
from time import time

from common.customize_error import RunTimeTooLong
from common.my_logger import MyLogger
from common.test_case_finder import DiscoverTestCases
from common.test_filter import TestFilter
from common.user_options import parse_options
from configs.global_config import init, set_config, get_config

# 初始化日志
log = MyLogger(file_name='debug_info.log')


def kill_process_by_name(process_name):
    try:
        if platform.system() == "Windows":
```

```
            subprocess.check_output("taskkill /f /im %s" % process_name,
                shell=True, stderr=subprocess.STDOUT)
        else:
            subprocess.check_output("killall '%s'" % process_name, shell=True,
                stderr=subprocess.STDOUT)
    except BaseException as e:
        log.error(e)


# 清理环境
def clear_env():
    if platform.system() == "Windows":
        kill_process_by_name("chrome.exe")
        kill_process_by_name("chromedriver.exe")
        kill_process_by_name("firefox.exe")
        kill_process_by_name("iexplore.exe")
        kill_process_by_name("IEDriverServer.exe")
    else:
        kill_process_by_name("Google Chrome")
        kill_process_by_name("chromedriver")


def group_test_cases_by_class(cases_to_run):
    test_groups_dict = OrderedDict()
    for item in cases_to_run:
        tag_filter, cls, func_name, func, value = item
        test_groups_dict.setdefault(cls, []).append((tag_filter, cls, func_name,
            func, value))
    test_groups = [(x, y) for x, y in zip(test_groups_dict.keys(), test_groups_
        dict.values())]
    return test_groups


def class_run(case, test_thread_number):
    cls, func_pack = case
    log.debug('类 -{}- 开始运行'.format(cls.__name__))
    p = ThreadPool(test_thread_number)
    p.map(func_run, func_pack)
    p.close()
    p.join()
    log.debug('类 -{}- 结束运行'.format(cls.__name__))


def func_run(case):
    try:
        # 测试开始时间
        s = time()
        cls_group__name, cls, func_name, func, value = case
        log.debug('类 -{cls}的方法{func}- 开始运行'.format(cls=cls.__name__,
            func=func_name))
```

```
            cls_instance = cls()
            if value:
                getattr(cls_instance, func.__name__).__wrapped__(cls_instance,
                    *value)
            else:
                getattr(cls_instance, func.__name__).__wrapped__(cls_instance)
            # 测试结束时间
            e = time()
            log.debug('类 -{cls}的方法{func}- 结束运行'.format(cls=cls.__name__,
                func=func_name))

            # 通过get_config获取超时运行时间
            if e - s > get_config('config')["run_time_out"]:
                raise RunTimeTooLong(func_name, e - s)
        except RunTimeTooLong as runtime_err:
            log.error(runtime_err)
            setattr(func, 'run_status', 'error')
            setattr(func, 'exception_type', 'RunTimeTooLong')
        except AssertionError as assert_err:
            log.error(assert_err)
        except Exception as e:
            log.error(e)
        finally:
            # 环境清理
            clear_env()


    def main(args=None):
        start = time()
        # 解析用户输入的参数
        options = parse_options(args)
        # 初始化全局变量
        init()
        # 设置全局环境变量
        set_config('config', options.config)

        # 从默认文件夹tests开始查找测试用例
        case_finder = DiscoverTestCases()
        # 查找测试模块并导入
        test_module = case_finder.find_test_module()
        # 查找并筛选测试用例
        original_test_cases = case_finder.find_tests(test_module)
        # 根据用户输入参数 -i 进一步筛选
        raw_test_suites = TestFilter(original_test_cases).tag_filter_run(options.
            include_tags_any_match)
        # 获取最终的测试用例集，并按类名组织
        test_suites = group_test_cases_by_class(raw_test_suites)

        log.debug('日志开始')
        log.debug("运行线程数为%s" % options.test_thread_number)
```

```
    # 传入并发数目
    p = ThreadPool(options.test_thread_number)
    # 使用偏函数固定并发的数目
    # 使用 map 将 test_suites 列表中的测试用例逐一传入 class_run 中运行
    p.map(functools.partial(class_run, test_thread_number=options.test_thread_
        number), test_suites)
    p.close()
    p.join()
    end = time()
    log.info('本次总运行时间 %s s' % (end - start))
    log.debug('日志结束')


if __name__ == "__main__":
    main("-env prod -i smoke -t ./tests -n 8")
```

在上述文件中，笔者首先对日志系统进行初始化，命令如下。

```
# 初始化日志
log = MyLogger(file_name='debug_info.log')
```

接着，在需要记录日志的地方，直接使用类实例方法 log.debug()、log.info()、log.warning() 以及 log.error() 记录日志信息。

本测试框架的其他文件无需更改，直接运行 main.py 文件，结果如代码清单 12-15 所示。

代码清单 12-15　测试框架运行结果（仅截取与线程相关的信息）

```
MainThread - 日志开始
MainThread - 运行线程数为：8
Thread-1 - 类 -BaiduTest- 开始运行
Thread-12 - 类 -BaiduTest 的方法 test_baidu_search_1___iTesting____iTesting__- 开始
    运行
Thread-13 - 类 -BaiduTest 的方法 test_baidu_search_2___helloqa_com____iTesting__-
    开始运行
Thread-13 - 类 -BaiduTest 的方法 test_baidu_search_2___helloqa_com____iTesting__-
    结束运行
MainProcess -123145728311296 -Thread-12 - ('Connection aborted.',
    RemoteDisconnected('Remote end closed connection without response'))
Thread-12 - Command 'killall 'chromedriver'' returned non-zero exit status 1.
Thread-1 - 类 -BaiduTest- 结束运行
MainThread - 本次总运行时间 7.677055835723877 s
MainThread - 日志结束
```

除控制台的输出信息外，日志文件同时保存了一份存储在文件 debug_info.log 中，至此，我们的测试框架已成功集成到日志系统。

> **注意**　在实际测试中，读者可自行在测试框架的任意模块内添加日志信息，在模块中添加语句 log = MyLogger().get_logger(__name__) 即可。在本模块内的任意地方，均可以使用 log.debug()、log.info()、log.warning() 以及 log.error() 方法来记录日志信息。

12.4　本章小结

本章详细讲解了 Python 的日志模块以及使用日志模块 Logging 实现日志系统的方法。

日志是任何系统都必须具备的功能，测试框架也不例外。详细且完备的日志信息，可以使测试框架在运行出错后，留下足够多的信息供开发人员回溯调试。日志还可以使测试框架使用人员更好地理解测试框架如何运作。

本章涉及的知识除了日志系统 Logging 本身，还有多线程、多进程以及并发写入控制。本章通过引入模块 concurrent-log-handler，实现了文件写入安全。读者在练习时，如需了解相关的基础知识，可参考 Python 官方网站及模块 concurrent-log-handle 的官方网站。

注意　本章未列出的测试框架代码，可关注微信公众号 iTesting，回复“测试框架”获取。

Chapter 13 第 13 章

自动化测试框架与测试报告

测试报告在测试框架中的重要性不言而喻，它展示了测试代码的执行步骤、执行时间和执行结果。通过对测试报告进行分析，我们不仅可以衡量单个版本的软件质量，还可以汇总历次测试运行的情况，得出如下信息。

1）随着版本的变更，质量是变好了还是变坏了。

2）同一个模块下的测试用例，在不同版本下执行，需要修改测试用例的频率是多少。

3）哪条测试用例永远成功，哪条测试用例永远失败，或者大概率失败。

如果说单个版本的测试报告能反映出当前版本的软件质量是好还是坏，那么多个版本的测试报告，能反映出随着时间变化，软件质量的整体演进过程。不仅如此，通过分析测试报告，还能够反映出测试工程师在当前迭代中做了哪些工作，甚至可以在一定程度上看出，哪个开发人员的开发效率高，哪个开发人员的质量意识低。

13.1 测试报告详解

制作测试报告是测试工程师的重要工作之一，一份令人信服的测试报告，不仅能让项目组认可测试工程师的工作成果，还能让项目组成员对软件的整体质量有统一的感知。本节将从测试报告的核心模块和测试报告设计这两个角度，详细分析测试报告。

13.1.1 测试报告核心模块

究其根本，测试报告就是对一次测试运行情况的总结，其核心内容包括如下两个部分。

1. 项目总览

项目总览包括项目（本次）运行的一些基本信息。

1）本次测试执行了多长时间。

2）总共执行了多少条测试用例。

3）有多少条测试用例执行成功。

4）有多少条测试用例执行失败。

5）有多少条测试用例是非正常失败的。

6）每条测试用例各自执行了多长时间。

7）本次测试在哪个环境运行，是开发环境、集成测试环境还是生产环境。

8）本次测试运行在哪个操作系统上。

通过项目总览，能让测试报告的阅读者了解本次测试运行的基本情况。

2. 执行情况分析

测试报告如果仅列出测试执行情况，是不合格的。一个好的测试报告应该针对本次运行情况，对原始数据进行分析、转换，并给出各类可视化图表，其中比较常见的有如下几类。

1）按照测试结果划分的测试分析图。

2）按模块划分的测试分析图。

3）按照测试用例重要程度、优先级划分的测试分析图。

4）按照测试执行时间划分的测试分析图。

根据执行情况进行不同维度的分析并输出可视化图表，可以使测试报告从各个层面来反映软件的质量情况。

注意　测试报告的可视化分析通常采用第三方可视化工具实现，例如 Echarts、HighCharts 等。在图表制作时，开发者调用相关图表 API，仅提供图表所需数据就可以生成优美的可视化图表。

13.1.2　测试报告设计

知道了一个成熟的测试报告需要包括哪些内容后，我们就可以着手实现测试报告系统了。在设计测试报告时，你需要考虑如下问题。

1. 这个测试报告的阅读者是谁

阅读对象不同，测试报告的侧重点也不同。对于项目经理，他可能更加关注如下信息（以敏捷开发的 Sprint 为例）。

1）Sprint 名称和范围。

2）执行的测试代码是否全部对应到手工测试用例中。

3）每个测试代码对应的开发人员是谁。

4）基于开发人员的 Bug 数量饼图。

如果测试报告的阅读者是客户（测试报告用于验收），那么他的关注点可能如下。

1）所有的需求是否都被满足：执行的测试代码有没有跟需求绑定（例如 Jira 中绑定），所有的需求是否都有对应的测试代码，还有没有需求没有 / 没办法包括在本次运行中。

2）当前版本的软件质量是否满足需求：验收的各项指标是否全部达成；与上个发布相比，这些指标的具体数值有没有变化，是变好了还是变坏了。

根据阅读者的不同，测试报告开发者需要适当调整测试报告的展现内容。

2. 哪些信息需要重点展示

不同的团队对测试报告的要求不同，测试报告需要根据业务需要，调整要展示的各项内容优先级。

3. 如何获取测试报告的源数据

测试报告的源数据即测试用例的运行数据，一般情况下，这些源数据由如下两个方面获取。

1）从测试代码中直接获取：在编写测试用例时候，定义变量直接注明此测试用例对于哪个 Jira ID、属于哪个需求、开发人员是谁、预计多久完成等。这些信息会直接用在测试报告中。

2）在测试运行时统计：在测试运行时候同步统计，例如测试的运行时间、测试的运行数据以及测试的运行结果等。

4. 测试报告如何生成

生成测试报告有如下两种方式。

（1）采用第三方模块

很多测试框架集成了测试报告，或者直接使用第三方测试报告。例如 unittest 框架一般集成 HTML Test Runner 测试报告、Pytest 一般使用 Allure 作为测试报告等。

> **注意** 在拉勾教育的专栏《测试开发入门与实战》中，笔者详细介绍了如何使用、定制第三方测试报告包括 HTML Test Runner 和 Allure。有兴趣的读者可参考此专栏。

（2）自主开发

除了使用第三方模块生成测试报告，也可以自行开发测试报告。在开发测试报告时，可采用 HTML 模板的方式创建。首先定义测试报告的模块、内容、图表函数 /API 等，然后将那些与运行状态有关的信息参数化，以 HTML 文件格式保存。在每次测试运行后，使用真实的运行结果进行替换，从而快速生成测试报告。

图 13-1 展示了一个通过 HTML 模板快速创建测试报告的效果图。

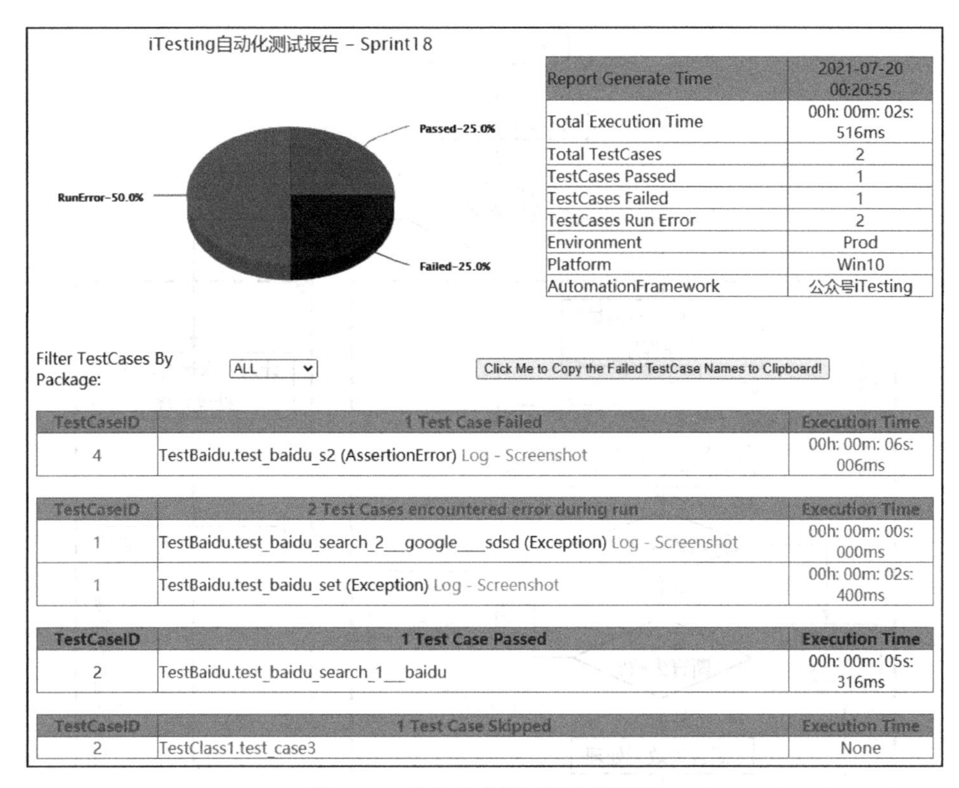

图 13-1 自主生成测试报告效果图

13.2 自主实现测试报告

与使用第三方测试报告系统相比，自主生成测试报告更贴近真实的业务场景，更能满足客户的定制化需求。下面以使用 HTML 模板生成测试报告为例，详细介绍如何自主生成测试报告。

13.2.1 测试报告模板开发

在讲解测试报告模板开发之前，我们先来看测试报告的生成流程，如图 13-2 所示。

第一步，通过 CICD 系统、Jenkins 任务或者测试工程师手工触发自动化测试任务。

第二步，初始化测试环境（一般用于微服务架构下，自动拉取最新代码完成构建和部署，此为非必须项，因为有的团队使用固定的测试环境，由开发团队保证此环境的代码永远是最新的）。

第三步，收集要运行的测试用例集，如果用户设置了筛选条件，则不符合筛选条件的测试用例集被放入“被忽略的测试用例”中，而符合筛选条件的测试用例被放入“待运行的测试用例”中处理。

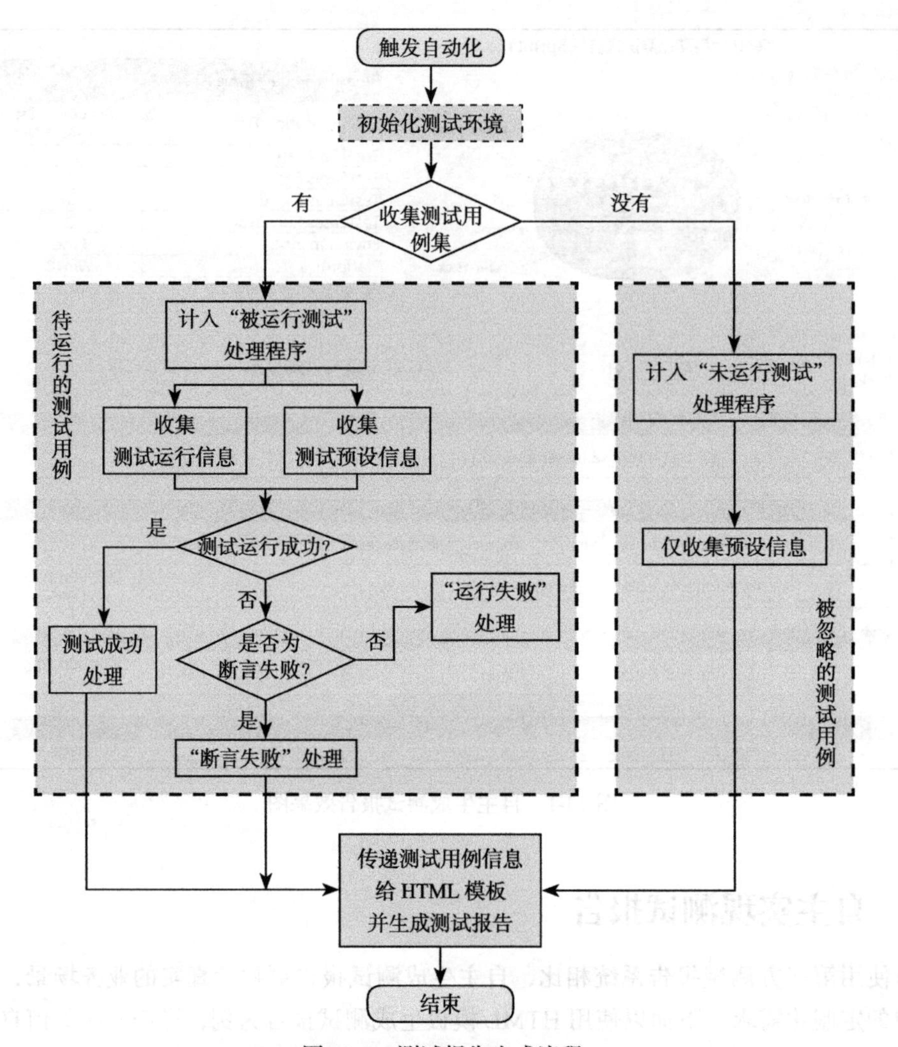

图13-2 测试报告生成流程

针对待运行的测试用例，测试框架会收集、解析测试用例集为一个个测试用例，并且针对每个测试用例，测试框架会记录预设的测试用例信息（例如测试用例ID）以及测试运行信息。针对每个测试用例，测试框架会记录测试用例是运行成功还是失败，如果失败，是什么类型的失败（当然，还包括测试运行时间、测试运行数据等一系列的信息）。

针对"被忽略的测试用例"，测试框架只需要记录预设的测试用例信息。

测试运行结束后，测试框架分类收集测试用例的各项信息，类别如下。

1）PASS的测试用例，即"已运行且断言通过的测试用例"。

2）FAIL的测试用例，即"已运行但断言失败的测试用例"。

3）RUN TIME ERROR的测试用例，即"已运行但失败（非断言失败）的测试用例"。

4）SKIP的测试用例，即未运行的测试用例。

第四步，将这些数据传入事先定义好的 HTML 模板，生成测试报告。

现在我们知道，生成自定义测试报告需要两个部分，分别为自定义 HTML 模板和收集测试运行数据。我们先来看自定义 HTML 模板。

要创建测试报告的 HTML 模板，必须先定义测试报告要展示的内容。根据图 13-1 可知，我们的 HTML 模板要包括的内容如下。

1）测试报告名称。

2）测试运行的各项基本信息。

3）按照运行成功、运行失败、运行错误分类的饼图。

4）每条测试用例的详细运行情况。

5）筛选测试用例及复制测试用例名称。

6）测试失败后记录单个测试用例的测试日志。

测试报告需要的信息有了，那么如何展示呢？这就需要测试报告的开发者具备一定的 HTML、CSS、Jquery 基础。除此之外，生成测试报告的图表是利用了 HighCharts 的相关 API，开发者也需要针对 HighCharts 进行基本的了解。为了减少大家的学习成本，在此列出生成此测试报告需要了解的知识点。

1. HTML 元素学习

包括 HTML 的各个组成部分、HTML 文件的建立、下列各个 HTML 元素标签的基础知识以及建立方法。

1）html 元素（<html></html>）。

2）title 元素（<title></title>）。

3）head 元素（<head></head>）。

4）body 元素（<body></body>）。

2. CSS 基础样式

CSS 基础样式主要包括 CSS 语法、@ 规则以及 CSS 层叠样式等。使用 CSS 能够对 HTML 的布局、字体、颜色、背景等效果进行更加精确的控制。

3. jQuery

jQuery 作为 JavaScript 库，能够大大降低 JavaScript 编程复杂度。使用 jQuery 能够对 HTML 元素执行选取、隐藏、移动等操作，从而使得 HTML 具备交互性和动态性。

4. HighCharts

Highcharts 是一个制作图表的纯 JavaScript 类库，支持大部分图表类型，例如直线图、曲线图、柱状图、饼状图等。HighCharts 的使用非常简单，只要选中你想要的图表样式，复制 JavaScript 代码以及 HTML 片段到我们的 HTML 模板中即可（当然数据的展示需要用真实的测试结果数据替换）。

由于篇幅关系，笔者仅列出图13-1中测试运行成功及失败的饼图实现。首先，我们需要在HTML模板中定义饼图的HTML元素。

```
<div id="pie-chart-diargram" style="min-width:400px;height:400px"></div>
```

这段代码定义了一个HTML元素，其ID为pie-chart-diargram，样式为400px × 400px。

接着，我们将ID及真实测试测试数据对应到HighCharts的JavaScript代码，如代码清单13-1所示。

代码清单13-1 饼图JavaScript代码演示

```
<script>
    $(function () {
        $('#pie-chart-diargram').highcharts({
            chart: {
                type: 'pie',
                options3d: {
                    enabled: true,
                    alpha: 50,
                    beta: 0
                }
            },
            credits: {
                enabled: false
            },
            colors:[
                '#478608',
                '#760202',
                '#FF0303'
            ],
            title: {
                text: 'iTesting测试饼图演示示例'
            },
            tooltip: {
                pointFormat: '{series.name}: <b>{point.percentage:.1f}%%</b>'
            },
            plotOptions: {
                pie: {
                    size:'100%%',
                    allowPointSelect: true,
                    cursor: 'pointer',
                    depth: 30,
                    dataLabels: {
                        enabled: true,
                        formatter: function(){
                            return this.point.name+"-"+this.percentage.toFixed(1)
                                +"%%";
                        }
                    }
                }
            },
```

```
            series: [{
                type: 'pie',
                name: 'Testcase Result',
                data: [
                    ['Passed',   %s],
                    ['Failed',   %s],
                    ['RunError', %s]
                ]
            }]
        });
    });
</script>""" % (
    len(passed_cases),
    len(failed_cases),
    len(error_cases)
)
```

代码清单 13-2 用于从测试运行结果中获取真实的数据并替换变量 passed_cases、failed_cases 和 error_cases。

代码清单 13-2 获取数据并替换变量 passed_cases、failed_cases 和 error_cases

```
data: [
                    ['Passed',   %s],
                    ['Failed',   %s],
                    ['RunError', %s]
                ]
...
</script>""" % (
    len(passed_cases),
    len(failed_cases),
    len(error_cases)
)
```

其中，passed_cases、failed_cases 和 error_cases 分别代表执行成功的测试用例数目、断言失败的测试用例数目以及其他的测试错误。这些值是在测试框架运行时，通过采集真正的测试用例运行结果而来的（将在 13.2.2 节演示）。

> **注意** 完整的测试报告 HTML 模板（包括 JavaScript 代码）有约 1000 行代码，全部代码贴出将占有大量篇幅且不易阅读，笔者将完整代码制作成 html_reporter.py 模块供大家下载。读者可关注微信公众号 iTesting 并回复“测试框架”获取。

在模块 html_reporter.py 中，有如下两个函数，如代码清单 13-3 所示。

代码清单 13-3 html_reporter.py 模块函数

```
def format_time(time_delta: float):
    pass
```

```
def generate_html_report(output_folder, passed_cases, failed_cases, error_cases,
    skipped_cases, start_time,
                         platform_info,
                         auto_refresh):
    pass
```

其中，函数 format_time() 用于格式化测试报告的文件名（以时间戳的方式），从而使得每次测试运行，测试报告的文件名都不会重复。函数 generate_html_report() 用于生成最终的 HTML 格式的测试报告，它接收如下参数。

1）output_folder：测试报告的根目录，默认为 man.py 的同级目录。

2）passed_cases：测试成功的所有测试用例列表。

3）failed_cases：因为断言失败的所有测试用例列表。

4）error_cases：测试运行出错的所有测试用例列表（不包括 failed_cases 列表）。

5）skipped_cases：被忽略运行的所有测试用例列表。

6）start_time：测试框架开始运行测试的时间。

7）platform_info：测试框架运行的平台。

8）auto_refresh：最终生成的测试报告中，包括测试运行成功、测试运行失败、测试出错的测试用例条数生成的饼图。auto_refresh 用来控制饼图的自动刷新功能（默认是 False）。

注意　模块 html_reporter.py 负责从测试框架中获取测试报告所需的各种数据，并生成最终的 HTML 报告，函数 format_time 和 generate_html_report 的具体代码可通过下载模块 html_reporter.py 查看。

自定义 HTML 模板生成后，测试框架可以通过将测试运行时生成的真实数据替换到 HTML 代码中获取完整的测试报告。

13.2.2 测试报告数据收集代码实践

当 HTML 模板制作完毕后，我们就可以从测试框架中获取测试运行的各项信息并生成测试报告了。

与测试报告相关的变量有两种，一种是预定义在测试用例中的变量，另一种是测试用例运行后才能获取的变量。这些变量我们可以全部定义到一个字典内，预定义在测试用例中的变量可以通过直接访问测试用例的属性获取，这些属性如下。

1）测试 ID。

2）测试用例全名。

3）测试用例所属的类名。

4）测试用例所属的模块名。

5）测试用例的日志链接地址。

下面以一个被忽略运行的测试用例集为例，介绍如何获取测试用例预定义的各个测试报告相关变量，如代码清单 13-4 所示。

代码清单 13-4　预定义测试报告变量定义

```
# 获取被忽略的测试用例集
# 直接解析并输出各项预设信息供测试报告调用
for s in excluded_test_suites:
    # 将测试用例集的两个属性 tag 以及列表属性分离
    func_tag, func_list = s
    # 解析每一个测试用例列表
    for item in func_list:
        no_run_cls_group, no_run_cls, no_run_cls_name, no_run_func, value = item
        # 创建字典
        no_run_dict = dict()
        # 获取测试用例 ID，通常写在测试用例里
        no_run_dict["testcase_id"] = getattr(no_run_cls, 'test_case_id', None)
        # 获取测试用例完整名称
        no_run_dict["testcase"] = no_run_cls.__name__ + '.' + no_run_func.__
            name__
        # 获取测试用例所属的类名
        no_run_dict["class_name"] = no_run_cls.__name__
        # 获取测试用例所属的模块名
        no_run_dict['module_name'] = no_run_cls.__name__

        # 测试运行时才能获取的变量，统一定义为 None
        no_run_dict["execution_time"] = None
        no_run_dict["running_testcase_name"] = None
        no_run_dict['re_run'] = None
        no_run_dict['log_list'] = None
        no_run_dict["exception_type"] = None
        no_run_dict["exception_info"] = None
        no_run_dict["screenshot_list"] = []

        # 分离出来的各个属性以字典的方式存入“被忽略的测试用例”列表
        skipped_cases.append(no_run_dict)
```

由上述代码可以看出，除了测试用例 ID 外，其他预定义属性可以直接获取。在测试用例文件中，我们在测试类下，可以直接添加测试用例 ID，方式如代码清单 13-5 所示。

代码清单 13-5　设置测试用例 ID

```
# 测试用例文件 test_baidu.py

class BaiduTest:
    # 定义测试用例 ID
    test_case_id = 'Jira-1024'

    @Test(tag='smoke')
    def test_baidu_search(self):
        pass
```

如果想在测试报告中展示测试用例ID，则在编写测试用例文件时，按照上述方式主动在测试类定义下设置测试用例ID即可。

设置完预定义变量，我们来看一看测试运行后才能获取的变量如何定义和获取。在测试运行后才能获取的变量如下。

1）测试执行时间。

2）运行的测试用例名（执行unpack操作后）。

3）运行错误类型。

4）运行错误的日志。

5）运行错误截图。

下面以一个正在运行的测试用例集为例，介绍测试用例需要记录的各个测试报告相关变量，如代码清单13-6所示。

代码清单13-6　测试运行后才能获取的测试报告变量定义

```
def func_run(case):
    try:
        # 测试开始
        s = time.time()
        # 定义一个字典，储存所有测试报告用的变量
        f_c = dict()
        # 此处为测试用例运行的代码
        # 为了聚焦演示如何获取测试运行后的测试报告变量，此处不展示
        pass
        # 测试结束
        e = time.time()
    except RunTimeTooLong as runtime_err:
        log.error(runtime_err)
        # 获取测试失败的详细原因并计入error_message属性
        setattr(func, 'error_message', repr(traceback.format_exc()))
        # 设置测试用例运行结果为error
        setattr(func, 'run_status', 'error')
        # 设置测试用例异常类型为运行时间过长
        setattr(func, 'exception_type', 'RunTimeTooLong')
    except AssertionError as assert_err:
        log.error(assert_err)
        # 获取测试失败的详细原因并计入error_message属性
        setattr(func, 'error_message', repr(traceback.format_exc()))
        # 设置测试用例运行结果为fail
        setattr(func, 'run_status', 'fail')
        # 设置测试用例异常类型为断言错误
        setattr(func, 'exception_type', 'AssertionError')
    except Exception as e:
        log.error(e)
        # 设置测试用例运行结果为error
        # 托底逻辑，任何不在上述异常类型中的异常都属于此异常
        setattr(func, 'run_status', 'error')
        # 设置测试用例异常类型为Exception
```

```
            setattr(func, 'exception_type', 'Exception')
            # 获取测试失败的详细原因并计入 error_message 属性
            setattr(func, 'error_message', repr(traceback.format_exc()))
        finally:
            # 获取预定义的测试用例变量
            f_c["testcase_id"] = getattr(cls_instance, 'test_case_id', None)
            f_c["testcase"] = cls.__name__ + '.' + func_name
            f_c["class_name"] = cls.__name__
            f_c['module_name'] = func.__name__
            # 测试运行后才能获取的变量
            # 错误处理，假如 try 语句执行失败，则可能获取不到 e 的值
            if not f_c.setdefault("execution_time", None):
                # 当 try 语句运行出错后，重新获取测试用例结束时间
                e = time.time()
                f_c["execution_time"] = format_time(e - s)
            # 获取 unpack 操作后的测试用例名（数据驱动的测试用例会被执行 unpack 操作，从而变成新的
                测试用例）
            f_c["running_testcase_name"] = func_name
            # 获取运行错误类型，其值在上面各类 Exception 中已设置
            f_c["exception_type"] = getattr(func, 'exception_type', None)
            # 获取详细的运行错误信息
            f_c["exception_info"] = getattr(func, 'error_message', None)
            # 定义 re_run 属性，用于测试用例运行错误后自动重试运行，暂未启用
            f_c["re_run"] = None
            # 定义错误截图地址列表
            f_c["screenshot_list"] = []

            # 收集测试成功用例
            if getattr(func, 'run_status') == 'pass':
                # 所有测试成功的测试用例都放入 cases_run_success 列表
                cases_run_success.append(f_c)
            else:
                # 如果测试运行不成功，则记录日志消息
                func_log_path = os.path.join(out_put_folder, func_name)
                if not os.path.exists(func_log_path):
                    os.mkdir(func_log_path)

                func_log_file = os.path.join(func_log_path, 'first_run_log.log')
                with open(func_log_file, 'w+', encoding="utf-8") as f:
                    f.writelines(repr(getattr(func, 'error_message', None)))
                f_c.setdefault('log_list', []).append('.%s%s%sfirst_run_log.log' %
                    (os.sep, func_name, os.sep))

                # 收集断言错误的测试用例
                if getattr(func, 'run_status') == 'fail':
                    # 所有断言错误的测试用例都放入 cases_run_fail 列表
                    cases_run_fail.append(f_c)
                else:
                    # 收集运行时发生错误的测试用例
                    # 所有其他错误类型的测试用例都放入 cases_encounter_error 列表
```

```
            cases_encounter_error.append(f_c)

    # 环境清理
    clear_env()
```

在上述代码中，func_run() 函数是真正的测试用例运行函数。为了方便读者理解，笔者逐句进行注释说明。在代码的最后，笔者根据每条测试的运行结果，将测试报告用的变量（f_c）分类存储到了测试运行成功 cases_run_success、运行断言失败 cases_run_fail 以及运行失败 cases_encounter_error 列表中。这些结果后续将被统一传递给测试报告生成函数 generate_html_report() 进行处理。

13.3 测试框架集成测试报告

为了支持自主研发的测试报告，我们的测试框架需要做部分调整，调整后的测试框架文件目录如代码清单 13-7 所示。

代码清单 13-7 测试框架文件目录

```
├── DemoProject
│   └──── common
│   │   └─── html_reporter.py
│   │   └─── my_logger.py
│   │   └─── customize_error.py
│   │   └─── data_provider.py
│   │   └─── test_case_finder.py
│   │   └─── test_decorator.py
│   │   └─── test_filter.py
│   │   └─── user_options.py
│   │   └─── __init__.py
│   └──── configs
│   │   └─── element_locator
│   │   │   ├─── baidu.yaml
│   │   │   ├─── __init__.py
│   │   └─── test_env
│   │   │   ├─── prod_env.py
│   │   │   ├─── qa_env.py
│   │   │   └─── __init__.py
│   │   └─── __init__.py
│   │   └─── global_config.py
│   └──── pages
│   │   └─── __init__.py
│   │   └─── baidu.py
│   │   └─── base_page.py
│   └──── tests
│   │   └─── __init__.py
│   │   └─── test_baidu.py
│   └──── utilities
```

```
|   |    └── __init__.py
|   |    └── yaml_helper.py
|   └────── __init__.py
└── └────── main.py
```

更新后的测试框架目录仅多了测试报告生成模块 html_reporter.py。模块 html_reporter.py 的代码和内容在 13.2.1 节介绍过，这里不再赘述。

既然 HTML 模板和测试报告生成函数我们已经可以通过 html_reporter.py 模块完成了，测试报告运行时需要的数据，我们也可以通过 func_run() 函数获取，那是不是说明我们的测试框架已经可以支持自主研发的测试报告了呢？我们从测试框架执行测试的流程这个角度出发，来看一下测试框架还少了什么内容。

在测试框架的主文件 main.py 中定义的测试框架运行流程如代码清单 13-8 所示。

代码清单 13-8　main.py 之测试框架运行流程

```
if __name__ == "__main__":
    start = time.time()

    # 定义测试运行成功、失败、错误以及忽略的测试用例集
    cases_run_success = []
    cases_run_fail = []
    cases_encounter_error = []
    skipped_cases = []

    # 定义测试报告的根目录并生成
    base_out_put_folder = os.path.abspath(os.path.dirname(__name__)) + os.sep +
        "output"
    out_put_folder = base_out_put_folder + os.sep + time.strftime("%Y-%m-%d-%H-
        %M-%S", time.localtime())
    if os.path.exists(out_put_folder):
        shutil.rmtree(out_put_folder)
    os.makedirs(out_put_folder)

    # 运行主函数
    # 主函数里包括挑选、并发执行所有测试用例
    # 如用户希望从命令行运行 main.py ，则注释掉本行，并以 main() 替代
    # 从命令行运行时，这些参数可以直接提供
    main("-env prod -i smoke -t ./tests -n 8")

    # 结束运行
    end = time.time()
    # 记录运行总时间
    log.info('本次总运行时间 %s s' % (end - start))
    # 记录运行的测试用例总数
    log.info('\nTotal %s cases were run:' % (len(cases_run_success) + len(cases_
        run_fail) + len(cases_encounter_error)))

    # 分别记录不同运行结果的测试用例信息
```

```
    # 记录运行成功的测试用例信息
    if cases_run_success:
        log.info('\033[1;32m')
        log.info('%s cases Passed, details info are:\n %s' % (len(cases_run_
            success), list(map(lambda x: x["testcase"],  cases_run_success))))
        log.info('\033[0m')
    # 记录断言失败的测试用例信息
    if cases_run_fail:
        log.error('\033[1;31m')
        log.info('%s cases Failed, details info are:\n %s' % (len(cases_run_
            fail), list(map(lambda x: x["testcase"],  cases_run_fail))))
    # 记录运行失败（非断言失败）的测试用例信息
    if cases_encounter_error:
        log.info('%s cases Run error, details info are:\n %s' % (len(cases_
            encounter_error), list(map(lambda  x:  x["testcase"],   cases_
            encounter_error))))
        log.error('\033[0m')
    # 记录被忽略运行的测试用例信息
    if skipped_cases:
        log.info('%s cases Skipped, details info are::\n %s' % (len(skipped_
            cases), list(map(lambda x: x["testcase"],skipped_cases))))

    # 记录总运行时间，并将其格式化后输出
    log.info("\n{pre_fix} Tests done {timer}, total used {c_time:.2f} seconds
        {pre_fix} " .format(pre_fix='---' * 10, timer=time.strftime('%Y-%m-%d
        %H:%M:%S', time.localtime(end)), c_time=end-start))

    # 生成最终测试报告
    log.info("\n{pre_fix} 开始生成测试报告 ... {pre_fix} " .format(pre_fix='---' *
        10))
    # 调用模块html_reporter.py的generate_html_report生成测试报告
    generate_html_report(out_put_folder, cases_run_success, cases_run_fail,
        cases_encounter_error, skipped_cases, time.time(), platform.system(),
        False)
    log.info("\n{pre_fix} 测试报告已成功生成，请查看report.html文件，位置：'{report}'.
        {pre_fix} " .format(pre_fix='---' *10, report=out_put_folder))
```

在上述代码中，笔者列出了整个测试框架的执行流程并给出了详细注释。在测试框架开始运行时，事先定义了收集测试运行结果的4个列表。

1）测试运行成功列表cases_run_success。

2）测试运行断言失败列表cases_run_fail。

3）测试运行失败列表cases_encounter_error。

4）被忽略测试用例列表skipped_cases。

试框架需要在运行中获取以上4个列表。在这些列表中，前3个都可以通过运行动态获取，只有第4个被忽略测试用例列表，目前我们的测试框架里还没有相关的代码。于是，我们需要添加查找被忽略的测试用例的代码。

由于 main() 函数承担着测试用例查找、运行的功能，因此我们在 main() 方法内添加代码清单 13-9 所示的代码。

代码清单 13-9　查找被忽略的测试用例

```
# main() 函数中原本的查找待运行测试用例集的代码
raw_test_suites = TestFilter(original_test_cases).tag_filter_run(options.
    include_tags_any_match)
# 替换为同时查找待运行测试用例集和被忽略的测试用例集的代码
raw_test_suites, excluded_test_suites = TestFilter(original_test_cases).tag_
    filter_run(options.include_tags_any_match)
```

为了最小限度地更改代码，查找待运行测试用例的类函数 TestFilter 及筛选待测试用例的类方法 tag_filter_run() 在方法调用上没有任何变化，我们需要更改其实现，如代码清单 13-10 所示。

代码清单 13-10　同时筛选出待运行测试用例集合被忽略的测试用例集

```
# 模块 test_filter.py
import re


class TestFilter:
    def __init__(self, test_suites):
        self.suites = test_suites
        # 添加一个被忽略的测试用例集
        self.exclude_suites = None

    # 标签筛选策略，只要包括即运行。
    def filter_tags_in_any(self, user_option_tags):
        """ 只要包括某个标签，即运行 """

        included_cls = []
        remain_cases = []
        # 将被忽略的测试用例添加到 excluded_cases 列表
        excluded_cases = []

        for i in self.suites:
            tags_in_class = i[0]
            tags = []

            def recursion(raw_tag):
                if raw_tag:
                    if isinstance(raw_tag, (list, tuple)):
                        for item in raw_tag:
                            if isinstance(item, (list, tuple)):
                                recursion(item)
                            else:
                                tags.append(item)
                    else:
```

```
                return re.split(r'[;,\s]\s*', raw_tag)
            return tags

        after_parse = recursion(tags_in_class)

        if any(map(lambda x: True if x in after_parse else False, user_
            option_tags)):
            included_cls.append(i[0])

    # 如果子测试用例集在待测试用例集合中，则将测试用例放入待测试用例列表，否则放入
        excluded_cases 列表
    for s in self.suites:
        if s[0] in set(included_cls):
            remain_cases.append(s)
        else:
            excluded_cases.append(s)

    self.suites = remain_cases
    self.exclude_suites = excluded_cases

# 依据不同的标签筛选策略进行测试用例筛选
def tag_filter_run(self, in_any_tags):
    if in_any_tags:
        self.filter_tags_in_any(in_any_tags)
    # 同时返回待运行的测试用例集，以及被忽略的测试用例集
    return self.suites, self.exclude_suites
```

在上述代码中，笔者通过更改模块 test_filter.py 的代码，使得整个模块中定义的类函数 filter_tags_in_any() 可以同时筛选待运行的测试用例集和被忽略的测试用例集。如此，测试报告需要的数据全部具备了。

从测试框架的执行流程可以看出，在测试过程中，测试框架会根据用户输入并发或者顺序执行所有测试用例，并按照测试运行的结果，将测试报告需要的测试用例的各项信息（包括预定义信息和运行生成的信息，通过 main() 函数中的 func_run() 函数获取）分类分别计入如上的列表中。所有的测试用例运行结束后，测试框架将收集到的各项信息汇总传入 HTML 测试报告模板的生成函数 generate_html_report，最终生成测试报告在我们事先定义的 output 文件内。

现在，我们已经将测试报告集成到测试框架中了，直接运行 main.py，或者通过命令行以代码清单 13-11 所示的形式运行。

代码清单 13-11　运行测试框架

```
# 在项目根目录下执行
# 注意如果通过命令行运行，则 main.py 中的 main() 函数无须填写任何参数
Python main.py -env prod -i smoke -t ./tests -n 8
```

运行成功后，在测试框架的根目录下生成 HTML 报告，如图 13-3 所示。

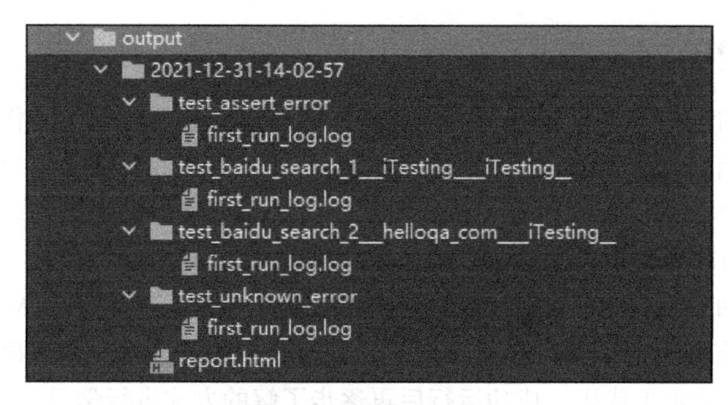

图 13-3　测试报告目录

由图 13-3 可知，针对每一个运行出错的测试用例，无论其错误类型是什么，测试框架均单独创建了一份日志记录以供后续调试。除此之外，通过浏览器打开生成的 report.html 文件，你将看到本次运行的完整结果，如图 13-4 所示。

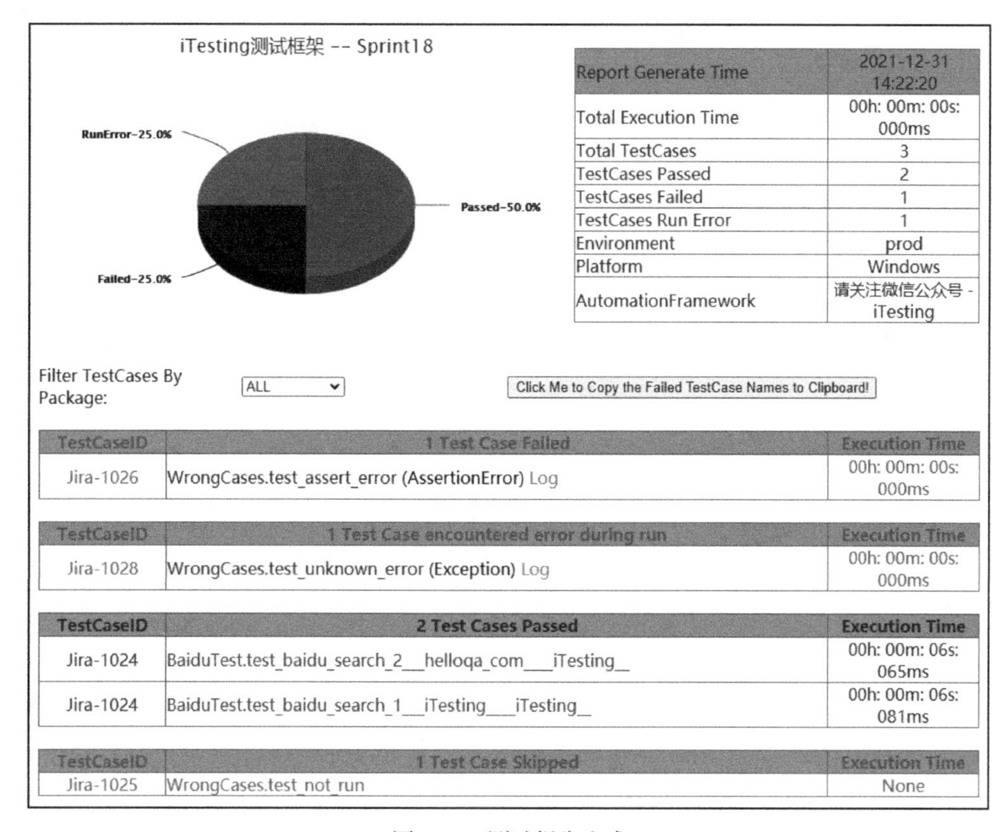

图 13-4　测试报告生成

至此，我们已在测试框架中集成了自定义测试报告。

13.4 本章小结

如果说开发的工作成果可以用可工作的软件来衡量，项目经理的工作成果可以用项目是否如期交付来衡量，那么测试工程师的工作成果就可以从测试报告上反映出的软件质量问题来衡量。一个重点清晰、内容完备的测试报告，不仅能够指出当前软件存在的质量问题，还能够通过历次测试报告的对比，绘制软件质量的走向。

本章涉及的知识点较多，除去Python编程之外，还需要读者对HTML、CSS、JQuery甚至HighCharts有基本的了解。在学习本章时，为减少学习成本，如果碰到自己不熟悉的知识，读者可采用先部署代码，成功运行后再逐步了解的方式进行学习。

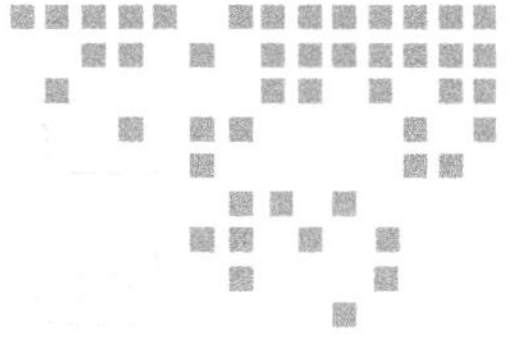

第 14 章 Chapter 14

完善自动化测试框架

现在，我们已经实现了测试框架的大部分基本功能，包括环境变量设置、测试用例挑选、数据驱动、测试用例并发、错误处理以及生成测试报告。虽然开展基本的测试工作没有什么问题，但是还有许多需要完善的地方。本章介绍如何完善自动化测试框架。

14.1 自主实现前置准备和后置清理

在当前流行的诸多自动化测试框架中，有一个比较经典的功能，就是测试用例的前置准备和后置清理。测试用例的前置准备和后置清理可以厘清测试框架和测试用例之间的边界，使测试用例代码编写者把主要精力放在业务本身（即测试用例），不必关心与业务无关的实现。

在我们当前实现的测试框架中，如果要编写一个测试用例，不仅要关注业务逻辑，还要关心测试类型以及相应的实现。举例来说，如果是 UI 自动化测试用例，若没有使用测试前置以及测试后置，就需要在测试用例中编写打开浏览器和关闭浏览器的代码。

14.1.1 前置准备和后置清理的工作流程

前置准备和后置清理就是在测试代码开始前进行前置操作（例如打开浏览器、初始化页面等），在测试代码结束后进行后置操作（例如关闭浏览器、清理 cookie 等操作）。在实践中，前置操作分为测试类的前置操作（setUpClass）和测试用例的前置操作（setUp）。后置操作也同样分为测试类的后置操作（tearDownClass）和测试用例的后置操作（tearDown）。前置准备和后置清理的工作流程如图 14-1 所示。

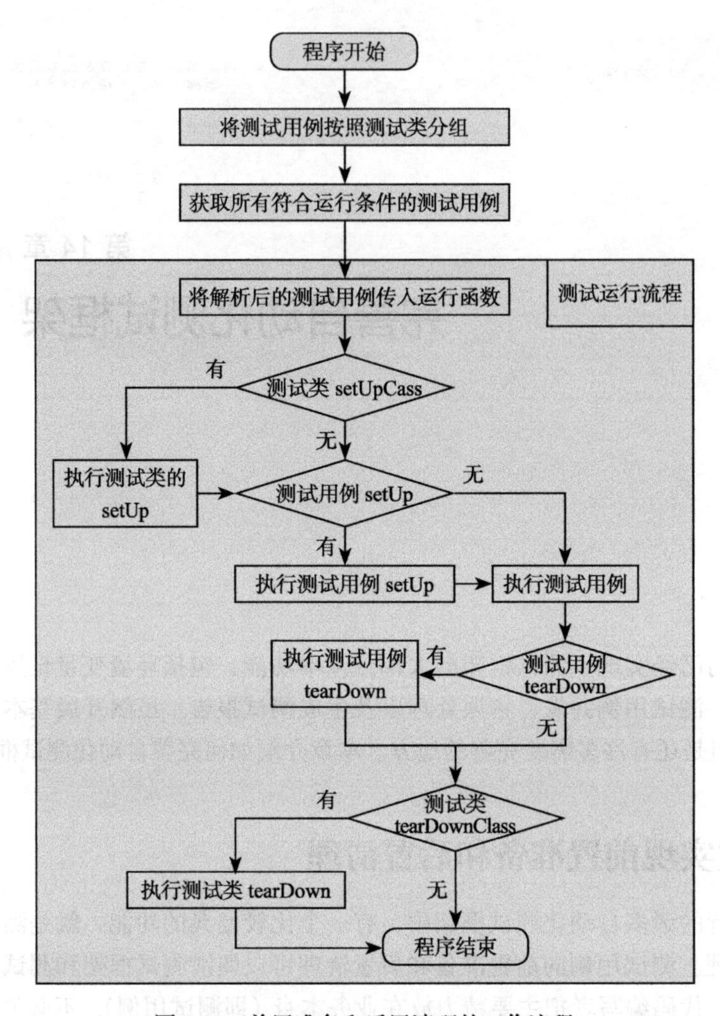

图 14-1　前置准备和后置清理的工作流程

由图 14-1 可以看出，当测试框架获取所有符合运行条件的测试用例集后，会解析测试用例集的各个测试用例（按测试类分成不同的运行组，每组根据数据驱动重新生成测试用例名，给每个测试用例分配运行的实参等），接着传入真正的运行函数。

运行函数获得待运行的测试用例后，会按照如下顺序执行。

1）查看测试用例所属的测试类有没有定义前置类函数，有则执行测试类的前置函数，然后继续，无则直接继续此流程。

2）查看测试用例是否有前置函数，有则先执行前置函数，然后继续流程，无则直接继续流程。

3）执行测试函数。

4）查看测试用例是否有后置函数，有则先执行后置函数，然后继续流程，无则直接继续流程。

5）查看测试用例所属的测试类有没有定义后置类函数，有则执行后置函数。

6）结束测试。

14.1.2　自主代码实践

了解前置准备和后置清理的工作流后，我们来实现它们。以前置准备为例，要想在每个测试用例执行前先执行前置操作，需要测试框架能够识别哪些操作属于前置准备。在实践中，通常是在类方法上加装饰器。

首先，定义一个装饰器类，用来指定被装饰的类函数是一个 set up 函数，如代码清单 14-1 所示。

代码清单 14-1　定义 set up 装饰器类

```
class SetUpTest(object):
    def __init__(self, enabled=True):
        self.enabled = enabled

    def __call__(self, func):
        @wraps(func)
        def wrapper(*args, **kwargs):
            return func(*args, **kwargs)
        # 给原测试函数添加属性，以方便测试框架判断当前测试函数是否为测试用例的前置函数
        setattr(wrapper, "__test_case_fixture_type__", "__setUp__")
        setattr(wrapper, "__test_case_fixture_enabled__", self.enabled)
        return wrapper
```

在上述代码中，笔者定义了一个装饰器类，用于给指定的类函数添加 "__test_case_fixture_type__" 和 "__test_case_fixture_enabled__" 属性。

同样地，建立 tear down 的装饰器类，如代码清单 14-2 所示。

代码清单 14-2　定义 tear down 装饰器类

```
class TearDownTest(object):
    def __init__(self, enabled=True):
        self.enabled = enabled

    def __call__(self, func):
        @wraps(func)
        def wrapper(*args, **kwargs):
            return func(*args, **kwargs)
        # 给原测试函数添加属性，以方便测试框架判断当前测试函数是否为测试用例的后置函数
        setattr(wrapper, "__test_case_fixture_type__", "__teardown__")
        setattr(wrapper, "__test_case_fixture_enabled__", self.enabled)
        return wrapper
```

装饰器类创建好后，我们在测试用例的类方法中进行装饰，如代码清单 14-3 所示。

代码清单 14-3　给测试类添加 set up 和 tear down 装饰器

```
class BaiduTest:

    test_case_id = 'Jira-1024'

    @SetUpTest()
    def set_up(self):
        self.baidu = Baidu()

    @data_provider(
        [('iTesting', 'iTesting'), ('helloqa.com', 'iTesting')])
    # 给测试方法添加标签，指定其值为 smoke
    @Test(tag='smoke')
    def test_baidu_search(self, *data):
        # 测试用例中调用类方法并断言
        search_string, expect_string = data
        # log.debug("BaiduTest.test_baidu_search 开始测试，输入参数是 - {input}，期望
            结果包含 - {output}".format(input=search_string, output=expect_string))
        results = self.baidu.baidu_search(search_string)
        assert expect_string in results

    @TearDownTest()
    def clean_up(self):
        self.baidu.close()
```

由上述代码可以看出，笔者添加了两个类方法 set_up() 和 clean_up()，并分别给它们添加了装饰器 @SetUpTest() 和 @TearDownTest()。这个操作说明在测试类 BaiduTest 中，类方法 set_up 被设置成了前置方法，而 clean_up() 被设置成了后置方法。

注意　Python 测试框架中的前置方法 setUp 和后置方法 tearDown 必须是固定名称，而笔者这样定义后，前置方法和后置方法可为任意名称。

当测试类设置好前置方法和后置方法后，我们需要测试框架执行测试用例的运行函数（在我们的测试框架中，为 func_run() 方法），检查并运行前置方法和后置方法，如代码清单 14-4 所示。

代码清单 14-4　运行前置方法和后置方法

```
def func_run(case):
    try:
        # 测试开始时间
        s = time.time()
        # 其他代码略

        # 定义前置方法
        set_up_method = None
        # 定义后置方法
```

```
        tear_down_method =None

        # 判断测试类示例中的每个选项，获取前置方法和后置方法
        for item in dir(cls_instance):
            if getattr(getattr(cls_instance, item), '__test_case_fixture_
                type__', None) == "__setUp__" and \
                    getattr(getattr(cls_instance, item), "__test_case_fixture_
                        enabled__", None):
                set_up_method = getattr(cls_instance, item)
            if getattr(getattr(cls_instance, item), '__test_case_fixture_
                type__', None) == "__tearDown__" and \
                    getattr(getattr(cls_instance, item), "__test_case_fixture_
                        enabled__", None):
                tear_down_method = getattr(cls_instance, item)

        # 先执行前置方法（如果有）
        if set_up_method:
            set_up_method.__wrapped__(cls_instance)
        # 再执行真正的测试
        if value:
            getattr(cls_instance, func.__name__).__wrapped__(cls_instance, *value)
        else:
            getattr(cls_instance, func.__name__).__wrapped__(cls_instance)
        # 最后执行后置方法（如果有）
        if tear_down_method:
            tear_down_method.__wrapped__(cls_instance)
        # 最后设置运行状态为pass
        setattr(func, 'run_status', 'pass')

        # 测试结束时间
        e = time.time()
        # 后续代码略
```

由上述代码可以看出，在被测函数运行前，首先遍历待运行测试用例的类实例所包含的属性，并且根据装饰器类 SetUpTest 和 TearDownTest 获取前置方法和后置方法，根据 14.1.1 节介绍的工作流程来运行前置方法和后置方法。通过此方式，我们就实现了测试用例级别的测试前置和测试后置。

注意　在测试类级别的测试前置和测试后置，实现方式同测试用例级别大体一致，也是先定义装饰器类，再进行装饰，唯一不同的是测试类级别的前置和后置要作用到 class_run() 函数上，而不是 func_run() 函数上。

14.2　融合 API 和 UI 进行自动化测试

一个测试框架如果只能运行 UI 自动化测试或者 API 自动化测试，就显得有点单薄了。

下面我们来实现测试框架同时支持UI自动化和API自动化。

14.2.1 使用API或者UI进行测试

前面我们花费大量篇幅讲解的都是UI自动化测试，下面扩展我们的测试框架，做到同时支持API测试。在4.2节中，笔者介绍了如何使用pytest测试框架执行API测试用例，现在直接将此API测试用例集成进我们的测试框架，如代码清单14-5所示。

代码清单14-5 测试框架支持API测试

```
# -*- coding: utf-8 -*-

import requests

from common.test_decorator import SetUpTest, TearDownTest, Test
from configs.global_config import get_config


class TestLaGou:
    test_case_id = 'Jira-1023'

    @SetUpTest()
    def set_up(self):
        self.s = requests.Session()
        # 获取环境变量中lagou的URL并赋予self.url
        self.url = get_config('config')["Lagou_url"]

    @Test(tag='smoke1')
    def test_visit_lagou(self):
        result = self.s.get(self.url)
        assert result.status_code == 200
        assert '拉勾' in result.text

    @TearDownTest()
    def clean_up(self):
        self.s.close()
```

从上述代码中可以看出，测试框架支持API测试的方法非常简单，既然测试框架已经定义了测试前置和后置，我们只要在测试前置里把初始化Selenium的代码变成初始化requests的代码即可（在本例中，我们使用requests库进行API测试）。同样地，测试执行完毕后，把关闭浏览器的操作更改为关闭requests会话的操作，即完成了API测试的清理工作。在这整个过程中，框架代码无须做任何修改。

> 注意 这也是设计良好的测试框架的诸多优点之一，框架本身和业务解耦，测试用例的更改无须改动框架代码。

14.2.2 同时运行 API 和 UI 自动化测试

既然测试框架可以同时支持 API 测试和 UI 自动化测试，那么，为了节省自动化测试的运行时间，我们是否可以先用 API 的方式登录，再使用 UI 的方式继续后面的测试呢？这就涉及同时运行 API 测试和 UI 自动化测试的问题了。

笔者在 5.3 节介绍过，API 测试和 UI 测试融合的关键在于登录态，并演示了如何融合登录态。下面将 5.3 节的代码融合到测试框架中。

首先，创建元素的 YAML 文件，如代码清单 14-6 所示。

代码清单 14-6 创建元素的 YAML 文件

```
# configs/element_locator/one_page.yaml
PROJECT_NAME: //span[contains(@class,"company-title-text")]
```

上述代码中，笔者定义了项目名称所对应的页面元素定位。

接着，创建页面对象文件，如代码清单 14-7 所示。

代码清单 14-7 创建页面对象文件

```
# pages/one_page.py
# 为节省篇幅，未展示导入语句和 cookie_to_selenium_format 方法（可查看 5.3 节）
class OnePage(BasePage):
    # 从环境变量中获取所需变量
    DOMAIN = get_config('config')["one_home_page"]
    URI = get_config('config')["one_login_uri"]
    HEADER = get_config('config')["one_header"]

    # YAML 文件相对于本文件的路径
    # 使用页面对象对应的元素定位
    element_locator_yaml = './configs/element_locator/one_page.yaml'
    element = YamlHelper.read_yaml(element_locator_yaml)

    # 定位元素 Project
    # 获取页面项目对象 VIPTEST
    Project = (By.XPATH, element["PROJECT_NAME"])

    def __init__(self, driver=None):
        super().__init__(driver)
        self.s = requests.Session()
        self.login_url = self.URI
        self.home_page = self.DOMAIN
        self.header = self.HEADER

    def login_and_set_cookie(self, login_data):
        result = self.s.post(self.login_url, data=json.dumps(login_data),
            headers=self.header)
        # 断言登录成功
        assert result.status_code == 200
        assert json.loads(result.text)["user"]["email"].lower() == login_
```

```
                data["email"]

        # 根据实际情况解析 cookies，此处需结合实际业务场景
        all_cookies = self.s.cookies._cookies[".ones.ai"]["/"]

        # 删除所有 cookies
        self.driver.get(self.home_page)
        self.driver.delete_all_cookies()

        # 把接口登录后的 cookie 传递给 Selenium/WebDriver，传递登录状态
        for k, v in all_cookies.items():
            self.driver.add_cookie(cookie_to_selenium_format(v))

        return self.driver

    def find_project_name(self):
        self.driver.get(self.home_page)
        # 此处硬编码，等页面加载完毕
        time.sleep(3)
        return self.driver.find_element(*self.Project).get_attribute('innerHTML')
```

在上述代码中，笔者展示了在页面对象中，如何从环境变量中获取所需变量，如何使用页面对象对应的元素定位，如何定位元素。除此之外，笔者在构造函数（__init__）中，直接初始化了浏览器对象 self.driver 和用于 API 测试的 requests session 对象 self.s，然后通过函数 login_and_set_cookie 实现了登录态的融合，最后通过函数 find_project_name 获取项目名称供测试对象使用。

注意 在 API 和 UI 的融合中，如何保持登录态与业务紧密相关，不同的业务实现，其保持登录态的方式不同。在实践中，应参考具体的实现进行融合（实现的原理和方向均是通过 cookie 来保持登录态的）。

最后，编写融合 API 测试和 UI 测试的代码，即在同一条测试用例中，先使用 API 测试，接着使用 UI 继续测试，如代码清单 14-8 所示。

代码清单 14-8　API 测试和 UI 测试融合代码

```
# tests/test_one.py
class TestOneAI:
    # 直接通过接口调用的方式登录，首先进行初始化
    def __init__(self):
        self.one_page = OnePage()

    @SetUpTest()
    def setup_method(self):
        # 请读者自行注册账户进行测试
        self.one_page.login_and_set_cookie({"password": "P@ssw0rd", "email":
            "Follow_iTesting@outlook.com"})
```

```
    @data_provider([("VIPTEST",)])
    # 给测试方法添加标签，指定其值为 smoke
    @Test(tag='smoke')
    def verify_project_name(self, project_name):
        # 再次访问目标页面，此时登录状态已经传递过来了
        element = self.one_page.find_project_name()
        # 断言项目 VIPTEST 存在
        assert element == project_name

    # 测试后的清理
    @TearDownTest()
    def teardown_method(self):
        self.one_page.driver.close()
        self.one_page.s.close()
```

在上述代码中，首先进行测试类的初始化，然后创建了测试前置函数 setup_method。在这个函数中通过 login_and_set_cookie 函数实现了登录态的保持。通过这种方式，在测试前置函数执行完毕后，我们的测试类实例中就会同时存在 self.dirver 和 self.s 属性，并且此时，登录态已经保持了，所以在后续的测试函数 verify_project_name 中，可以直接使用浏览器驱动 self.driver，通过 UI 的方式进行后续测试。

根据业务实现方式的不同，API 测试和 UI 测试融合的实现也略有不同，读者只需谨记我们是通过往浏览器的 cookie 里写入值来保持登录态的即可。

注意　API 和 UI 自动化测试的融合属于业务而非框架的范畴。在具体实践中，通常会在页面对象的父类 BasePage 中进行封装处理，以减少开发成本。

14.3　一些遗留问题

至此，测试框架的各项功能已经设计并开发完毕，足以应对日常测试了。本着精益求精的原则，笔者列出此框架可优化的部分，读者可根据自身情况，深入改进此框架，并在此框架的基础上开发自己的测试框架。

1）根据业务需要，丰富交互式命令行逻辑。添加更多功能，根据标签来筛选测试类、测试用例执行，或者排除测试类、测试用例执行。

2）实现测试类的前置准备和后置清理。实现 setUpClass 和 tearDownClass 功能（这也是 unittest 和 pytest 的经典功能）。

3）支持测试用例打多个标签。测试框架支持一个测试用例同时拥有多个标签。

4）添加针对浏览器驱动的封装函数、公用类。对浏览器常见操作进行封装，并将各种功能以模块的方式包装并提供给测试框架用户使用，以减少开发成本。

5）添加针对 API 测试的封装函数、公用类。封装 API 测试的常见操作，例如 GET、POST 操作，生成模块，使框架使用者能够通过提供 URL 和 Payloads 快速开展 API 测试，

而不必关心请求发送的具体实现细节。

以上几点改进涉及的理论和原理，笔者在本书各章中均有详细介绍，读者可将此改进当成课后作业练习。

14.4 本章小结

至此，所有测试框架开发涉及的知识点已经全部介绍完了。本章从业务应用角度出发，对测试框架进行了进一步完善。测试框架的设计、开发和完善是一个持续的过程，测试框架开发完毕后，还需要持续完善，特别是需要根据业务部门的反馈，在技术前瞻性、框架易用性、功能完备性上持续优化，唯有如此，我们的测试框架才能保持生命力。

测试框架存在的意义在于能够帮助我们提升测试效率。从下一章开始，笔者将从测试提效这个角度出发，讲解测试框架和持续集成。

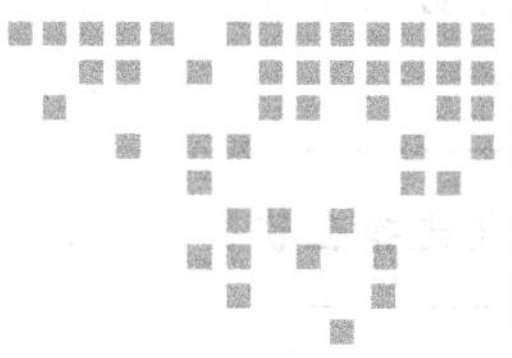

第 15 章 Chapter 15

自动化测试框架与持续集成 / 持续部署

随着敏捷、微服务开发、DevOps 的蓬勃发展，持续集成（Continuous Integration，CI）和持续交付（Continuous Delivery，CD）作为一种软件开发实践，逐渐成为衡量公司或组织软件开发能力成熟度的一个重要标准。CI/CD 通过引入自动化以及测试流水线（Pipeline），将随时随地都在集成、任何时刻都可发布变成软件项目的一个基础能力。

持续地集成就要求持续地测试，而持续地测试，则需要自动化测试框架以及各种流水线工具的支持。本章将从实战角度出发，介绍如何利用自动化测试框架实现持续集成。

15.1 持续集成 / 持续部署核心原理讲解

持续集成和持续部署改变了传统软件开发中编码、构建、集成、测试、交付和部署的流程，提高了软件发布速度，增强了企业的市场竞争力。

15.1.1 什么是持续集成 / 持续部署

持续集成是指在开发实践中，将所有开发人员提交的代码多次合并到代码主分支（Master）。持续集成是 CI/CD 的先决条件，它需要多次合并代码到代码主分支，并且每次代码合并都需要触发代码构建和测试。

代码的集成不是一蹴而就的，因为在集成过程中，可能会出现各种各样的错误，所以针对每一次代码集成，软件测试工程师都需要经过详细的测试。而频繁地集成，使在持续集成过程中进行自动化测试变成必然。

持续部署是在开发实践中，将持续集成后的代码自动构建并发布到类生产环境，经过验证后再“半自动化部署”到生产环境的过程。持续部署要求代码主分支上生成的每一个构建都是可工作的。

注意 半自动化是指在软件进行部署时，手工触发部署流程。

在持续部署时，通常采用如下部署策略。

1）蓝绿部署：指两个完全相同、互相独立的生产环境，一个称作蓝环境，另外一个称作绿环境。假设绿环境是当前用户使用的环境，当要部署新版本时，首先将其部署到蓝环境，并进行充分测试，如果没有问题，则通过修改路由配置的方式，将用户的访问从绿环境切换到蓝环境。如果蓝环境出现问题，则可将路由改回，从而实现用户访问环境的快速切换。蓝绿部署需要两套一模一样的环境，搭建成本比较高。

2）灰度部署：也叫金丝雀部署，是在部署新版本时，先取出一个或几个服务器，停止它们的服务，并将新版本部署到这些服务器上，然后启动服务并对这些部署了新服务的“金丝雀”服务器进行测试，如测试通过则一次性更新部署剩余的服务器。

灰度部署不需要配置多余的环境资源，出现问题也只会影响一小部分用户。灰度部署也有弊端，如果在灰度部署的测试阶段没有发现问题，一次性部署后发现了问题，则回滚困难。

3）滚动部署：是灰度部署的增强版，不同之处在于进后灰度部署后，并不是一次性更新部署所有剩余服务器，而是继续分批次部署，直至所有服务器都部署新版本。滚动部署相对于灰度部署，增加了测试时间，在一定程度上避免了服务不可用。完成一次全量部署，将比灰度部署花费更多的时间。

15.1.2 持续集成 / 持续部署核心工作流

持续集成和持续部署通常需要各种生产力工具的支持，图 15-1 列出了一个使用持续集成工具 Jenkins Blue Ocean 流水线、容器化解决方案 Docker 以及代码托管平台 GitHub 实现的持续集成、持续部署的核心工作流。

在此工作流中，代码主分支上方对应的是持续集成，下方对应的是持续部署。持续集成和持续部署的核心工作流如下。

1）开发人员从代码主分支中签出代码（checkout）到本地进行开发。

2）本地开发完成后，开发人员在本地进行测试（通常是单元测试）。

3）测试通过后，开发人员提交代码合并申请到代码主分支。

4）代码合并申请会引发持续集成服务器针对开发提交的功能分支进行构建和测试。

- 触发操作由 GitHub WebHook 完成（WebHook 连接 Jenkins Server）。
- Jenkins Server、主节点、从节点使用 Docker 构建。
- 触发 Blue Ocean 流水线。

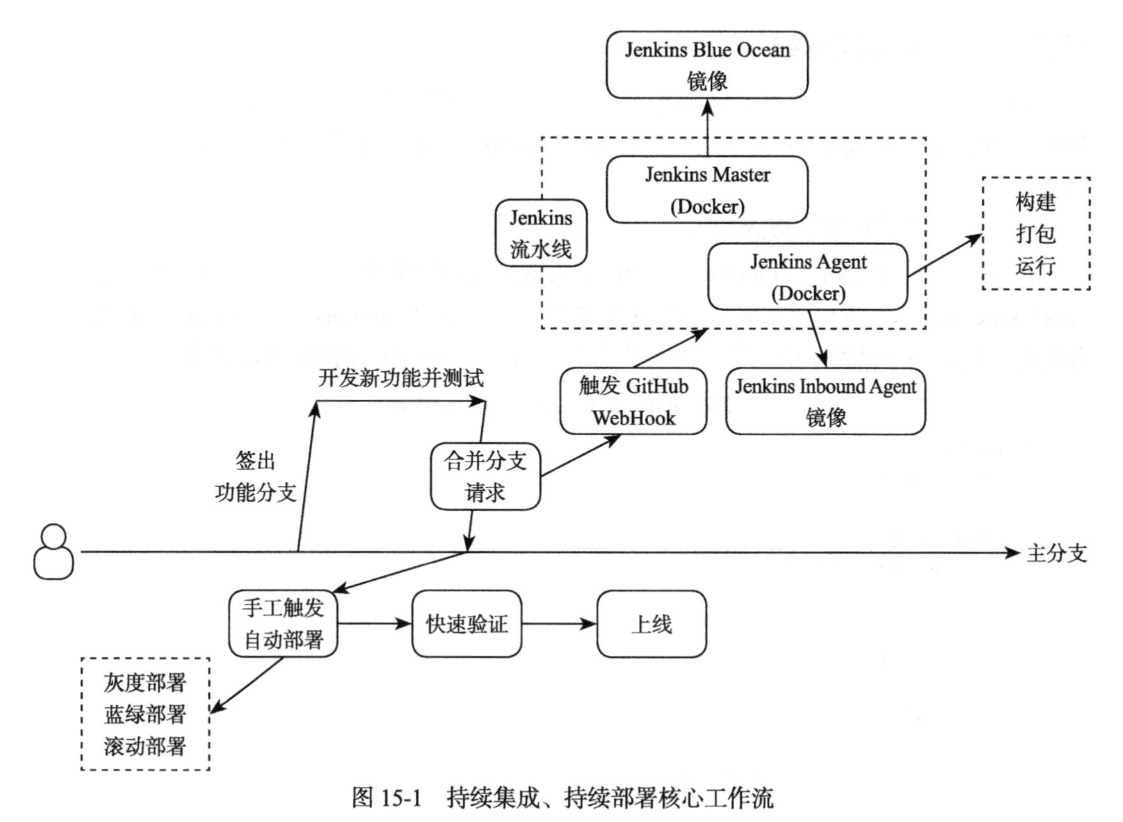

图 15-1　持续集成、持续部署核心工作流

- 流水线拉取最新代码，构建应用、测试。

5）持续集成服务器通知构建和测试的结果。

6）开发人员修复任何可能的构建和测试失败并重复步骤 2 ～ 5 直至测试结果通过。

7）代码合并到代码主分支。

8）主分支代码部署到类生产环境并进行测试。

9）测试无误后，签出 Release 分支进行部署。

- 部署策略常用灰度部署、蓝绿部署、滚动部署等。
- 部署后须进行快速验证。

10）新版本正式发布上线。

注意　由于使用的工具不同，因此持续集成、持续部署的步骤也可能不同。

在了解了持续集成和持续部署的核心工作流后，我们来看看如何实现它。

15.2　持续集成 / 持续部署工具详解

持续集成和持续部署依赖于大量的自动化工具，本节进行详细介绍。

15.2.1 Jenkins 流水线

Jenkins 作为可扩展的自动化服务器，是目前主流的用于持续集成和持续部署的工具，Jenkins 提供了一套 Jenkins 流水线（Jenkins Pipeline）插件，通过它可以快速构建、测试和部署软件。

Jenkins 流水线的核心概念如下。

1）流水线即代码（Pipeline as code）：Jenkins 流水线的一切操作均可以通过文件 Jenkinsfile 来定义。Jenkinsfile 是一个文本文件，它包含了 Jenkins 流水线的定义并被纳入源代码控制，一个最基本的三段式持续交付流水线的定义如代码清单 15-1 所示。

代码清单 15-1　Jenkinsfile 定义

```
pipeline {
    agent any

    stages {
        stage('构建') {
            steps {
                echo '开始构建'
            }
        }
        stage('测试') {
            steps {
                echo '开始测试'
            }
        }
        stage('部署') {
            steps {
                echo '开始部署'
            }
        }
    }
}
```

以上代码实现了使用 Jenkins 构建、测试和部署软件。

注意　Jenkins 流水线支持声明式流水线和脚本式流水线，以上是声明式流水线的一个经典用法。关于流水线的语法，读者可自行查阅 Jenkins 官方文档 jenkins.io/zh/doc/book/pipeline/。

2）操作步骤（Step）：操作步骤是 Jenkins 流水线最基础的部分，作为声明式和脚本式流水线的基本构建单元，它告诉 Jenkins 要执行什么操作。

3）主节点和从节点：Jenkins 包含主节点和从节点。主节点用于处理调度构建，并将之分发至从节点执行。主节点还负责执行所有的流水线逻辑。而从节点则执行主节点分配的所有任务，并返回任务的进度和结果。

4）工作阶段（Stage）：工作阶段将流水线分成不同的子集。例如在代码清单 15-1 中，我们就把流水线分成了“构建”“测试”“部署”3 个工作阶段。

5）环境对象（Env Object）：Jenkins 内置了很多环境变量并通过“ env”关键字将它们暴露出来。用户可以通过在流水线中执行 Shell 命令“ printenv”获取所有变量，如代码清单 15-2 所示。

代码清单 15-2　Jenkins 获取环境变量

```
pipeline {
    agent any
    stages {
        stage("获取环境变量") {
            steps {
                sh "printenv"
            }
        }
    }
}
```

注意　当部署好 Jenkins 后，也可以通过如下方式访问所有的系统变量 http://localhost:8080/env-vars.html（假设 Jenkins 部署在本地，端口号为 8080）。

可以通过传统的实体机、虚拟机安装 Jenkins，也可使用 Docker 安装。通常情况下选用 Docker 进行安装，为此，我们必须了解 Docker 的一些核心知识。

15.2.2　Docker 核心知识

Docker 作为容器、虚拟化技术的领跑者，可将软件及其依赖包打包成一个可移植的标准化单元，用于开发、交付和部署。相较于传统的实体机和虚拟机，Docker 具备如下优点。

1）环境标准化：由于软硬件、开发环境、测试环境、生产环境不一致，开发和部署不可避免会遇到因为环境而导致的 Bug。Docker 通过镜像提供了除操作系统内核外完整的运行时环境，确保了环境的一致性。

2）助力持续交付和持续部署：Docker 通过定制应用镜像，有效缩短应用部署实施的时间，还可以在一台机器上跑多个服务，彻底实现一次创建，多次部署运行。

3）提高了资源的使用效率：在没有 Docker 之前，微服务虚拟化部署通常采用虚拟机，因为每一个虚拟机都需要运行操作系统的一个完整副本，所以会消耗很多资源，但 Docker 无须如此。图 15-2 展示了使用 Docker 和使用虚拟机在资源利用上的差别。

由图 15-2 可以看出，在采用 Docker 作为虚拟化方案时，Docker 化的应用程序“共享”一个宿主机操作系统（实际上，Docker 是运行在操作系统之上的，通过命名空间实现不同应用的隔离），提高了资源的利用率。

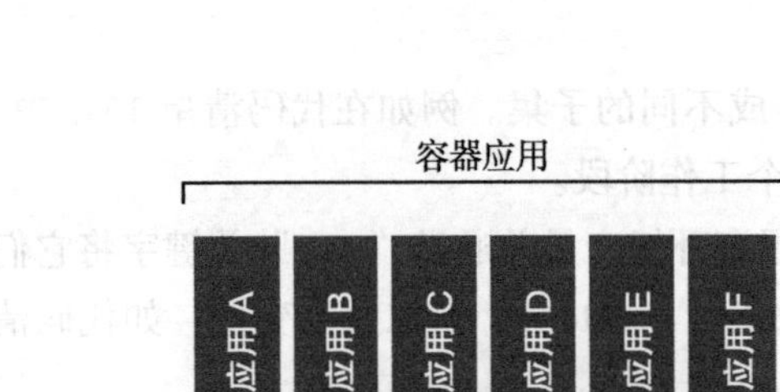
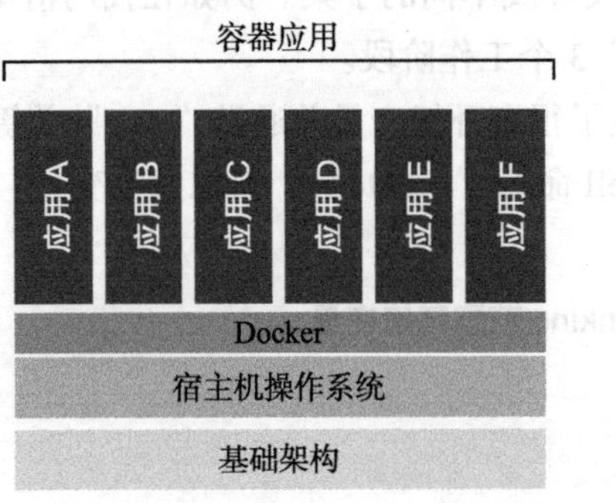

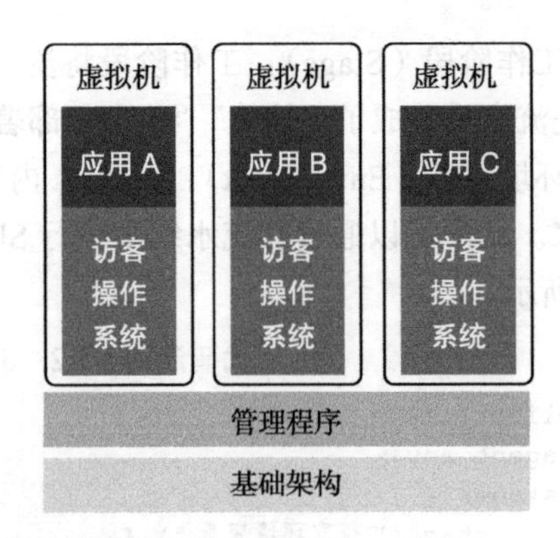

图 15-2 Docker 和虚拟机比较

Docker 包括如下 3 个基本概念。

1）镜像（Image）：一个类似于虚拟机的 Linux 文件系统，包含可运行在 Linux 内核的程序及相应的数据。镜像是只读的，针对镜像的操作可以通过如下命令获取。

```
docker image --help
```

2）容器（Container）：通过镜像创建的应用运行实例。容器从镜像启动时，Docker 会在镜像的最上层创建一个可写层，针对容器的操作可以通过如下命令获取。

```
docker container --help
```

3）仓库（Repository）：Docker 集中存放镜像文件的场所。当你需要一个 Docker 镜像时，一般从 Docker 官方下载一个基础镜像，然后进行定制化（Docker Hub 是 Docker 官方维护的镜像仓库社区）。

除了以上这 3 个基本概念，Docker 里还有一个重要的概念 Dockerfile。当 Docker 官方提供的镜像无法满足我们的需要时，就需要在 Docker 官方提供的基础镜像的基础上，根据 Dockerfile 来生成新的镜像。Dockerfile 是一个文本文件，包含了构建镜像所需要的所有指令和说明。代码清单 15-3 列出了生成 Docker 镜像的步骤。

代码清单 15-3 创建 Docker 镜像示例

```
FROM jenkins/inbound-agent:latest

USER root

RUN apt-get update && apt-get install -y apt-transport-https \
    ca-certificates curl gnupg2 \
    software-properties-common
RUN apt-get update && apt-get install -y \
    wget \
    curl \
    git \
    python3.9 \
```

```
    python3-pip
```

在上面的代码中，使用 jenkins/inbound-agent:latest 的镜像创建了一个新的镜像，参数解读如下。

1）FROM：从 jenkins/inbound-agent:latest 镜像创建一个层。

2）USER：用于指定执行后续命令的用户和用户组。

3）RUN：用于执行后面跟随的命令，本例中为安装一众工具，如 wget、curl、git、Python 等。

了解了 Docker 的组成后，我们来看一下操作 Docker 的一些常用命令，如代码清单 15-4 所示。

代码清单 15-4　Docker 常用命令

```
# 查看 Docker 信息
$ docker version
# 或
$ docker info

# 列出本机所有的镜像
$ docker image ls

# 查找镜像
# 本例为查找 Jenkins 镜像
$  docker search Jenkins

# 从镜像仓库抓取镜像到本地
$ docker pull [ 选项 ] [Docker Registry 地址 [: 端口 ]/] 仓库名 [: 标签 ]

# 本例为拉取 Jenkins 到本地
$ docker pull jenkins/jenkins:jdk11

# 删除镜像文件
$ docker image rm [imageName]

# 生成镜像
# 生成镜像需要借助 Dockerfile 文件
# 在 Dock 而 file 文件的同级目录执行
$ docker build -t [ 你的 tag 名 ] .

# 查看正在运行的容器
$ docker ps

# 查看所有的容器
$ docker ps -a

# 生成容器并启动
$ docker run
```

```
# 以下为拉取Blue Ocean镜像，并使用8080端口公开访问，且在宿主机创建一个数据卷jenkins以持
  久化数据
$ docker run -d -p 8080:8080 -p 50000:50000 -v jenkins:/var/jenkins_home -v /
  etc/localtime:/etc/localtime --name jenkins docker.io/jenkinsci/blueocean

# 停止容器
$ docker stop [容器ID]

# 删除容器
$ docker container -m [容器名]
```

15.2.3 GitHub WebHook要点

在持续集成、持续部署的过程中，一定离不开触发机制。触发机制用于当一个条件被满足时，触发一个特定的动作。在GitHub参与的持续集成、持续部署流水线中，WebHook就是这个触发机制。当开发提交代码合并申请时，通过WebHook触发流水线。

GitHub WebHook的工作流如图15-3所示。

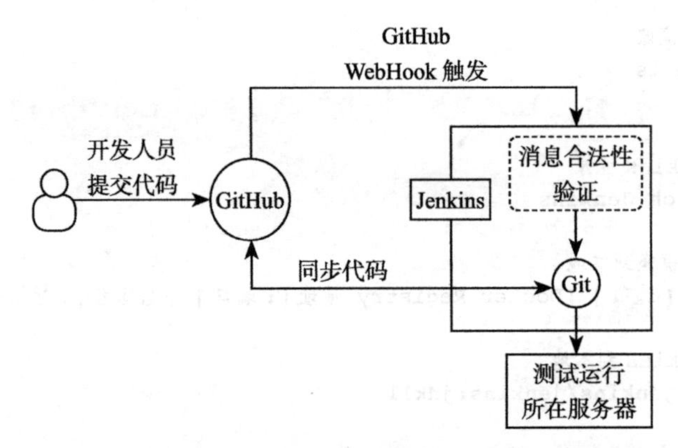

图15-3 GitHub WebHook工作流

15.3 持续集成项目实战

下面笔者将搭建基于Jenkins Blue Ocean、Docker、GitHub WebHook的持续集成、持续部署流水线，并演示自动化测试框架如何运行其中。

15.3.1 创建GitHub项目

首先，我们在本地创建一个文件夹并命名为Python0To1，将自动化测试框架代码全部复制至根目录。然后，在提交代码至GitHub之前，创建requirement.txt文件，并在项目根目录下执行如下代码。

```
# 生成 requirement.txt 文件
pip freeze > requirements.txt
```

接着，将项目通过 git push 命令全部提交至 GitHub。

> 注意 requirement.txt 文件用于记录 Python 项目所有依赖包及其精确的版本号。可使用 pip freeze > requirements.txt 命令将这些信息全部生成。在迁移至新环境时，可直接使用 pip install -r requirements.txt 命令进行自动化安装。

需要注意的是，当在 Docker 中运行代码时，浏览器是运行在无头模式（Headless Mode）下的，而我们当前的代码并没有设置此模式，故运行可能会出错。下面修改关于 Chrome 初始化的部分。在框架文件中，找到文件 base_page.py（文件路径 pages → base_page.py），替换全部代码，如代码清单 15-5 所示。

代码清单 15-5 解决 Chrome 在 Docker 中无法运行的问题

```
from selenium import webdriver

class BasePage:
    def __init__(self, driver):
        if driver:
            self.driver = driver
        else:
            options = webdriver.ChromeOptions()
            options.add_argument('--headless')
            options.add_argument('--no-sandbox')
            options.add_argument("--disable-setuid-sandbox")
            self.driver = webdriver.Chrome(chrome_options=options)

    def open_page(self, url):
        self.driver.get(url)

    def close(self):
        self.driver.quit()
```

在这段代码中，我们指定 Chrome 的启动为无头模式，并且设置了另外两个参数以确保代码在 Docker 环境中可以正常运行。

> 注意 笔者发现由于百度搜索结果的变化，我们的测试用例会出现找不到元素的情况，读者如果遇到此情况，可直接更改定位元素的 YAML 文件以确保代码可以正确运行。同时，笔者也会维护一份可工作的副本，读者可关注微信公众号 iTesting，回复“测试框架”进行下载。

15.3.2 编写 Jenkinsfile 文件

GitHub 项目已经创建完毕，接下来需要创建 Jenkins 流水线。我们直接通过 Jenkinsfile

的方式来创建，在项目Python0To1根目录下，创建一个名为Jenkinsfile的文件，如代码清单15-6所示。

代码清单15-6　Jenkinsfile代码

```
pipeline {
    agent { label 'agent2' }
    stages {
        stage('build') {
            steps {
                sh 'pip install -r requirements.txt'
            }
        }
        stage('test') {
            steps {
                sh 'python3 main.py -env prod -i smoke -t ./tests -n 2'
            }
        }
    }
}
```

为了演示持续集成和持续部署的流程，笔者创建了一个非常简单的流水线定义。当流水线被触发后，它将寻找Label为agent2的Docker节点，先安装自动化测试框架的所有依赖，然后在此节点上执行main.py文件（笔者定义为在prod环境执行位于./tests文件夹下标签为smoke的测试用例，并发数为2）。

现在，代码已经准备完毕，我们接着搭建Jenkins流水线。

15.3.3　Jenkins Blue Ocean流水线搭建

可将Blue Ocean视为Jenkins流水线的升级版，它实现了以下功能。

1. 可视化持续交付流水线

使用Blue Ocean可以将流水线的各个阶段进行可视化展示，图15-4为一个流水线运行示例。

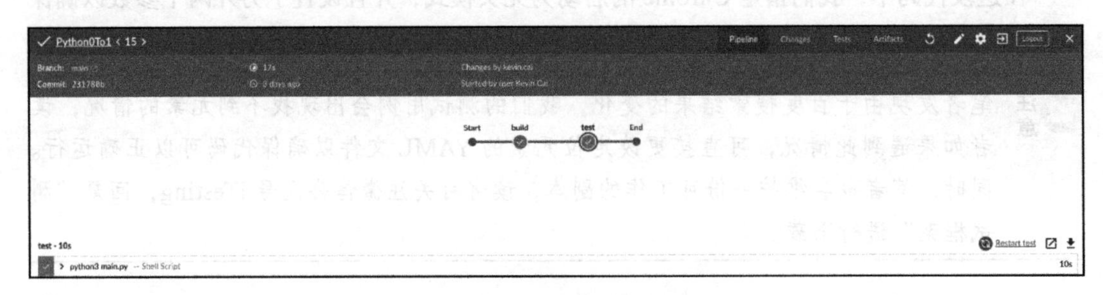

图15-4　Blue Ocean流水线各阶段示例

在这个示例运行时，用户可以可视化地查看各阶段的运行状态（本例为build阶段和

test 阶段）。

2. 快速定位到运行错误

当运行出现错误时，用户可直接点击节点，流水线会展示出错的信息，如图 15-5 所示。

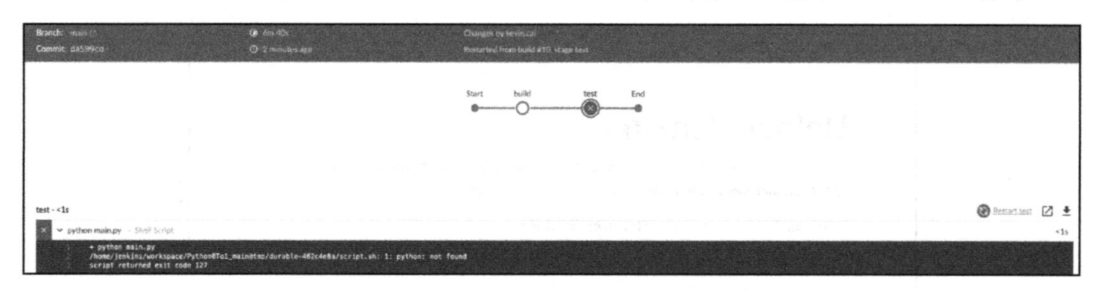

图 15-5　Blue Ocean 快速定位错误信息

在服务虚拟化愈加流行的今天，我们一般采用 Docker 化安装的方式来部署 Jenkins 服务。

1. Docker 化安装 Jenkins 主分支

要 Docker 化安装 Jenkins 首先需要先安装 Docker，读者可直接访问官方网站（地址为 https://www.docker.com/get-started），根据自己的操作系统选择相应的 Docker Desktop 客户端。

接着打开命令行工具，直接从 Docker Hub 中复制 Blue Ocean 的镜像并下载至本地启动，命令如下所示。

```
# 直接在 terminal 里执行
docker pull jenkinsci/blueocean
```

此命令将直接从 Docker Hub 下载最新的 jenkinsci/blueocean 至本地。我们可以通过如下命令查看是否下载成功。

```
# 直接在 terminal 里执行
docker image ls
```

然后启动 Jenkins，命令行如代码清单 15-7 所示。

代码清单 15-7　启动 Jenkins

```
# 直接在 terminal 里执行
docker run -d --name jenkins \
-p 8080:8080 -p 50000:50000 \
-v jenkins_home:/var/jenkins_home \
jenkinsci/blueocean
```

通过这个方式，我们启动了一个守护进程模式的容器，并且将 Jenkins 的所有配置数据保存在路径 /var/jenkins_home 下。Docker 会生成一个新卷（New Volume）jenkins_home，我们可以通过以下方式查看。

```
$ docker volume
```

```
# 结果如下
DRIVER      VOLUME NAME
local       jenkins_home
```

接着，打开任意浏览器，通过 http://localhost:8080 访问 Jenkins 首页，如图 15-6 所示。

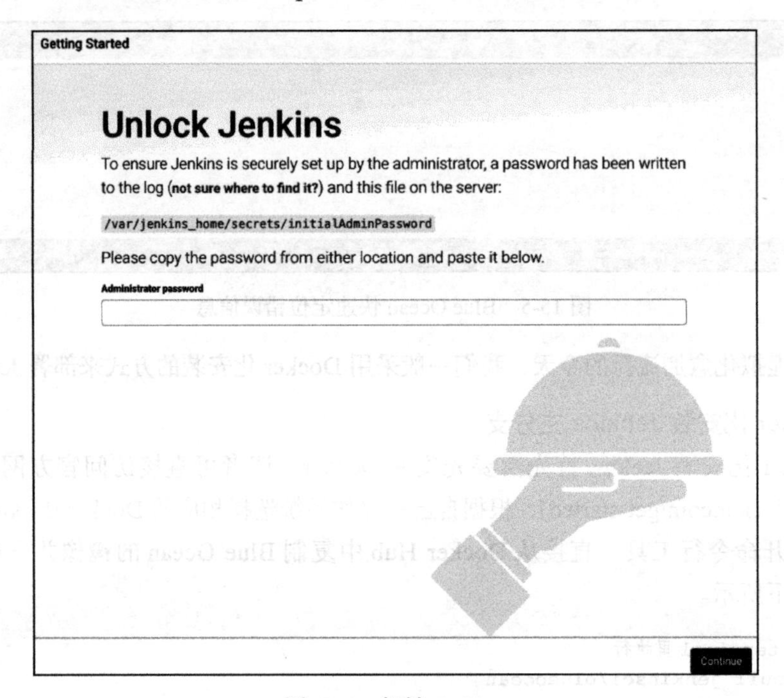

图 15-6　解锁 Jenkins

我们按照如下方式获取 Jenkins 密码。

（1）获取容器 ID

在命令行中执行如下命令。

```
# 获取容器 ID
docker container ls
```

执行命令后，你会看到如图 15-7 所示的信息。

```
→ ~ docker container ls
CONTAINER ID   IMAGE                COMMAND                  CREATED          STATUS          PORTS                                              NAMES
9eff913063a1   jenkinsci/blueocean  "/sbin/tini -- /usr/…"   13 minutes ago   Up 13 minutes   0.0.0.0:8080->8080/tcp, 0.0.0.0:50000->50000/tcp   jenkins
```

图 15-7　获取容器 ID

（2）查看密码

获得容器 ID 后，通过如下方式查看 Jenkins 密码。

```
# 获取 Jenkins 密码
docker exec 9eff913063a1 cat /var/jenkins_home/secrets/initialAdminPassword
```

执行命令后，你会看到如图 15-8 所示的信息。

```
→ ~ docker exec 9eff913063a1 cat /var/jenkins_home/secrets/initialAdminPassword
3f77f5d2d4fb410580f4aca8035fd210
```

图 15-8　获取 Jenkins 密码

将密码复制至密码框中，点击 Continue 按钮开始下一步，如图 15-9 所示。

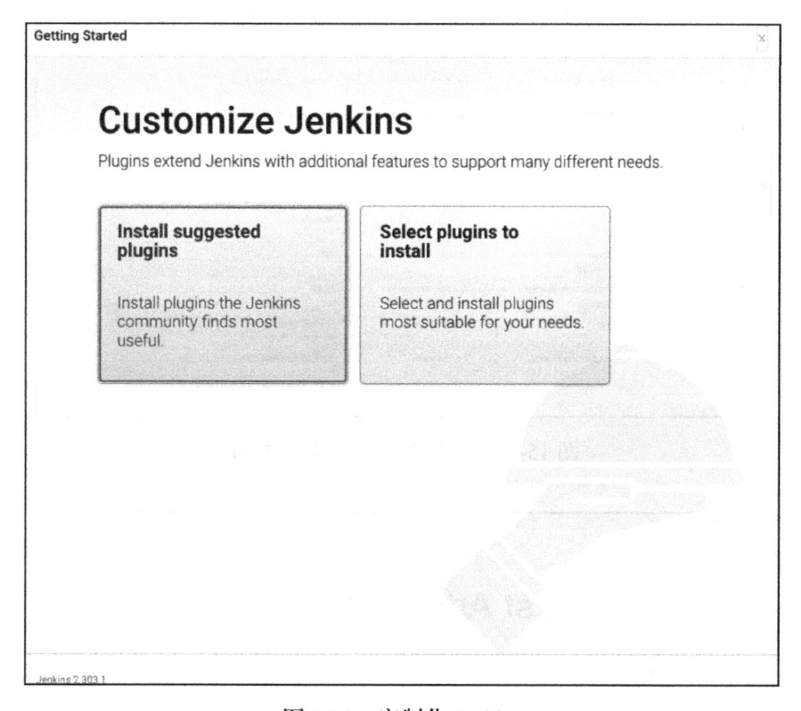

图 15-9　定制化 Jenkins

选择 Install suggested plugins，你将看到如图 15-10 所示的界面。

插件安装完成后，会弹出密码设置界面，如图 15-11 所示。

设置密码后，点击 Save and Continue，你将看到如图 15-12 所示的 Jenkins URL 设置界面。

设置成功后，你将看到 Jenkins 配置成功页面。点击 Start using Jenkins，弹出欢迎页面。

2. Jenkins 主分支配置

现在对 Jenkins 进行如下配置。依次选择 Jenkins Dashboard → Manage Jenkins → Manage Plugins，在搜索框中（记得选中 Available 这个标签卡），分别搜索 Docker、Docker Slaves、Docker Swarm 并安装，如图 15-13 所示。

插件安装好后，回到 Dashboard 页面，选择 Manage Jenkins → Configure Global security。搜索 Agent 并配置，选择 Fixed，设置为 50 000，并勾选 Inbound TCP Agent Protocol/4（TLS encryption）选项，最后点击 Apply 和 Save，如图 15-14 所示。

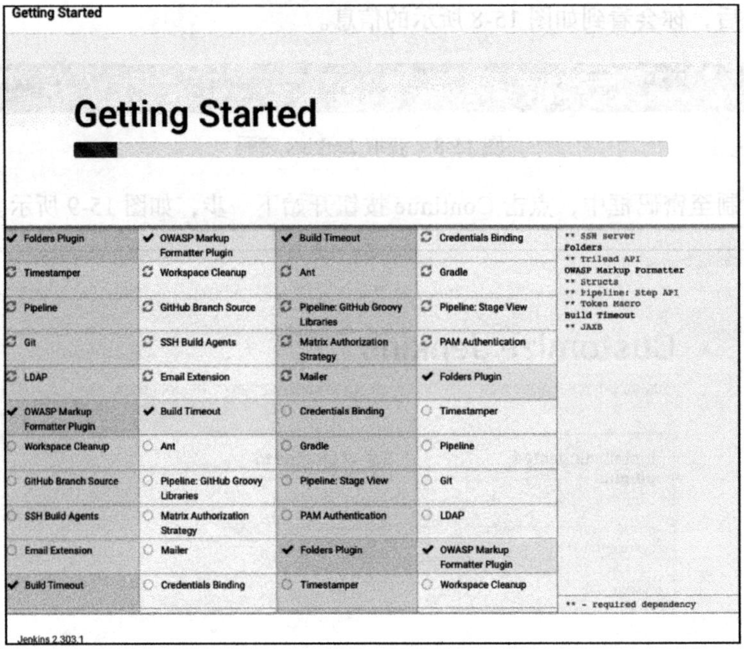

Getting Started

Getting Started

✔ Folders Plugin	✔ OWASP Markup Formatter Plugin	✔ Build Timeout	Credentials Binding	** SSH server Folders ** Trilead API OWASP Markup Formatter ** Structs ** Pipeline: Step API ** Token Macro Build Timeout ** JAXB
Timestamper	Workspace Cleanup	Ant	Gradle	
Pipeline	GitHub Branch Source	Pipeline: GitHub Groovy Libraries	Pipeline: Stage View	
Git	SSH Build Agents	Matrix Authorization Strategy	PAM Authentication	
LDAP	Email Extension	Mailer	✔ Folders Plugin	
✔ OWASP Markup Formatter Plugin	✔ Build Timeout	Credentials Binding	Timestamper	
Workspace Cleanup	Ant	Gradle	Pipeline	
GitHub Branch Source	Pipeline: GitHub Groovy Libraries	Pipeline: Stage View	Git	
SSH Build Agents	Matrix Authorization Strategy	PAM Authentication	LDAP	
Email Extension	Mailer	✔ Folders Plugin	✔ OWASP Markup Formatter Plugin	
✔ Build Timeout	Credentials Binding	Timestamper	Workspace Cleanup	** - required dependency

Jenkins 2.303.1

图 15-10 安装推荐的 Jenkins 插件

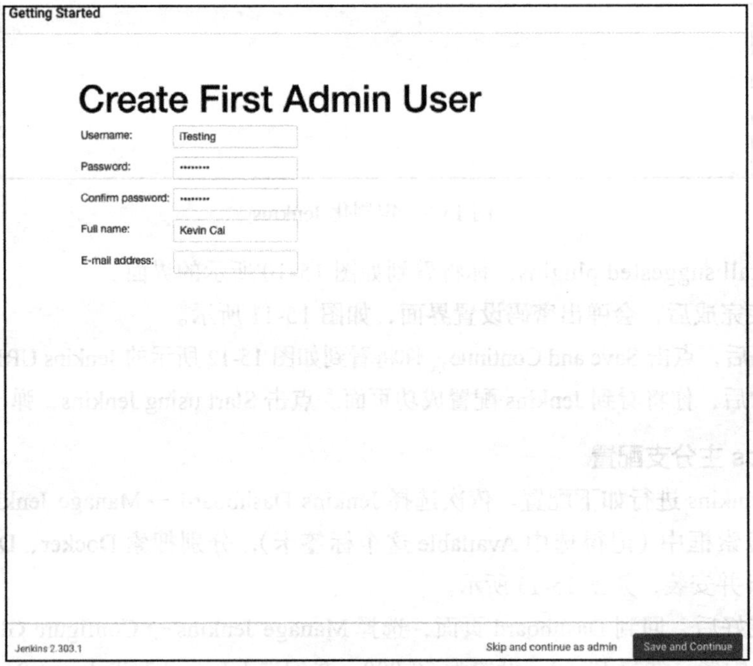

Getting Started

Create First Admin User

Username: iTesting

Password: ••••••••

Confirm password: ••••••••

Full name: Kevin Cai

E-mail address:

Jenkins 2.303.1 Skip and continue as admin Save and Continue

图 15-11 设置 Jenkins 管理员密码

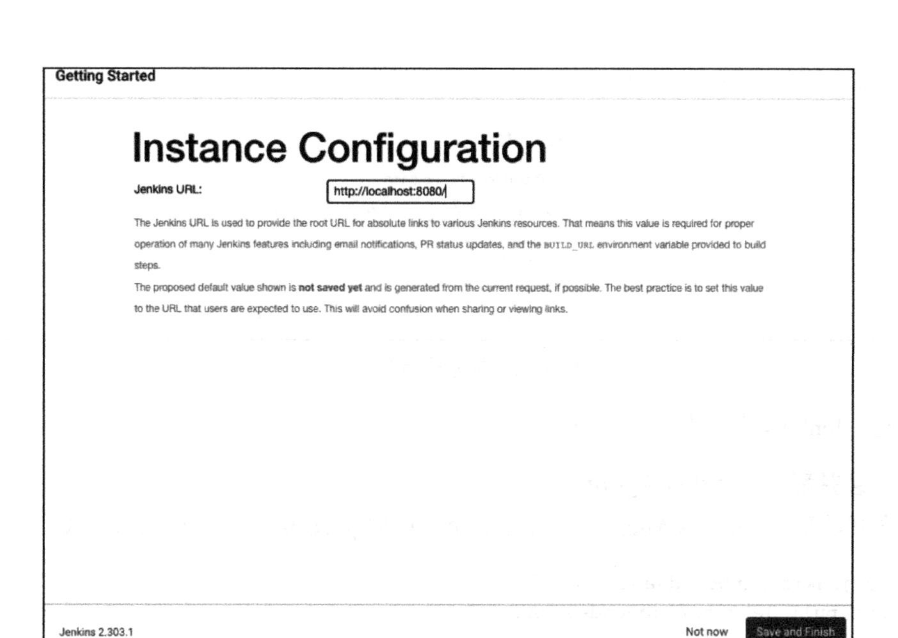

图 15-12　设置 Jenkins 访问地址

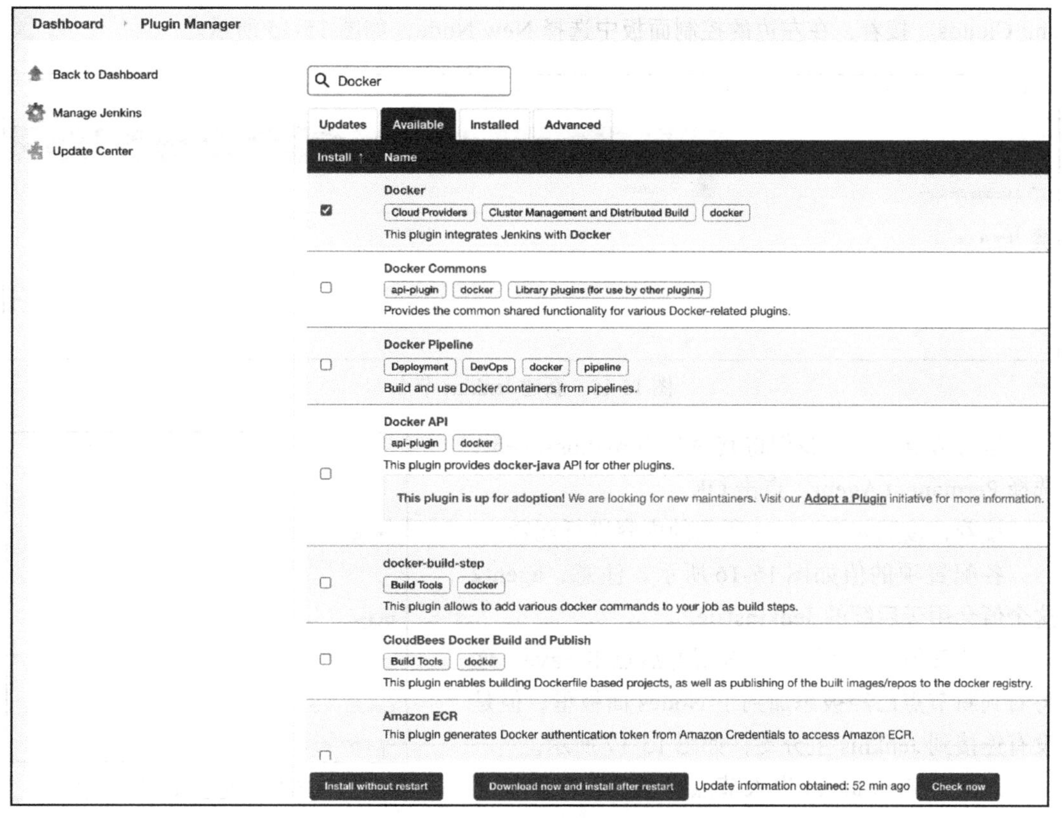

图 15-13　Jenkins 插件安装

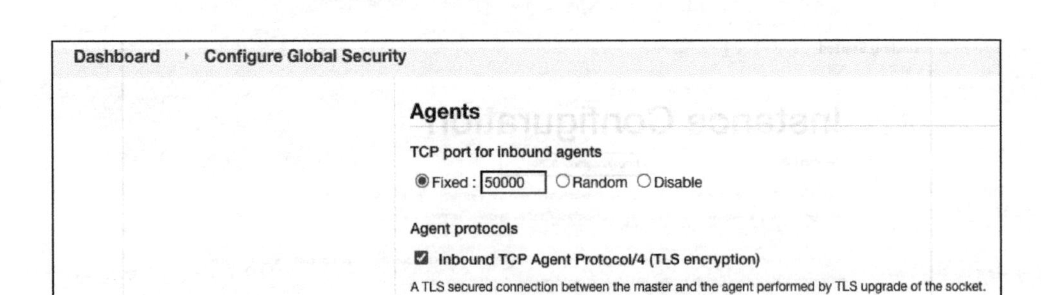

图 15-14 配置全局安全选项

至此，Jenkins 主分支配置完毕。

3. 安装并配置 Jenkins Agent

现在开始配置 Jenkins Agent。执行如下命令拉取 jenkins/inbound-agent 镜像。

```
# 拉取 jenkins/inbound-agent 镜像至本地
docker pull jenkins/inbound-agent
```

当 jenkins/inbound-agent 镜像拉取到本地后，我们将其容器注册到 Jenkins 主分支上。

首先，访问页面 http://localhost:8080/manage，选择 Manage Jenkins → Manage Nodes and Clouds。接着，在左边的控制面板中选择 New Node，如图 15-15 所示。

Dashboard › Nodes ›

Back to Dashboard
Manage Jenkins
New Node
Configure Clouds
Node Monitoring

S	Name ↓	Architecture	Clock Difference	Free Disk Space
	master	Linux (amd64)	In sync	46.08 GB
	Data obtained	17 min	17 min	17 min

图 15-15 新建 Jenkins 节点

填写节点名称，我们将其命名为 python-agent，选择 Permanent Agent，点击 OK。

接着，按照如图 15-16 所示的内容进行配置。

各配置项的值如图 15-16 所示。注意，agent2 这个值会用于后续的 Jenkinsfile。

保持其他选项为默认，配置好后点击 Save。你将看到新节点已经被添加到了 Nodes 面板里，但是没有连接到 Jenkins 主分支，如图 15-17 所示。

Remote root directory
/home/jenkins
Labels
agent2
Usage
Only build jobs with label expressions matching this node
Launch method
Launch agent by connecting it to the master

图 15-16 配置 Jenkins 节点

点击 python-agent 进入节点详情页。在此页面中，查看 Run from agent command line 选项的数据，如下所示。

```
java -jar agent.jar -jnlpUrl http://localhost:8080/computer/python-agent/
    jenkins-agent.jnlp -secret 8d011445f7412e9012d7a65d0ece87b39d9b6459c0881e29b
    1c82a3e04e96ddd -workDir "/home/jenkins"
```

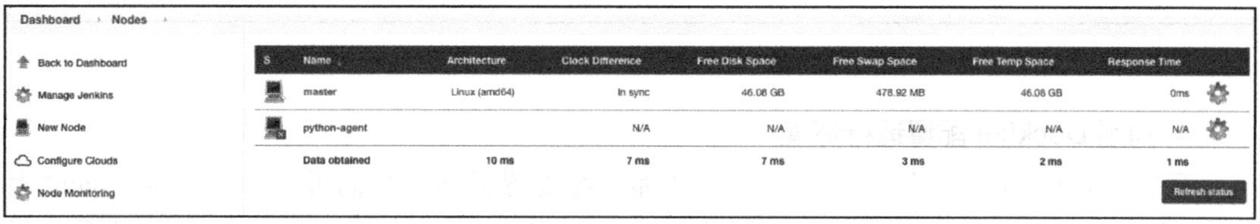

Dashboard › Nodes ›

Back to Dashboard
Manage Jenkins
New Node
Configure Clouds
Node Monitoring

S	Name ↓	Architecture	Clock Difference	Free Disk Space	Free Swap Space	Free Temp Space	Response Time
	master	Linux (amd64)	In sync	46.08 GB	478.92 MB	46.08 GB	0ms
	python-agent		N/A	N/A	N/A	N/A	N/A
	Data obtained	10 ms	7 ms	7 ms	3 ms	2 ms	1 ms

Refresh status

图 15-17　Jenkins 节点添加成功，但未连接

查询并记录如下数据。

1）Jenkins 地址：Jenkins 地址的值为 http://localhost:8080。此刻要注意，localhost 不可用，须通过 ifconfig 查找到外部 IP 地址。

2）secret 的值：获取 secret 的值备用。

现在，在系统中打开命令行工具，输入如下命令将 Jenkins 节点注册到 Jenkins 主分支上。

```
docker run --init jenkins/inbound-agent -url http://192.168.0.107:8080 8d011445f
    7412e9012d7a65d0ece87b39d9b6459c0881e29b1c82a3e04e96ddd python-agent
```

注意，Jenkins 地址要填 IP 地址，secret 要根据 Jenkins 的节点详情获取。命令执行成功后，你将看到如下输出，如图 15-18 所示。

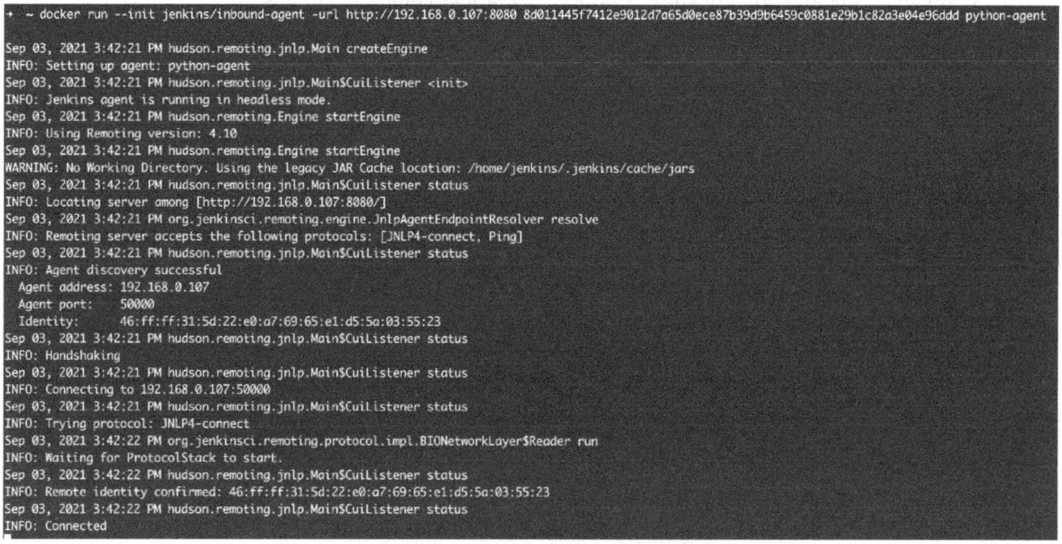

```
→ ~ docker run --init jenkins/inbound-agent -url http://192.168.0.107:8080 8d011445f7412e9012d7a65d0ece87b39d9b6459c0881e29b1c82a3e04e96ddd python-agent

Sep 03, 2021 3:42:21 PM hudson.remoting.jnlp.Main createEngine
INFO: Setting up agent: python-agent
Sep 03, 2021 3:42:21 PM hudson.remoting.jnlp.Main$CuiListener <init>
INFO: Jenkins agent is running in headless mode.
Sep 03, 2021 3:42:21 PM hudson.remoting.Engine startEngine
INFO: Using Remoting version: 4.10
Sep 03, 2021 3:42:21 PM hudson.remoting.Engine startEngine
WARNING: No Working Directory. Using the legacy JAR Cache location: /home/jenkins/.jenkins/cache/jars
Sep 03, 2021 3:42:21 PM hudson.remoting.jnlp.Main$CuiListener status
INFO: Locating server among [http://192.168.0.107:8080/]
Sep 03, 2021 3:42:21 PM org.jenkinsci.remoting.engine.JnlpAgentEndpointResolver resolve
INFO: Remoting server accepts the following protocols: [JNLP4-connect, Ping]
Sep 03, 2021 3:42:21 PM hudson.remoting.jnlp.Main$CuiListener status
INFO: Agent discovery successful
  Agent address: 192.168.0.107
  Agent port:    50000
  Identity:      46:ff:ff:31:5d:22:e0:a7:69:65:e1:d5:5a:03:55:23
Sep 03, 2021 3:42:21 PM hudson.remoting.jnlp.Main$CuiListener status
INFO: Handshaking
Sep 03, 2021 3:42:21 PM hudson.remoting.jnlp.Main$CuiListener status
INFO: Connecting to 192.168.0.107:50000
Sep 03, 2021 3:42:21 PM hudson.remoting.jnlp.Main$CuiListener status
INFO: Trying protocol: JNLP4-connect
Sep 03, 2021 3:42:22 PM org.jenkinsci.remoting.protocol.impl.BIONetworkLayer$Reader run
INFO: Waiting for ProtocolStack to start.
Sep 03, 2021 3:42:22 PM hudson.remoting.jnlp.Main$CuiListener status
INFO: Remote identity confirmed: 46:ff:ff:31:5d:22:e0:a7:69:65:e1:d5:5a:03:55:23
Sep 03, 2021 3:42:22 PM hudson.remoting.jnlp.Main$CuiListener status
INFO: Connected
```

图 15-18　Jenkins 节点注册成功

刷新 Jenkins Nodes 页面，你将看到在 python-agent 这个节点上已经没有错误了，说明节点注册成功，如图15-19所示。

S	Name ↓	Architecture	Clock Difference	Free Disk Space	Free Swap Space	Free Temp Space	Response Time
	master	Linux (amd64)	In sync	45.84 GB	478.92 MB	45.84 GB	0ms
	python-agent	Linux (amd64)	In sync	45.84 GB	478.92 MB	45.84 GB	71ms
	Data obtained	2 min 58 sec	2 min 58 sec	2 min 58 sec	2 min 58 sec	2 min 58 sec	2 min 58 sec

图15-19　刷新 Jenkins Nodes 页面

4. 利用Dockfile配置运行环境

现在，Jenkins主分支和Jenkins Agent都已经配置成功，我们可以在Jenkins Agent上运行代码了。由于Jenkins Agent的镜像是jenkins/inbound-agent，而这个镜像里不包括Python及相关依赖，因此我们的Python代码还无法运行，必须通过配置使其支持Python环境。

笔者在15.2.2节讲过，如果基础镜像不能满足我们的需求，则可以通过Dockerfile来生成新的镜像。下面演示如何生成新的镜像文件。

首先，创建一个文件夹，名为newImage。接着，在此文件夹下，创建名称为Dockerfile的文件（注意，此文件不需要后缀名），如代码清单15-8所示。

代码清单15-8　制作Dockerfile

```
FROM jenkins/inbound-agent:latest

USER root

RUN apt-get update && apt-get install -y apt-transport-https \
    ca-certificates curl gnupg2 \
    software-properties-common
RUN apt-get update && apt-get install -y \
    wget \
    curl \
    git \
    python3.9 \
    python3-pip

# 安装google chrome浏览器
RUN wget -q -O - https://dl-ssl.google.com/linux/linux_signing_key.pub | apt-key
    add -
RUN sh -c 'echo "deb [arch=amd64] http://dl.google.com/linux/chrome/deb/ stable
    main" >> /etc/apt/sources.list.d/google-chrome.list'

RUN apt-get -y update
RUN apt-get install -y google-chrome-stable

# 安装chromedriver
RUN apt-get install -yqq unzip
RUN wget -O /tmp/chromedriver.zip http://chromedriver.storage.googleapis.
```

```
    com/`curl -sS chromedriver.storage.googleapis.com/LATEST_RELEASE`/
    chromedriver_linux64.zip
RUN unzip /tmp/chromedriver.zip chromedriver -d /usr/local/bin/

RUN pip3 install selenium

# 设置显示端口为99
ENV DISPLAY=:99

USER jenkins
```

这个文件定义了我们要在 jenkins/inbound-agent:latest 镜像的基础上，安装 Python 及相关依赖、Google Chrome 浏览器及其驱动（Chromedriver）以及 Selenium。

Dockerfile 创建成功后，在命令行中执行如下命令生成新的镜像。

```
sudo docker build -t jenkins/slave-with-python-selenium-chrome .
```

通过这个方式，我们创建了一个新的镜像文件 jenkins/slave-with-python-selenium-chrom，其中包含运行 Python 代码所需要的一切。

现在我们将它注册到 Jenkins 主分支上。

首先，在命令行通过“CTRL + C”组合键，退出正在运行的 python-agent 节点。接着，更改其镜像为我们新创建的 jenkins/slave-with-python-selenium-chrome，再次注册，命令如下。

```
docker run --init jenkins/slave-with-python-selenium-chrome -url
    http://192.168.0.107:8080 8d011445f7412e9012d7a65d0ece87b39d9b6459c0881e29b1
    c82a3e04e96ddd python-agent
```

当我们在 Console 输出中发现 Connected 字样时，说明新的节点注册成功。

5. 配置流水线

打开 Jenkins 页面 http://localhost:8080/manage，点击 Open Blue Ocean 创建流水线。点击 Create a new Pipeline 按钮开始创建一个新的流水线。

选择 GitHub，填写 GitHub Access token，并点击 Connect，如图 15-20 所示。

> **注意** 关于 GitHub Access Token 的获取，请参考官方文档（https://github.com/settings/tokens/new?scopes=repo,read:user,user:email,write:repo_hook），笔者不再赘述。

连接 GitHub 后，我们选择需要创建流水线的组织和代码仓库 Python0To1，然后点击 Create Pipeline 创建流水线，如图 15-21 所示。

流水线创建成功后，会自动运行一次，运行结果如图 15-22 所示。

如果你想查看流水线的每个阶段都执行了什么操作，可以直接点击流水线上的节点，例如点击 test 节点。然后点击对钩图标以查看具体的执行情况，如图 15-23 所示。

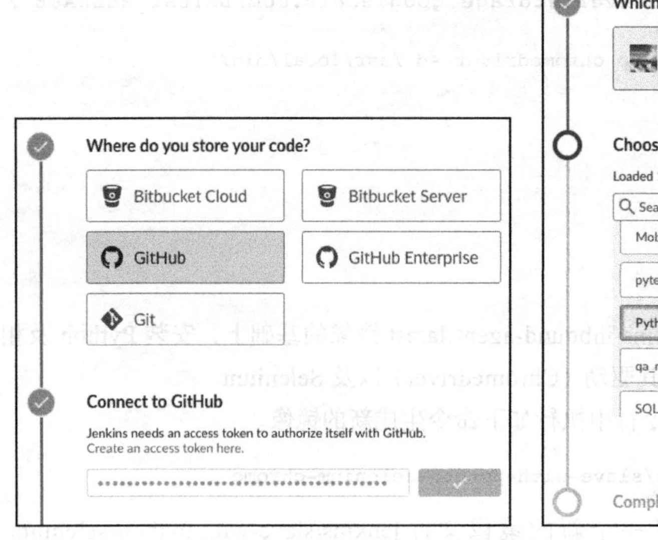

图 15-20　连接 GitHub

图 15-21　创建流水线

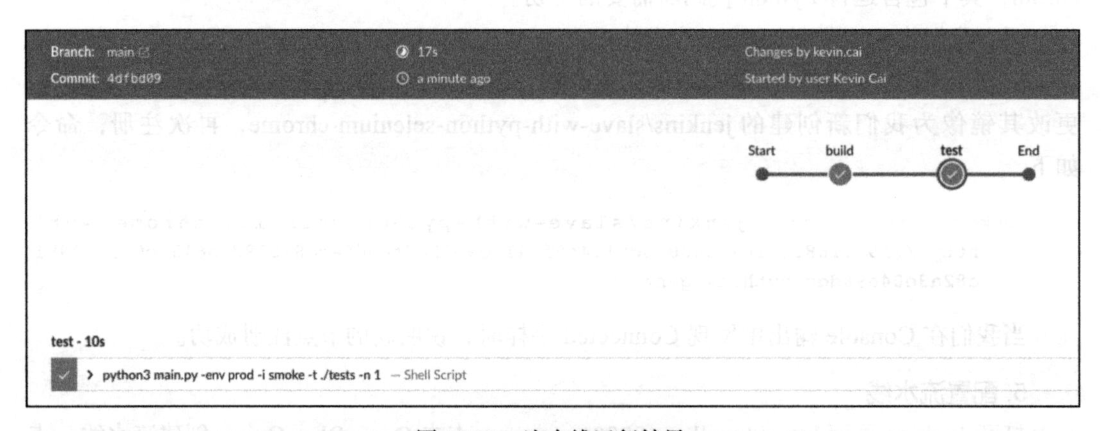

图 15-22　流水线运行结果

```
Total 4 cases were run:
2021-09-03 17:23:18,064 - main - INFO - 641 - MainProcess -140045998315328 -MainThread -
2021-09-03 17:23:18,064 - main - INFO - 641 - MainProcess -140045998315328 -MainThread - 2 cases Passed, details info are:
 ['BaiduTest.test_baidu_search_1___iTesting____iTesting__', 'BaiduTest.test_baidu_search_2___helloqa_com____iTesting__']
2021-09-03 17:23:18,064 - main - INFO - 641 - MainProcess -140045998315328 -MainThread -
2021-09-03 17:23:18,064 - main - INFO - 641 - MainProcess -140045998315328 -MainThread - 1 cases Failed, details info are:
 ['WrongCases.test_assert_error']
2021-09-03 17:23:18,064 - main - ERROR - 641 - MainProcess -140045998315328 -MainThread -
2021-09-03 17:23:18,064 - main - INFO - 641 - MainProcess -140045998315328 -MainThread - 1 cases Run error, details info are:
 ['WrongCases.test_unknown_error']
2021-09-03 17:23:18,064 - main - ERROR - 641 - MainProcess -140045998315328 -MainThread -
2021-09-03 17:23:18,064 - main - INFO - 641 - MainProcess -140045998315328 -MainThread - 1 cases Skipped, details info are::
 ['WrongCases.test_not_run']
2021-09-03 17:23:18,064 - main - INFO - 641 - MainProcess -140045998315328 -MainThread -
------------------------------ Tests done 2021-09-03 17:23:18, total used 9.59 seconds ------------------------------
2021-09-03 17:23:18,064 - main - INFO - 641 - MainProcess -140045998315328 -MainThread -
------------------------------ Starting to generate automation report... ------------------------------
2021-09-03 17:23:18,065 - main - INFO - 641 - MainProcess -140045998315328 -MainThread -
------------------------------ Generate report done, please check report.html from '/home/jenkins/workspace/Python0To1_main/output
```

图 15-23　查看流水线阶段运行情况

从图 15-23 可以看出，我们的测试用例运行是正常的，符合预期。

6. 配置 GitHub WebHook

现在，我们已经配置好 Jenkins Server，并注册了可运行 Python 代码的 Jenkins Agent 节点，且已经验证过我们的测试代码是正确的。下面我们配置 GitHub WebHook 并与我们的项目进行连接。

在 GitHub 中打开项目 Python0To1，在代码库中选择 Settings → Webhooks，点击 Add webhook。

在配置页面中，配置 PayLoad URL 并选择 Just the push event，然后填写生成的 secret，并点击 Add webhook 进行确认，如图 15-24 所示。

Webhooks / Add webhook

We'll send a POST request to the URL below with details of any subscribed events. You can also specify which data format you'd like to receive (JSON, x-www-form-urlencoded, *etc*). More information can be found in our developer documentation.

Payload URL *

https://162.14.129.186:8080/github-webhook/

Content type

application/x-www-form-urlencoded

Secret

输入生成的密码

SSL verification

By default, we verify SSL certificates when delivering payloads.

Enable SSL verification　Disable (not recommended)

Which events would you like to trigger this webhook?

Just the push event.

Send me everything.

Let me select individual events.

Active

We will deliver event details when this hook is triggered.

Add webhook

图 15-24　GitHub 配置 WebHook

配置成功后，如果有代码推送操作，即会触发流水线自动执行。

注意　Payload URL 地址是你的 Jenkins Server 的对外地址，如果处于内网环境，你可以通过软件 ngrok 获取一个外网 IP。关于 Secret 的生成请参考 GitHub 官方文档（https://docs.github.com/en/developers/webhooks-and-events/webhooks/creating-webhooks），笔者不再赘述。

15.4 本章小结

本章主要介绍了自动化测试框架在持续集成、持续部署流水线中的应用。自动化测试框架融合自动集成、自动部署，企业因此具备了快速测试、频繁测试的能力。同时，由代码提交即运行测试，缩短了软件 Bug 的反馈周期，有助于提升测试生产率。

本章涉及的知识点比较多，特别是 Jenkins Blue Ocean 中 Jenkinsfile 的建立、Docker 中 Dockfile 的建立以及根据 Dockfile 生成新的镜像等，如果深究起来，还有很多知识笔者未介绍到。在根据本章所讲内容建立起持续集成、持续部署的流水线后，希望读者能够深入研究 Docker 的原理和运行机制，以及 Jenkins 语法、Jenkinsfile 挑选节点、创建运行阶段等知识，以加深对持续集成、测试部署的理解。

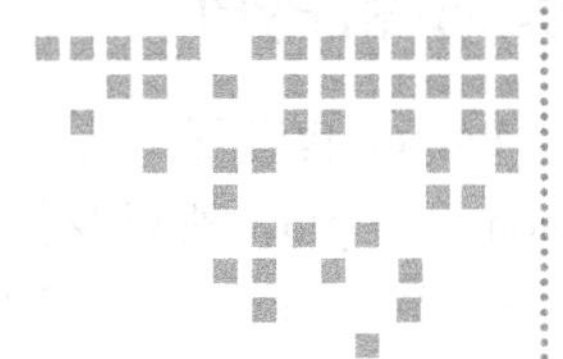

第 16 章 Chapter 16

测试框架发布

当我们的自动化测试框架集成了持续集成和持续部署后，测试效率就会得到提升，也会吸引其他业务团队来使用我们的框架，这就带来了一个问题：如何将自动化测试框架的能力赋能给他们？

简单地复制测试框架给业务团队使用，虽然起初可能不会有什么问题，但是随着使用测试框架的业务团队越来越多，如果框架本身出了 Bug，或者有了功能的更新，如何保持测试框架代码同步就会变成一个很大的问题。

16.1 测试框架打包、发布精要

为了解决测试框架代码重用和同步的问题，Python 官方提供了一个维护所有 Python 包的中央存储库——PyPI。代码开发者可以将自己的框架代码上传至 PyPI 并长期维护，代码使用者可以直接通过如下命令下载使用。

```
pip install [ 需要的包名称 ]
```

这样，当测试框架有变更，我们作为测试框架提供者，仅需修改框架代码并将其打包上传到 PyPI。对于业务团队，也可以使用下述命令直接将本地的框架代码升级至最新。

```
pip install --upgrade [ 需要的包名称 ]
```

在这个过程中，代码提供者只需要打包和发布自己的代码，而代码使用者只需要使用 pip 命令从 PyPI 中拉取最新的包。下面对这些操作进行详细介绍。

16.1.1 详解pip和PyPI

pip是一个Python包管理工具，可用于安装和管理未在Python标准库中的其他Python库。因为Python自带pip，所以我们可以在使用Python进行开发的过程中灵活运用pip。一般情况下，pip无须单独安装，只要被测环境安装了Python即可。当这个条件不能满足时，就需要主动安装pip了（在第15章中我们使用Dockfile自主生成新的Docker镜像就是为了安装Python及其相关依赖）。

可采用如下命令查看是否安装了pip。

```
$ python -m pip --version

# 如有安装，你将看到类似如下的输出内容
pip 21.1.3 from xxx
```

如果没有安装，可直接通过如下命令进行安装。

```
# 以Mac系统为例
$ python -m ensurepip --upgrade
```

一般情况下，pip无须更新，如果本地pip版本过低，在运行Python代码时，你将会看到如下提示。

```
You are using pip version 6.0.8, however version 21.1.3 is available. You should
    consider upgrading via the 'pip install --upgrade pip' command.
```

上述提示中一并给出了如何升级pip的命令，如果pip版本过低，可直接根据上述提示进行升级。

在日常工作中，如需下载、使用、删除第三方应用，仅须使用如下pip命令，如代码清单16-1所示。

代码清单16-1 pip常用命令

```
# 安装包
pip install [包名称]
# 更新包
python -m pip install --upgrade [包名称]
# 删除包
python -m pip uninstall [包名称]
```

这些要安装的包是从哪里下载的呢？这就不得不提到PyPI（Python Package Index）了。PyPI是Python官方提供的一个存储所有Python第三方应用的软件存储库，具有如下作用。

1）作为存储Python应用的软件存储库。

2）允许开发者使用PyPI分发他们开发的Python应用。

3）通过PyPI查找和安装Python应用。

注意　Python 自带标准库，除标准库外的所有库都被称为第三方库（也称第三方应用）。当使用标准库时，无须安装，可直接使用 import 语句导入。如需使用第三方应用，则需要使用 pip install 命令主动安装。

16.1.2　打包测试框架

将自己的 Python 应用打包并上传至 PyPI 即可把测试框架代码分发给他人使用。结合 Python 官方文档和笔者的实践经验，在打包之前，我们需要确保以下事项。

1）确保你可以从命令行运行 Python，此项确保你拥有正确的 Python 环境，命令如下。

```
# 这项基本都满足
$ python --version
```

2）确保你可以从命令行运行 pip。

```
# 这项基本都满足
$ python -m pip --version
# 此命令结束后，期望看到如下类似的输出
pip 21.1.3 from xxx
```

3）确保 pip、setuptools 和 wheel 是最新版本。

```
# 以 Mac 系统举例
$ python -m pip install --upgrade pip setuptools wheel
```

上述代码中，setuptools 和 wheel 都是 Python 包分发工具，它们都能帮助我们更好地创建和分发 Python 包。

注意　Python 的包分发工具很多，读者不必每个都关注，选择一个熟悉的即可，本章笔者采用 setuptools 这个打包工具。

4）创建 requirements.txt 文件。当你的 Python 包对其他包有依赖时，代码不能下载即运行，还需要安装对应的依赖。可创建 requirements.txt 文件，将本软件所有的依赖都收集到 requirements.txt 文件中，使用时直接使用 pip install 命令安装，如代码清单 16-2 所示。

代码清单 16-2　创建和使用 requirements.txt 文件

```
# 创建 requirements.txt 文件，在打包前使用
pip freeze > requirements.txt

# 使用 requirements.txt 文件，一次性安装所有依赖，此处无须使用
# 此命令在你从 PyPY 下载最新包后使用
pip install -r requirements.txt
```

当我们确保打包的前提条件全部满足后，就可以开启打包的流程，打包流程如下。

1）创建setup.py文件。setup.py文件中包括Python项目的所有元数据，如果一个项目包括了setup.py文件，就代表这个项目已经被打包且能被分发（当然setup.py的内容必须正确）。实际上，在使用pip安装包时，pip最终会调用setup.py文件来安装包。

2）构建egg、源码以及可分发文件。应用程序要上传至PyPI，必须生成可分发的包，如代码清单16-3所示。

代码清单16-3 框架代码打包

```
# 切换到项目根目录执行
python setup.py sdist build
```

16.1.3 发布到PyPI

测试框架打包完成后，即可上传发布到PyPI。发布一般使用发布工具，twine是一个在PyPI上发布Python包的实用程序，下面我们以twine为例进行介绍。

执行如下命令安装twine。

```
pip install twine
```

执行如下命令注册PyPI账户，并通过twine执行上传命令上传包。

```
# 在项目根目录执行
twine upload dist/*
```

测试框架发布成功后会生成一个下载地址，直接访问即可浏览PyPI页面，并支持通过pip install命令直接安装。

16.2 测试框架发布实战

了解了Python应用的发布流程后，我们将本书的自动化测试框架发布至PyPI（我们新建一个项目命名为iTesting）。

1）列出测试框架的原始文件夹结构，如代码清单16-4所示。

代码清单16-4 测试框架原始文件夹结构

```
├── iTesting
|   └──── common
|   |   └── html_reporter.py
|   |   └── my_logger.py
|   |   └── customize_error.py
|   |   └── data_provider.py
|   |   └── test_case_finder.py
|   |   └── test_decorator.py
|   |   └── test_filter.py
|   |   └── user_options.py
|   |   └── __init__.py
```

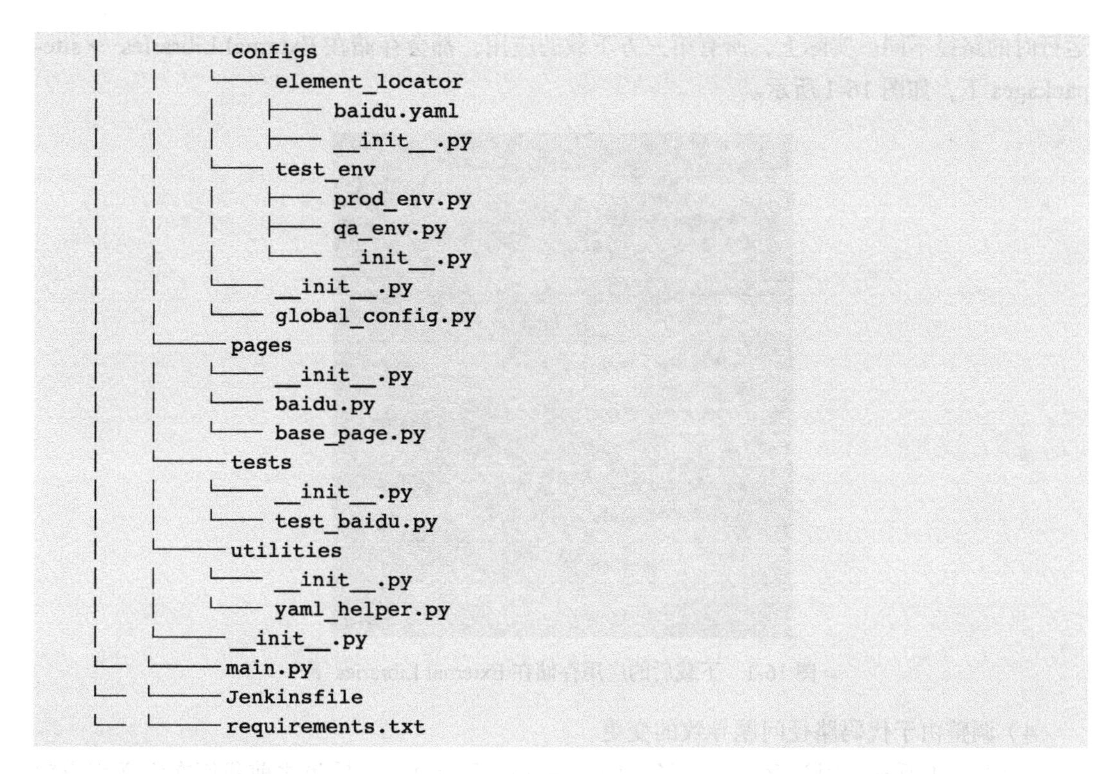

```
│   └────configs
│   │    └─── element_locator
│   │    │    ├─── baidu.yaml
│   │    │    ├─── __init__.py
│   │    └─── test_env
│   │    │    ├─── prod_env.py
│   │    │    ├─── qa_env.py
│   │    │    └─── __init__.py
│   │    └─── __init__.py
│   │    └─── global_config.py
│   └────pages
│   │    └─── __init__.py
│   │    └─── baidu.py
│   │    └─── base_page.py
│   └────tests
│   │    └─── __init__.py
│   │    └─── test_baidu.py
│   └────utilities
│   │    └─── __init__.py
│   │    └─── yaml_helper.py
│   └────__init__.py
└─  └────main.py
└─  └────Jenkinsfile
└─  └────requirements.txt
```

需要注意，由于打包好的测试框架是给其他团队使用的，因此框架代码本身不应包括业务相关代码，上述代码中的 Pages 文件夹、tests 文件夹，以及 configs 文件夹内的 element_locator、test_env 等业务相关代码应该剔除。在剔除之前，我们需要确保测试框架可通过命令行调用方式正常运行。

2）确保在框架代码中，无硬编码调用命令行的情况，如代码清单 16-5 所示。

代码清单 16-5　检查测试框架中有无硬编码调用命令行

```
# 在项目根目录运行
# 需要确保命令行是传入的，而不是硬编码在框架文件中
# 须确保模块 main.py 文件中，主入口函数 if __name__ == "__main__": 下的代码
# 确保主函数 main() 的调用没有类似 main("-env prod -i smoke -t ./tests") 的代码
# 如有，则去除参数，直接改成
# main()
```

3）主动传入命令行，检查测试框架能否运行。

```
# 在项目根目录运行
python main.py -env prod -t ./tests -i smoke
```

检查测试能否运行成功且可生成测试报告。如果运行成功，是不是说明测试框架可以直接用来打包呢？

答案显然是否定的，因为当使用者下载你上传的应用后，会导致你的应用和你在本地

运行时的路径不同。实际上，所有第三方下载的应用，都会存储在 External Libraries → site-packages 下，如图 16-1 所示。

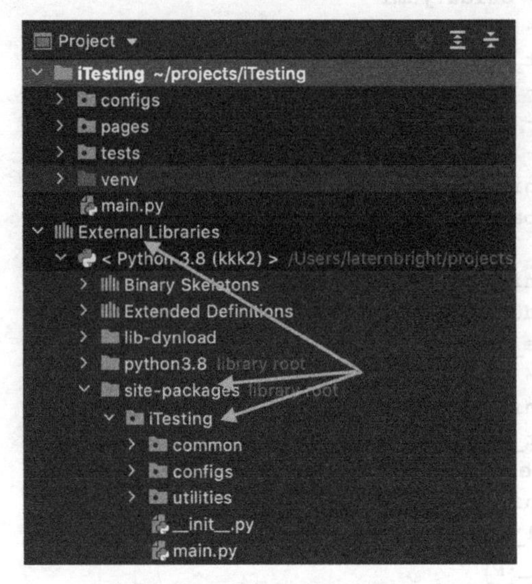

图 16-1　下载后的应用存储在 External Libraries 下

4）调整由于代码路径问题导致的变更。

由图 16-1 所示，因为存储的路径不同，在代码运行时，会导致之前我们在定义用户输入时的默认位置发生变化，这样就带来运行结果的不准确，所以我们必须更改相应的代码。

以下列出几个需要更改的位置。

1）在测试框架的 common 文件夹下，更改 user_options.py 里默认的测试文件夹位置，如代码清单 16-6 所示。

代码清单 16-6　user_options.py 默认测试文件夹

```
def parse_options(user_options=None):
    # 以上代码略
    parser.add_argument('-t', action='store', default='.' + os.sep + 'tests',
        dest='test_targets',
                        metavar='target run path/file',
                        help='Specify run path/file')
```

如代码清单 16-6 所示，我们在 user_options.py 文件中定义了如果没有指定测试文件夹，则默认运行所有在 ./tests 路径下的测试用例。因为我们的测试框架被下载后，将处于 External Libraries → site-packages 下，而这个路径是显然不可能有测试用例的，所以我们需要去除这个默认文件夹，如代码清单 16-7 所示。

代码清单 16-7　去除 user_options.py 默认测试文件夹

```
def parse_options(user_options=None):
    # 以上代码略
```

```
    parser.add_argument('-t', action='store', default=None, dest='test_targets',
                        metavar='target run path/file',
                        help='Specify run path/file')
```

我们将默认文件夹设置为 None，如此，就要求我们在使用命令行运行测试框架时，必须指定 -t 参数和它的值。

2）在测试框架的 common 文件夹下，更改 test_case_finder.py 里测试文件夹的默认查找位置，如代码清单 16-8 所示

代码清单 16-8　更改 test_case_finder.py 测试文件夹默认查找位置

```
class DiscoverTestCases:
    def __init__(self, target_file_or_path):
        if not target_file_or_path:
            self.target_file_or_path = os.path.join(os.path.dirname(os.path.
                dirname(__file__)), 'tests')
        else:
            self.target_file_or_path = target_file_or_path
```

这里也涉及了相对位置，故必须变更，删除默认的查找位置，更改如代码清单 16-9 所示。

代码清单 16-9　删除 test_case_finder.py 测试文件夹默认查找位置

```
class DiscoverTestCases:
    def __init__(self, target_file_or_path):
        self.target_file_or_path = target_file_or_path
```

3）更改 main.py 文件。在使用 setup.py 打包时，需要告知 Python 我们的代码默认从哪个位置运行。通常情况下，我们会设置为 main.py 文件夹下的 main() 函数。这就意味着，在 main.py 文件中，如果用户下载我们的测试框架，则他们仅能访问到 main() 函数，我们必须将 main() 函数以外的其他代码移入 main() 函数，如代码清单 16-10 所示。

代码清单 16-10　main.py 文件中仅会运行 main() 函数

```
# main.py

if __name__ == "__main__":
    start = time.time()
    # 中间代码略
    main()
    # 后续所有代码将不会运行
    # 这是因为 setup.py 一般仅运行 main.py 下的 main() 函数
    end = time.time()
    log.info('本次总运行时间 %s s' % (end - start))
    # 后续代码略
```

main() 函数后还有很多代码执行，例如计算结束时间、生成测试报告等，这些代码都必须移动到 main() 函数内，才能被继续使用。

4）其他更改。在我们的测试框架主模块main.py中，在main()函数执行前，有如代码清单16-11所示的代码。

代码清单16-11　main.py初始代码

```
# main.py
if __name__ == "__main__":
    start = time.time()

    # 定义测试运行成功、失败、错误以及忽略的测试用例集
    cases_run_success = []
    cases_run_fail = []
    cases_encounter_error = []
    skipped_cases = []

    base_out_put_folder = os.path.abspath(os.path.dirname(__name__)) + os.sep +
        "output"
    out_put_folder = base_out_put_folder + os.sep + time.strftime("%Y-%m-%d-%H-
        %M-%S", time.localtime())
    if os.path.exists(out_put_folder):
        shutil.rmtree(out_put_folder)
    os.makedirs(out_put_folder)

    main()

    # 后续代码略
```

5）由于上传应用使用的setup.py文件指定的默认运行函数为main.py文件下的main()函数，因此上述代码均不会执行。我们必须迁移这些代码至main()函数内。

当测试框架被下载时，我们设置的测试报告默认文件夹out_put_folder会更改到site-packages目录下，这将导致生成的测试报告不在用户的项目内。我们必须让用户指定测试报告的位置，更改测试框架common文件夹下的user_options.py文件，如代码清单16-12所示。

代码清单16-12　添加用户指定report存储路径代码

```
parser.add_argument('-r', action='store', dest="report_file",
    default=None,metavar='store report base file',
    help='Specify report base file')
```

我们允许用户指定测试报告的存放位置，在后续使用时，可以通过-r参数添加。

```
python main.py -r  [测试报告地址]
```

我们还可以在测试框架代码中使用set_config设置out_put_folder参数，并在需要时通过get_config读取，具体方式如下。

```
# 设置out_put_folder
    out_put_folder = options.report_file + os.sep + time.strftime("%Y-%m-%d-%H-
```

```
        %M-%S", time.localtime())
set_config('out_put_folder', out_put_folder)
# 当我们需要读取时，可采用如下方式
get_config('out_put_folder')
```

除此之外，还有变量 cases_run_success、cases_run_fail、cases_encounter_error、skipped_cases 等需要迁移至 main() 函数内，读者可先根据本章后续操作将测试框架上传到 PyPI，然后下载并使用。你会发现运行失败，更改代码直至所有运行错误被修正后，将更正后的代码重新更新到 PyPI 即可。

注意　由于通过 PyPI 下载的应用与直接复制的应用，其代码运行的起始位置可能不同，因此上传应用到 PyPI 一定要注意代码中的默认值、相对路径对应用的影响。除自主修复所有错误外，读者也可关注微信公众号 iTesting 并回复"测试框架"，笔者维护了一份完整的可直接上传的代码供读者下载使用。

当我们的测试框架代码去除相关业务依赖，并且修正了相对位置默认值等错误后，就可以发布了。删除业务代码后，剩余的通用框架代码 iTesting 的文件结构如代码清单 16-13 所示。

代码清单 16-13　通用测试框架文件夹结构

```
├──── iTesting
│    └──────common
│    │    └──── html_reporter.py
│    │    └──── my_logger.py
│    │    └──── customize_error.py
│    │    └──── data_provider.py
│    │    └──── test_case_finder.py
│    │    └──── test_decorator.py
│    │    └──── test_filter.py
│    │    └──── user_options.py
│    │    └──── __init__.py
│    └──────configs
│    │    └──── __init__.py
│    │    └──── global_config.py
│    └──────utilities
│    │    └──── __init__.py
│    │    └──── yaml_helper.py
│    └──────__init__.py
└── └──────main.py
└── └──────Jenkinsfile
└── └──────requirements.txt
```

如 16.1.2 节所示，打包需要先建立 setup.py 文件。创建 setup.py 文件有两种方式，第一种是直接编写文件，代码清单 16-14 所示是测试框架 setup.py 的文件示例。

代码清单 16-14　setup.py 文件示例

```
from setuptools import setup, find_packages
```

```
setup(
    name='iTesting',
    version='0.1',
    description='iTesting is a common test framework support for both UI and API
        test with run in parallel ability.',
    author='kevin.cai',
    author_email='testertalk@outlook.com',
    zip_safe=False,
    include_package_data=True,
    install_requires=[
                'requests',
                'selenium'
    ],
    license='MIT',
    url='https://www.testertalk.com',
    packages=find_packages(),
    entry_points={
            'console_scripts':[
                'iTesting = main:main'
            ]
        }
)
```

注意 在 PyPI 中上传包不允许重名，读者在实践时，需要更改包名 iTesting，否则无法上传。

如果对直接创建 setup.py 文件没有信心，可以通过 Python 集成开发工具 PyCharm 来创建 setup.py 文件，方式如下。

1）使用 PyCharm 打开项目。

2）点击项目根节点，选择 Tools → Create setup.py，打开如图 16-2 所示的对话框。

3）填写各个字段后，点击 OK 即可。

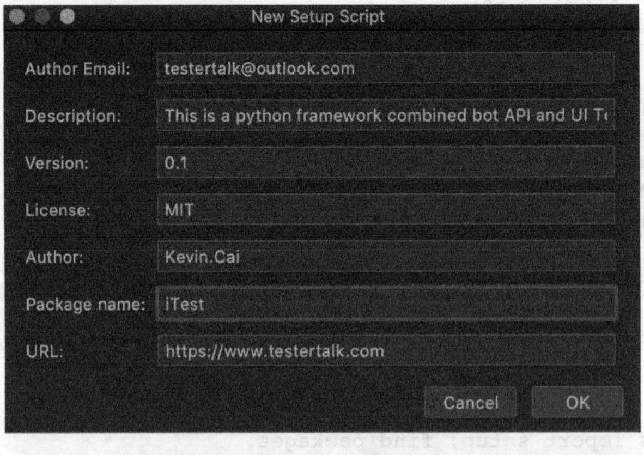

图 16-2 使用遍历 localStorage 对象保存全部数据的效果

当 setup.py 文件创建完成后，我们需要验证它的正确性，方式如下。

```
# 在项目根目录下执行
python setup.py check
```

这个命令会对 setup.py 里涉及 Python 包的元数据执行一些测试，并验证其内容的正确性。如果在验证过程中发现任何问题，则此命令会发出相关错误提示。

接着，我们在本地直接通过 setup.py 安装框架，如代码清单 16-15 所示。

代码清单 16-15 本地安装 iTesting 框架

```
# 在项目根目录下执行
python setup.py install

# 打包测试框架
python setup.py sdist build
```

安装好后，你会发现项目根目录下多了 build、dist 以及 iTesting.egg-info 这 3 个文件夹，此时，可通过 twine 命令上传打包好的测试框架。

```
# 在项目根目录下执行
twine upload dist/*
```

这条命令执行后，系统会交互性地询问你的 PyPI 的用户名和密码（你需要提交注册 PyPI 账户），输入后即开启上传流程，上传成功后会输出下载地址，如图 16-3 所示。

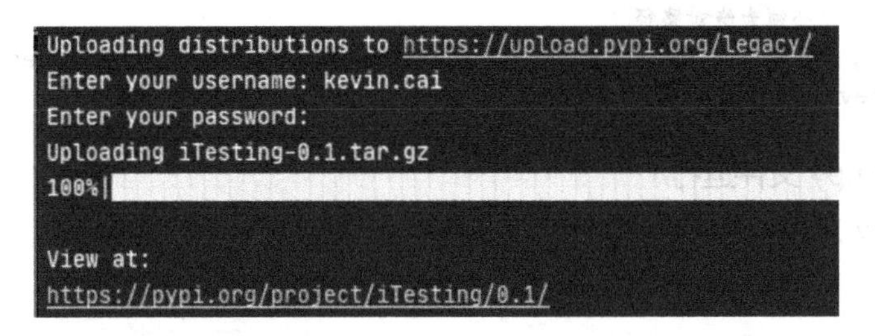

图 16-3 上传包至 PyPI

至此，我们的测试框架上传成功。用户可以在任意机器上通过如下代码下载我们的测试框架。

```
pip install iTesting
```

下面列出一个下载并使用 iTesting 测试框架的指导用例。

创建项目文件夹，例如 PythonProject，文件目录如代码清单 16-16 所示。

代码清单 16-16 PythonProject 项目文件夹结构

```
├── PythonProject
```

```
│    └────configs
│    │    └─── element_locator
│    │    │    ├─── baidu.yaml
│    │    │    ├─── __init__.py
│    │    └─── test_env
│    │    │    ├─── prod_env.py
│    │    │    ├─── qa_env.py
│    │    │    └─── __init__.py
│    │    └─── __init__.py
│    └────pages
│    │    └─── __init__.py
│    │    └─── baidu.py
│    │    └─── base_page.py
│    └────tests
│    │    └─── __init__.py
│    │    └─── test_baidu.py
└──  └────main.py
```

观察上述项目结构，除main.py文件外，其他文件均为我们在上传应用至PyPI之前删除的业务相关代码，笔者不再一一列出。那么我们该如何使用iTesting这个框架呢？有如下两种方式。

1. 直接通过命令行运行

可以切换目录至PythonProject目录下，然后运行如下命令。

```
# 注意-t参数必须为绝对路径
# -report参数也必须为绝对路径
main("-env prod -i smoke -t /Users/kevin.cai/PythonProject/tests/ -n 2 -r /
    Users/kevin.cai/PythonProject/output")
```

2. 通过main.py文件运行

创建main.py文件，代码如下。

```
import os

if __name__ == '__main__':
    os.system('iTesting -t  /Users/kevin.cai/PythonProject/tests/ -env prod -r /
        Users/kevin.cai/PythonProject/output')
```

以上两种方式均可正确运行，并能够生成正确的测试报告，如图16-4所示。

> 注意　在上述测试报告中，主要包括了测试报告名称、测试用例执行成功和失败百分比、测试用例执行信息展示以及测试详细运行详情。关于测试报告展示信息的开发和更改，读者可参考第13章的内容。

至此，我们已经完成打包、发布自己的应用至PyPI。

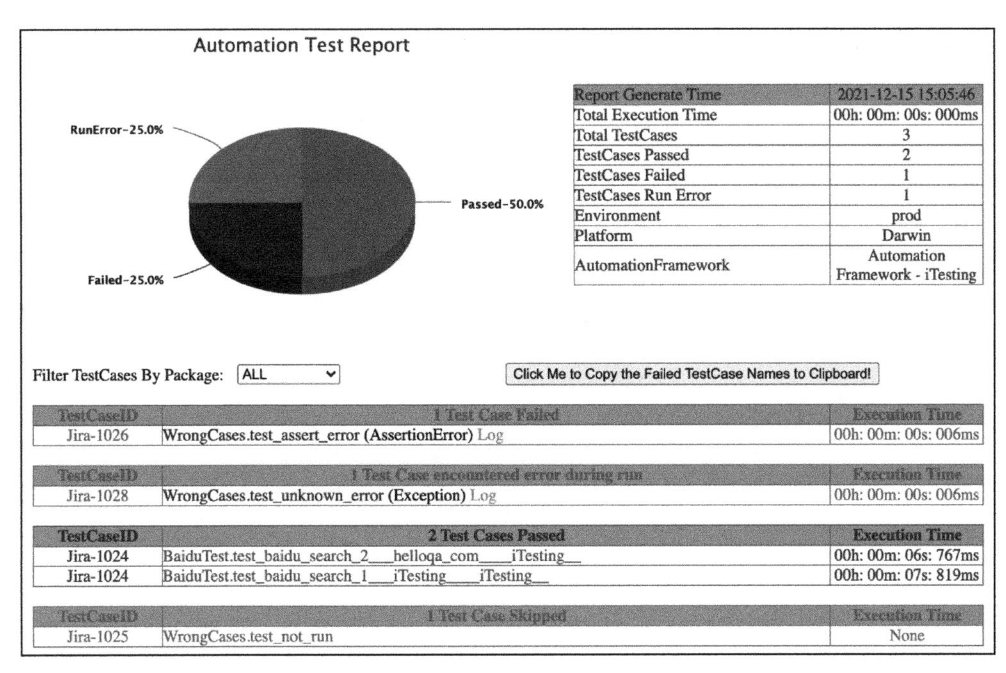

图 16-4　查看测试运行结果

16.3　本章小结

本章主要介绍了如何打包、发布自己的应用至 PyPI。通过练习打包、发布应用程序，读者能够加深对 Python 的理解（所有第三方应用，下载后都会保存在 site-packages 目录下）。除此之外，为了支持发布后直接在命令行运行测试框架，笔者针对有关文件路径、默认值等代码进行了改造，这就要求我们在日常编码实践中，必须时常考虑：我们编写的代码，是谁在用；是通过何种方式在用；代码迁移后其运行是否受到影响。唯有如此，我们才可以写出更通用、迁移成本更低的代码。